冷链设备制冷剂替代及维修良好操作

尚舒文◎主编

王若楠　陈敬良　滑雪◎副主编

中国纺织出版社有限公司

内 容 提 要

本书针对冷链设备,即冷加工设备、冷库制冷设备、冷藏运输设备、冷藏销售设备等进行了全面介绍,包括设备的基本工作原理、设备常见故障与判定、常用维修设备的操作使用。另外,针对行业关注的环境保护问题和制冷剂替代问题,对各种冷链设备的制冷剂替代进展,以及设备的检漏、充注和回收操作进行了详细介绍,并对行业中推广使用的新型替代制冷剂,尤其是可燃和高压制冷剂的操作注意事项和安全知识做了详细说明。

本书既可供制冷企业技术人员参考使用,也可供高校制冷相关专业的师生参考阅读。

图书在版编目 (CIP) 数据

冷链设备制冷剂替代及维修良好操作 / 尚舒文主编;王若楠,陈敬良,滑雪副主编. -- 北京 :中国纺织出版社有限公司, 2025. 2. -- (中国制冷空调工业协会技术丛书). -- ISBN 978-7-5229-2335-2

Ⅰ. TB64;TB657

中国国家版本馆 CIP 数据核字第 2025LL3498 号

责任编辑:朱利锋　　责任校对:高　涵　　责任印制:王艳丽

中国纺织出版社有限公司出版发行
地址:北京市朝阳区百子湾东里 A407 号楼　邮政编码:100124
销售电话:010—67004422　传真:010—87155801
http://www.c-textilep.com
中国纺织出版社天猫旗舰店
官方微博 http://weibo.com/2119887771
三河市宏盛印务有限公司印刷　各地新华书店经销
2025 年 2 月第 1 版第 1 次印刷
开本:787×1092　1/16　印张:16.75
字数:271 千字　定价:78.00 元

《冷链设备制冷剂替代及维修良好操作》

编写委员会

主　　编　尚舒文

副　主　编　王若楠、陈敬良、滑雪

编委会成员

中国制冷空调工业协会：张朝晖、陈敬良、王若楠、高钰、刘璐璐

生态环境部对外合作与交流中心：尚舒文、滑雪、李雄亚

西安交通大学：晏刚

天津商业大学：刘圣春

北京工业大学：李红旗

顺德职业技术学院：徐言生

中国科学院理化技术研究所：田长青

冰轮环境技术股份有限公司：刘昌丰、剧成成

冰山技术服务（大连）有限公司：李兆鹏、郭肇强

冰山冷热科技股份有限公司：周丹

福建雪人股份有限公司：郑云

开利未来（上海）制冷设备科技有限公司：胡欢、田健

谷轮环境科技（苏州）有限公司：李长生

比泽尔制冷技术（中国）有限公司：赵李曼

丹佛斯微通道换热器（嘉兴）有限公司：朱伟、张俊杰

江苏白雪电器股份有限公司：王志坚

浙江飞越机电有限公司：蒋友荣、蒋怡中

青岛绿环工业设备有限公司：巩涛、张文明

英福康（广州）真空仪器有限公司：董良辉

天津澳宏环保材料有限公司：王海涛

无锡伏尔康科技有限公司：朱炼

前　言

中国政府于1991年签署加入《〈蒙特利尔议定书〉伦敦修正案》，2021年加入《基加利修正案》。在《蒙特利尔议定书》履约框架下，中国制冷空调行业先后历经了CFCs和HCFCs制冷剂的淘汰和替代进程，目前正在同步开展HCFCs制冷剂的加速淘汰以及高GWP值HFCs制冷剂的削减工作。2020年，国家主席习近平提出了2030年碳达峰和2060年碳中和的"双碳"目标。中国制冷空调行业作为制冷剂消费、能源消耗和温室气体排放的大户，减排任务任重道远。制冷空调行业的履约和减排工作涉及产品制造和维修服务两大领域。与产品制造领域直接淘汰或削减制冷剂消费量不同，由于设备故障发生和维修的随机性，制冷维修行业的制冷剂消费量具有随机性和分散性。这一特点决定了制冷维修行业只能采用间接的方式淘汰或削减制冷剂的消费量，包括改善设备安装质量以减少泄漏量和故障率、提高维修水平以降低复维率、开展制冷剂回收与再利用以减少维修过程的消耗量、开展报废设备的制冷剂回收以减少制冷剂排放等，推行制冷剂的负责任使用。从总体看，制冷维修行业企业数量虽庞大，但大都规模小、从业人员专业水平参差不齐，在维修操作过程中存在许多不规范行为。维修从业人员的技术能力和环境保护意识是实现制冷维修行业削减目标并服务于产品制造领域制冷剂淘汰的关键因素。

众所周知，随着制冷空调行业的发展和人民生活水平的提高，冷链产业也在近几年得到了迅猛的发展。"十三五"以来，我国冷库总容量、冷藏车保有量年均增速基本保持在10%以上。2023年，我国冷库总库容约9826万吨，据相关机构测算，我国冷链物流产业规模达4000亿元以上。作为制冷空调行业履约减排的一个重要子行业，提升冷链设备的制冷剂替代以及维修良好操作水平对于整个行业及国家的履约工作将起到非常重要的作用。

为此，针对冷链行业编制一本具有普及作用并适合广泛推广的教材，对提高冷链行业相关制造、维修、安装企业和从业人员的HCFCs及HFCs减排意识和技术能力是非常有必要的。

本书由生态环境部对外合作与交流中心给予支持和指导，中国制冷空调工业协会组织行业内多家企业和高校专家联合编写。编写初稿完成后，工作组又广泛征求各界意见对教材内容进行多轮修改和完善，力求形成系统性的结构体系，以保证前后章节关联，文本表述正确、完整、可操作性强，教材内容图文得当、通俗易懂。本书既包括最基本的环境保护知识、相关法规、政策、标准等，也有冷链设备基本原理的介绍，还囊括了冷链各个环节典型设备的故障判断，以及维修工具的使用，同时针对制冷剂替代进程中用到的可燃、有毒、高压制冷剂的安全操作要求做了详细介绍。

生态环境部对外合作与交流中心尚舒文高级工程师，中国制冷空调工业协会王若楠高级工程师、陈敬良正高级工程师，生态环境部对外合作与交流中心滑雪高级工程师承担了全书的编写统稿工作。参与各章节编写工作以及为本书提供专业维修材料的单位和人员如下。

第1章：尚舒文、滑雪、李雄亚、晏刚、田长青、陈敬良、王若楠、高钰

第2章：晏刚、张朝晖、李红旗、陈敬良、刘璐璐、刘昌丰、剧成成、李兆鹏、郭肇强、胡欢、田健、周丹、郑云、王志坚

第3章：刘圣春、刘昌丰、剧成成、周丹、李兆鹏、郭肇强、胡欢、田健、郑云、李长生

第4章：滑雪、李红旗、蒋友荣、蒋怡中、郑云、巩涛、张文明、董良辉、朱炼、朱伟、张俊杰

第5章：李雄亚、张朝晖、刘圣春、李兆鹏、郭肇强、刘昌丰、剧成成、蒋友荣、蒋怡中、胡欢、田健、董良辉、王海涛、郑云

第6章：徐言生、胡欢、田健、刘昌丰、剧成成、王若楠、赵李曼、李兆鹏、郭肇强

本书成稿后由中国制冷空调工业协会张朝晖副理事长兼秘书长牵头审稿，上海理工大学张华副校长、哈尔滨商业大学李晓燕教授及比泽尔制冷技术（中国）有限公司王玉成高级经理参与审稿并提出了许多宝贵的修改意见，在此一并表示感谢！

本书内容涉及较广，专业性较强，由于编者水平有限，书中难免有不妥和错误之处，恳请读者和行业同仁予以批评指正。

《冷链设备制冷剂替代及维修良好操作》编写委员会
2024年9月

目　录

第1章　环境保护与冷链 ……………………………………………………… 1

1.1　臭氧层保护和减缓全球变暖基础知识 …………………………… 1

1.1.1　臭氧层及其作用 ………………………………………… 1

1.1.2　臭氧层破坏机理及状况 ………………………………… 2

1.1.3　破坏臭氧层的物质及特征 ……………………………… 3

1.1.4　保护臭氧层的国际协议 ………………………………… 4

1.1.5　温室气体减排 …………………………………………… 6

1.2　制冷维修行业制冷剂使用和管理的政策、法规和标准 ………… 8

1.2.1　《中华人民共和国大气污染防治法》 ………………… 9

1.2.2　《中国逐步淘汰消耗臭氧层物质的国家方案》和行业计划 …… 9

1.2.3　《消耗臭氧层物质管理条例》及相关政策法规 ……… 10

1.2.4　维修行业相关标准 ……………………………………… 12

1.3　冷链的基本情况介绍 ……………………………………………… 15

1.3.1　冷链的定义 ……………………………………………… 15

1.3.2　冷链的组成 ……………………………………………… 15

1.3.3　冷链的作用和意义 ……………………………………… 17

1.3.4　《"十四五"冷链物流发展规划》 …………………… 18

1.3.5　冷链病原微生物的防控 ………………………………… 21

第2章　冷链设备基本原理 …………………………………………………… 23

2.1　制冷基本知识 ……………………………………………………… 23

2.1.1　制冷的基本原理 ………………………………………… 23

2.1.2　常见的术语 ……………………………………………… 25

2.1.3　制冷循环 ………………………………………………… 29

2.2　各种制冷剂的特性 ………………………………………………… 36

2.2.1　对制冷剂的要求 ………………………………………… 37

2.2.2　对载冷剂的要求 ………………………………………… 38

2.2.3　制冷剂的编号方法和分类 ……………………………… 39

2.2.4 常见的环境术语与指标 ·· 39

2.2.5 冷链设备制冷剂替代进展 ·· 41

2.3 冷链设备介绍 ··· 45

　　2.3.1 冷加工设备分类 ··· 45

　　2.3.2 冷库制冷设备 ··· 65

　　2.3.3 冷藏运输制冷设备 ··· 82

　　2.3.4 冷藏销售设备 ··· 96

第3章　冷链设备的常见故障及处理方法 ···························· 110

3.1 冷加工设备 ·· 110

　　3.1.1 隧道式速冻设备常见故障及处理 ······························ 110

　　3.1.2 螺旋式速冻设备常见故障及处理 ······························ 111

　　3.1.3 流态化速冻设备常见故障及处理 ······························ 113

　　3.1.4 平板式速冻设备常见故障及处理 ······························ 114

3.2 冷库 ·· 115

　　3.2.1 冷库建筑常见故障及处理 ····································· 115

　　3.2.2 冷库设备常见故障及处理 ····································· 116

3.3 冷藏运输设备 ·· 140

　　3.3.1 冷藏运输制冷机组常见故障及处理 ····························· 140

　　3.3.2 其他部件常见故障及处理 ····································· 146

3.4 冷藏销售设备 ·· 148

　　3.4.1 制冷陈列柜常见故障及处理 ··································· 148

　　3.4.2 制冰机常见故障及处理 ······································· 152

第4章　维修设备与维修过程良好操作 ···························· 157

4.1 负责任使用制冷剂 ·· 157

　　4.1.1 制冷剂环境影响及维修行业重要作用的主动意识 ·················· 157

　　4.1.2 法律、法规和技术标准的严格执行 ····························· 158

　　4.1.3 技术素质与职业技能的提升 ··································· 158

　　4.1.4 完善齐全的装备配置 ··· 159

　　4.1.5 维修活动中的良好操作 ······································· 159

4.2 制冷剂管路连接设备与操作 ·· 159

　　4.2.1 钎焊 ·· 160

　　4.2.2 洛克环连接 ··· 167

4.3 制冷剂检漏设备 ·· 169

　　4.3.1 检漏方法 ·· 169

　　4.3.2　电子检漏仪 ·· 171

　　4.3.3　检漏仪使用注意事项 ································ 176

4.4　制冷剂回收 ··· 176

　　4.4.1　制冷剂回收的分类 ···································· 177

　　4.4.2　制冷剂回收机 ·· 179

　　4.4.3　制冷剂回收系统 ·· 182

　　4.4.4　制冷剂回收操作 ·· 184

　　4.4.5　安全操作注意事项 ···································· 189

4.5　制冷剂充注设备 ··· 190

　　4.5.1　歧管压力表 ·· 191

　　4.5.2　制冷剂罐注入阀 ·· 191

第5章　冷链设备的制冷剂检漏、充注、回收 ·············· 193

5.1　冷链设备制冷剂检漏 ······································ 193

　　5.1.1　最常见的泄漏 ·· 193

　　5.1.2　压力和泄漏相关试验 ································ 195

　　5.1.3　冷库制冷系统检漏的标准及方法 ·············· 198

　　5.1.4　制冷系统充工质检查 ································ 203

　　5.1.5　制冷良好操作对制冷系统泄漏巡检的要求 ·· 203

5.2　冷链设备制冷剂充注 ······································ 206

　　5.2.1　制冷剂的充注程序 ···································· 206

　　5.2.2　冷库制冷系统制冷剂的充注 ····················· 208

　　5.2.3　冷藏展示柜制冷剂的充注 ························· 209

　　5.2.4　冷链汽车空调制冷剂的充注 ····················· 211

5.3　冷链设备制冷剂回收及循环再利用 ················· 213

　　5.3.1　制冷剂回收前的准备 ································ 213

　　5.3.2　制冷剂回收工艺操作及具体实例 ·············· 216

　　5.3.3　制冷剂回收后的再利用方式及工艺 ··········· 225

　　5.3.4　制冷剂的回收操作注意事项 ····················· 229

第6章　应用可燃制冷剂和高压制冷剂的制冷设备的操作及安全知识 ········· 231

6.1　可燃制冷剂制冷设备的安全要求和操作 ·········· 231

　　6.1.1　制冷剂安全性分类及特性 ························· 231

　　6.1.2　可燃制冷剂操作的安全要求 ····················· 232

　　6.1.3　可燃制冷剂操作的程序要求和禁忌 ··········· 240

　　6.1.4　可燃制冷剂的检漏、充注与处置 ·············· 242

6.2 氨制冷剂制冷设备的安全要求和操作 ················· 243

6.2.1 氨制冷剂的特性 ································ 243

6.2.2 氨制冷系统操作的安全要求 ················· 244

6.2.3 氨制冷剂操作的程序要求和禁忌 ············· 247

6.2.4 氨制冷剂的检漏、充注与处置 ··············· 247

6.3 CO_2 制冷剂制冷设备的安全要求和操作 ············· 248

6.3.1 CO_2 制冷剂的特性 ························ 248

6.3.2 CO_2 制冷剂制冷系统操作的安全要求 ········· 249

6.3.3 CO_2 制冷剂制冷系统操作的程序要求和禁忌 ··· 252

6.3.4 CO_2 制冷剂的检漏、充注 ················· 253

参考文献 ································· 256

第1章

环境保护与冷链

进入 21 世纪以来，臭氧层保护、减缓全球变暖是全球制冷空调行业所共同面临的两大课题。近年来经济增长推动人民生活水平不断提高，食品安全逐步成为当前全社会关注的焦点之一。这为冷链物流产业的快速发展带来了机遇，也推动了冷链领域制冷剂消费量的快速增长。同时冷链设备使用的制冷剂引起了全球的广泛关注，目前冷链设备中使用的制冷剂包括含氢氯氟烃（HCFCs）、氢氟碳化物（HFCs）、氢氟烯烃（HFOs）和天然制冷剂。根据中国制冷空调工业协会的统计测算，2022 年冷链设备含氟制冷剂（包括 HCFCs、HFCs、HFOs 及其混合物）消费量超过 2 万吨，天然制冷剂消费量超过 1 万吨；冷链领域制冷剂消费量折合 CO_2 当量超过 5000 万吨。可见冷链设备是我国制冷剂消费的主要行业之一。在冷链领域推广采用环保的替代制冷剂和推动维修安装良好操作，对制冷空调行业乃至整个国家完成《蒙特利尔议定书》履约目标将起到重要的作用。

1.1 臭氧层保护和减缓全球变暖基础知识

1.1.1 臭氧层及其作用

地球表面覆盖着厚厚的大气层，其厚度约 1000km，环绕着我们赖以生存的家园（图 1-1）。整个大气层主要由氮气、氧气和其他气体组成，根据其高度不同而呈现出的不同特点，大气层又分为对流层、平流层和电离层。

大气中的氧气（O_2）受阳光短波紫外线照射，氧分子分解为氧原子，氧原子又与氧分子反应生成臭氧（O_3）。臭氧受长波紫外线照射，再度还原为氧气。在距地面 15~50km 高度的大气平流层中，集中了大气中约 90% 的臭氧，其中距地面 22~25km 处臭氧浓度达到最高，称其为臭氧层。如果将臭氧压缩至 1 个大气压，其厚度仅 3mm 左右[1]。

阳光中的紫外线包括短波紫外线（波长 200~280nm）、中波紫外线（波长 280~320nm）和长波紫外线（波长 320~400nm）。其中中波紫外线和短波紫外线对人类和其他生物是有害的。过量的紫外线照射可能引发人类皮肤病、眼部疾病以及免疫系统疾病；同时还会影响植物的生长，导致海洋浮游生物减少等。大气臭氧层像地球的一个保护罩，能够吸收波长 300nm 以下的紫外线，主要是全部短波紫外线和部分中波紫外线，进而保护地球上的生命免遭中短波紫外线的伤害（图 1-1）。

1

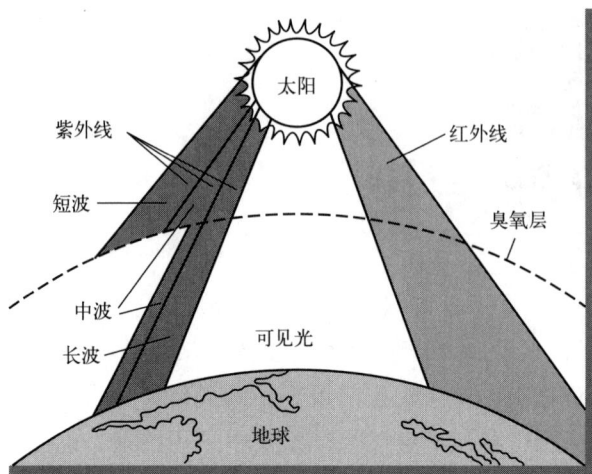

图 1-1　臭氧层对地球的保护作用[2]

从 20 世纪 30 年代以来，一系列的全氯氟烃（CFCs）和 HCFCs 等含有氯原子或者溴原子的物质陆续被开发并逐步获得了大量使用，这些物质排放到大气中对臭氧层有破坏作用，属于消耗臭氧层物质（ODS）。随着这些物质的持续排放，大气中臭氧数量急剧减少，进而形成了巨大的"臭氧空洞"。

1.1.2　臭氧层破坏机理及状况

20 世纪 70 年代，美国科学家观测到南极上空的臭氧层有减少的趋势，而且逐年的观测数据表明，南极上空的臭氧总量迅速减少，与周围相比，形成了一个臭氧层空洞。根据世界气象组织（WMO）和联合国环境规划署（UNEP）联合发布的《2022 年臭氧层消耗科学评估报告》[3]，臭氧消耗不仅限于南极地区，在北美洲、欧洲、亚洲，以及非洲、澳大利亚、南美洲的大部分地区上空也观测到了臭氧层减少的现象。

其主要破坏机理是：含有氯原子或溴原子的一些化学物质，其化学性能比较稳定，在大气对流层中不易分解，寿命长达几十年甚至上百年（如 CFC-12 为 102 年）。因此，它们有机会扩散到平流层，当其进入平流层后，在强烈的阳光紫外线作用下，释放出氯离子或溴离子，这些氯离子和溴离子会与臭氧发生连锁的化学反应，且一个氯离子或者溴离子就能破坏 10 万个臭氧分子。这样会大量消耗臭氧，严重破坏臭氧层。

1974 年美国加利福尼亚大学弗兰克·舍伍德·罗兰（F. S. Lorad）教授和马里奥·莫利纳（Molita）博士发表的论文《环境中的氯氟烷烃》[4] 中首次提出：广泛使用于冰箱和制冷空调、泡沫塑料发泡、电子器件清洗的全氯氟烃（CFCs）以及用于灭火等特殊场合的溴氟烷烃（哈龙，Halons）直接排入大气后，会进入平流层，使臭氧浓度减少。这一结论引起了国际社会的广泛关注，并制订了一系列的保护臭氧层、保护环境的国际公约、法规，各个国家逐步开始采取行动以保护臭氧层。

《关于消耗臭氧层物质的蒙特利尔议定书》（以下简称《蒙特利尔议定书》）在保

护臭氧层工作过程中起到了非常重要的作用，并且经过国际社会的执行取得了显著的成就。根据 2022 年《臭氧层消耗科学评估报告》，消耗臭氧层的物质在臭氧层中的浓度不断下降。与不受控的极端情况相比，遵守《蒙特利尔议定书》将避免到 21 世纪中叶 0.5~1℃的升温。南极上空总臭氧柱（total column ozone，TCO）在持续恢复。按照预计的速度发展下去，预计全球总臭氧柱平均值（60°N~60°S）将在 2040 年左右恢复到 1980 年的水平，北极地区在 2045 年左右恢复到 1980 年的水平，而南极地区要到 2066 年左右恢复到 1980 年的水平（图 1-2）。

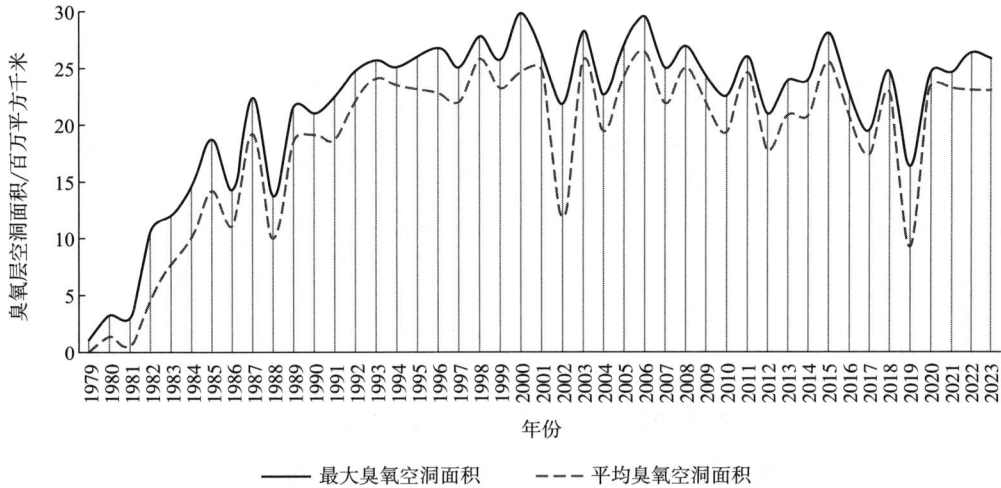

图 1-2　1979~2023 年南极洲臭氧层空洞面积变化曲线

数据来源：美国国家航空航天局臭氧观测数据，https://ozonewatch.gsfc.nasa.gov/statistics/annual_data.html

大气层中的臭氧层作为地球的保护罩，通过过滤有害紫外线保护地球的生灵。而臭氧浓度减少甚至臭氧空洞的出现，会使照射到地球的有害紫外线增加，对人类、动植物以及整个地球生态系统都将产生不良影响。

- 人类健康：引起白内障疾病，诱发皮肤癌等；
- 农业生产：豆类瓜果类作物大量减产；
- 海洋生物：浅海中浮游生物数量减少，导致鱼类贝类死亡；
- 社会经济：加速人工合成材料的老化，增加经济成本；
- 空气污染：导致大气化学反应更为活跃，产生有害气体。

1.1.3　破坏臭氧层的物质及特征

对于破坏臭氧层的化学合成物质，我们统称为消耗臭氧层物质（ODS）。这些化合物的主要特征是含有氯元素或溴元素，包括全氯氟烃（CFCs）、含溴氟烷（哈龙）、四氯化碳、甲基氯仿、溴甲烷及含氢氯氟烃（HCFCs）等。它们普遍有着非常长的寿命周期和稳定的化学性质，不易分解，被广泛应用于化工、制冷、消防、清洗等行业。而且在意识到其危害之前，人类在维修和保养使用这类化合物的设备的过程中，都未经任何回收和处理就随意排放。由于 ODS 稳定的化学性质，其可以历经数年逐步进入大气层，上升至平流层从而破坏臭氧层。

制冷空调设备中应用的制冷剂，如 CFCs 和 HCFCs 就属于 ODS。且由于制冷与空调设备种类繁多、应用面广，涉及工业、农业、军事、运输、商业、生活等领域。所以制冷空调行业的 ODS 用量非常惊人。

1.1.4 保护臭氧层的国际协议

为了保护臭氧层、保护人类共同的家园，国际社会制定了一系列的条约、公约和相关政策法规。

1.1.4.1 《保护臭氧层维也纳公约》

自 1976 年 4 月，联合国环境规划署（UNEP）理事会召开了第一次评价臭氧层的国际会议并成立了臭氧层协调委员会，经过委员会多年的协调，1985 年 3 月，UNEP 在奥地利首都维也纳举行了有 21 个国家的政府代表参加的"保护臭氧层外交大会"。会上通过了《关于保护臭氧层的维也纳公约》（以下简称《公约》），并于 1988 年生效，标志着保护臭氧层国际统一行动的开始。

《公约》的宗旨是：为了保护人类健康和环境，各缔约方应采取适当措施，控制足以改变或可能改变臭氧层的人类活动，以免受到由此造成的或可能造成的不利影响。

《公约》对缔约方提出要求：

①通过系统地观察、研究和资料交流，从事合作，以期更好地了解和评价人类活动对臭氧层的影响，以及臭氧层的变化对人类健康和环境的影响。

②采取适当的立法和行政措施，从事合作，协调适当的政策，以便对本地区的某些人类活动，在已经或可能改变臭氧层而造成不利影响时，加以控制、限制、削减或禁止。

③从事合作，制订执行本公约的商定措施、程序和标准，以期通过有关控制措施的议定书和附件。

中国政府于 1989 年 9 月 11 日正式提出加入《公约》，并于 1989 年 12 月 10 日生效。《公约》虽然没有任何实质性的控制协议，但为会后采取国际性控制 CFCs 的措施做了必要的准备。

1.1.4.2 《蒙特利尔议定书》

《公约》签署两个月后，英国南极探险队队长乔·法曼（J. Farman）宣布，自从 1977 年开始观察南极上空以来，每年都在 9~11 月发现有"臭氧空洞"。这个发现引起举世震惊。1985 年 9 月，为制定有实质性控制措施的议定书，UNEP 组织召开了专题讨论会。同年 10 月，决定成立保护臭氧层工作组，从事制定议定书的工作。

1987 年 9 月，由 UNEP 组织的"保护臭氧层公约关于含氯氟烃议定书全权代表大会"在加拿大蒙特利尔市召开。会上，24 个国家签署了《关于消耗臭氧层物质的蒙特利尔议定书》（以下简称《蒙特利尔议定书》）。由于该《蒙特利尔议定书》未能充分

反映发展中国家的意见，中国政府并未签订。随着保护臭氧层形势发展的需要，在
1989 年 5 月称尔辛基缔约方第 1 次会议之后对《蒙特利尔议定书》进行了修订。1991
年 6 月 14 日，在缔约方第 3 次会议上，中国政府宣布正式加入修正后《蒙特利尔议定
书》的决定。

截至 2024 年 4 月，全球共有 198 个国家和地区签署了《蒙特利尔议定书》，加入臭
氧层保护的行动中来。

《蒙特利尔议定书》的主要内容包括：

（1）规定了受控物质的种类

最初的《蒙特利尔议定书》规定的受控物质为两类，第一类为 5 种 CFCs，第二类
为 3 种哈龙。其后，经过多次协调和修正，扩大了受控物质的范围。1990 年的伦敦修
正案中，受控物质增加到四类 20 种，包括 15 种 CFCs，3 种哈龙，四氯化碳和甲基氯
仿，并增加了 34 种 HCFCs 作为过渡性物质；1992 年的哥本哈根修正案中增加了三组新
的受控物质，包括更新的 40 种 HCFCs，34 种氟溴烃（HBFC）和甲基溴。到 1999 年的
北京修正案，新增溴氯甲烷，纳入的受控物质共计八类 96 种。

（2）规定了控制限额的基准和限控时间表

受控主要是控制其生产量和消耗量，其中消耗量是按生产量加进口量并减去出口量
计算的。根据 2007 年 9 月召开的《蒙特利尔议定书》第 19 次缔约方大会达成的加速淘
汰 HCFCs 调整案，对于含中国在内的大部分发展中国家，其 HCFCs 消费量和生产量将
以 2009 年和 2010 年的平均水平为基线，并逐年淘汰，具体的淘汰时间进度见表 1-1。

表 1-1　HCFCs 限控时间表

年份	淘汰量
2013	冻结
2015	淘汰基线水平的 10%
2020	淘汰基线水平的 35%
2025	淘汰基线水平的 67.5%
2030	淘汰基线水平的 97.5%（仅保留 2.5% 的维修用途至 2040 年）

（3）《基加利修正案》

由于全球对《蒙特利尔议定书》贯彻的执行，在制冷、空调、消防、泡沫等领域
对 CFCs、HCFCs 类物质迅速地淘汰，HFCs 类物质作为其替代品在各个行业被广泛地开
发和应用。然而大部分 HFCs 属于人工合成物质，具有较高的全球变暖潜值（GWP），
属于《京都议定书》管控的温室气体。随着人类对全球变暖问题的关注，国际社会对
高 GWP 的 HFCs 物质的管控问题也展开了一系列的讨论，并于 2016 年由《蒙特利尔议
定书》缔约方达成了《基加利修正案》，旨在限控温室气体 HFCs。其与《框架公约》
和《京都议定书》并不冲突，而是开启了协同应对臭氧层消耗和气候变化的新篇章。
《基加利修正案》已于 2019 年 1 月 1 日正式生效，截至 2024 年 4 月已有 159 个国家加

入。中国政府于 2021 年 6 月 17 日正式交存了接受文书，该修正案已于 2021 年 9 月 15日正式对我国生效。

《基加利修正案》将 18 种 HFCs 纳入管控范围（受控物质目录详见表 1-2），并约定了不同国家的限控基线和时间表，包括中国在内的第一组发展中国家，其 HFCs 生产量和消费量的基线为 2020~2022 年 3 年的平均值+65% 的 HCFCs 基线值。针对中国，HFCs 的限控时间表见表 1-3。

表 1-2 《基加利修正案》增加受控物质清单

类别	物质	100 年全球升温潜能值（GWP）
CHF_2CHF_2	HFC-134	1100
CH_2FCF_3	HFC-134a	1430
CH_2FCHF_2	HFC-143	353
$CHF_2CH_2CF_3$	HFC-245fa	1030
$CF_3CH_2CF_2CH_3$	HFC-365mfc	794
CF_3CHFCF_3	HFC-227ea	3220
$CH_2FCF_2CF_3$	HFC-236cb	1340
CHF_2CHFCF_3	HFC-236ea	1370
$CF_3CH_2CF_3$	HFC-236fa	9810
$CH_2FCF_2CHF_2$	HFC-245ca	693
$CF_3CHFCHFCF_2CF_3$	HFC-43-10mee	1640
CH_2F_2	HFC-32	675
CHF_2CF_3	HFC-125	3500
CH_3CF_3	HFC-143a	4470
CH_3F	HFC-41	92
CH_2FCH_2F	HFC-152	53
CH_3CHF_2	HFC-152a	124
CHF_3	HFC-23	14800

注　GWP 数据来源《关于消耗臭氧层物质的蒙特尔议定书〈基加利修正案〉》。

表 1-3 中国等第一组发展中国家 HFCs 限控时间表

年份	生产量和消费量
2024	冻结在基线水平
2029	不超过基线的 90%
2035	不超过基线的 70%
2040	不超过基线的 50%
2045	不超过基线的 20%

1.1.5　温室气体减排

随着环境问题的日益严重，全球变暖问题引起了人们的广泛关注。根据观测，地球表面平均温度自 19 世纪以来上升了 1℃ 左右，如图 1-3 所示[5]。而且在 19 世纪，科研人员已确定 CO_2 是重要的温室气体之一，CO_2 可以在大气层形成一道屏障将地球散发的热量又反射回地球表面。根据对大气空气中 CO_2 的直接监测，在过去的 200 年间，大气中的 CO_2 增加了 40% 以上[6]，尤其是自 1970 年以后。人类活动直接或间接排放的 CO_2 对于这一变化起着重要作用。

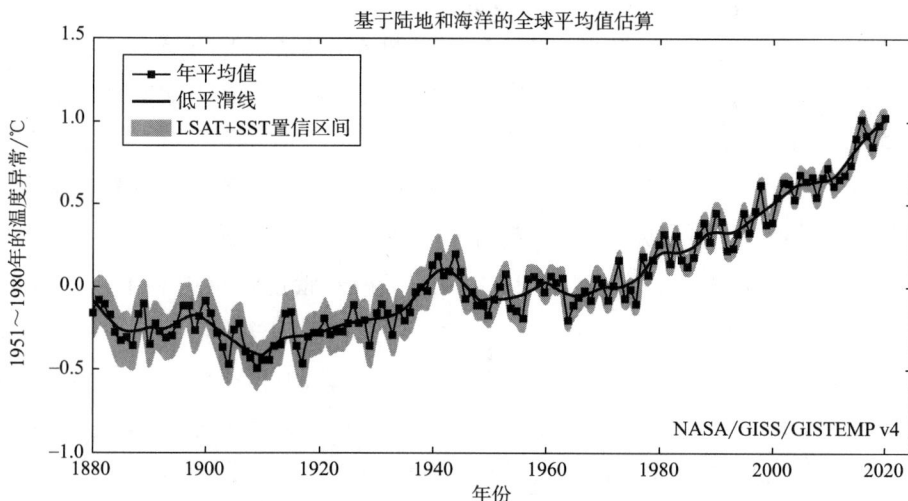

图 1-3　全球地表平均温度变化曲线

以 1951~1980 年的平均值为基线，方块黑线为年度平均值，平滑实线为五年数据 lowess 拟合曲线，
灰色阴影为 95% 置信区间的年度不确定性总数。图片来源：美国国家航空航天局戈达德（Goddard）
太空研究所，网址：https://data.giss.nasa.gov/gistemp/graphs_v4/

1.1.5.1　《联合国气候变化框架公约》及《巴黎协定》

地球表面温度的变化将对地球的气候环境、生态系统产生破坏性的影响，导致异常气候事件频发、海平面上升、物种灭绝等。为了应对全球气候变暖给人类社会和地球自然环境带来的不利影响，国际社会于 1992 年，达成了《联合国气候变化框架公约》（以下简称《框架公约》），目标是将大气中温室气体的浓度稳定在防止气候系统受到危险的人为干扰的水平上。1997 年在《框架公约》下进一步签订了《联合国气候变化框架公约的京都议定书》（以下简称《京都议定书》），明确规定，在议定书第一承诺期（2008~2012 年）内，主要工业发达国家的温室气体排放量要较 1990 年的基线水平减少 5.2%。《京都议定书》将六类可导致全球变暖的温室气体纳入管控清单，包括二氧化碳（CO_2），甲烷（CH_4），氧化亚氮（N_2O），氢氟碳化物（HFCs），全氟化碳（PFCs），六氟化硫（SF_6）。在 2012 年的《京都议定书》多哈修正案中，又增加了三氟化氮（NF_3），共计管控 7 类物质。

在 2012 年《京都议定书》约定的第一承诺期结束后，为了进一步加强对温室气体的减排，国际社会于 2015 年 12 月在巴黎召开的巴黎气候变化大会上，进一步签订了《巴黎协定》，旨在加强对气候变化威胁的全球应对。《巴黎协定》的目标是在 21 世纪内把全球平均气温升幅控制在工业化前水平2℃之内，并努力将气温升幅限制在工业化前水平1.5℃之内。《巴黎协定》已于2016年11月4日正式生效，截至2024年4月已有195个国家签署。中国于2016年4月22日正式签署。美国曾于2017年6月1日退出，又于2021年1月20日重新加入。

1.1.5.2 "双碳"目标

为了应对《巴黎协定》的承诺，表示大国的负责任态度，2020年9月22日，中国国家主席习近平在第七十五届联合国大会一般性辩论上宣布"中国将提高国家自主贡献力度，采取更加有力的政策和措施，二氧化碳排放力争于2030年前达到峰值，努力争取2060年前实现碳中和"，即"双碳"目标。

2021年9月22日，中共中央、国务院印发了《关于完整准确全面贯彻新发展理念做好碳达峰碳中和工作的意见》（以下简称《意见》）。该《意见》作为碳达峰碳中和"1+N"政策体系中的"1"，从顶层设计上明确了做好碳达峰碳中和工作的主要目标、减碳路径措施及相关配套措施，为日后碳达峰碳中和行动方案、各行业政策措施和行动提供政策支撑。为了更好地贯彻、落实"双碳"目标，国务院于2021年10月24日发布了《2030年前碳达峰行动方案》，提出了2025年和2030年两个碳达峰关键期的目标和重点任务。到2025年，非化石能源消费比重达到20%左右，单位国内生产总值能源消耗比2020年下降13.5%，单位国内生产总值二氧化碳排放比2020年下降18%，为实现碳达峰奠定坚实基础。到2030年，非化石能源消费比重达到25%左右，单位国内生产总值二氧化碳排放比2005年下降65%以上，顺利实现2030年前碳达峰目标。

1.2 制冷维修行业制冷剂使用和管理的政策、法规和标准

CFCs、HCFCs和HFCs都作为制冷剂被广泛应用于家用、工商业用、车载制冷空调产品和后续的维修维保过程中。中国的工商制冷空调行业HCFCs的消费量基线水平（2009年及2010年的平均值）为43925吨，经过政府和行业组织的HCFCs淘汰履约活动，到2019年HCFCs类制冷剂的消费量约为36000吨[7]；虽然HCFCs得以大量淘汰，但是很大比例是由HFCs替代的。

中国制冷维修行业是各类制冷剂消费数量非常大的一个子行业，由于各个制冷空调设备分散较广，且其消费过程也发生在制冷空调设备的运行、维修、维保中，所以在制冷维修行业进行HCFCs制冷剂的淘汰主要通过尽量减少制冷空调设备的维修率、减少维修过程的消费量、减少制冷空调设备的泄漏率、引导运行维保人员进行维修良好操作、及时回收处理制冷剂等间接实现，其淘汰途径则主要通过实行政策、标准、培训、宣传、能力建设等间接工作。根据测算，中国制冷维修行业2020年的HCFCs消费量超过5万吨[8]。

国家出台了一系列的法规、标准或条例，有效引导制冷维修行业的制冷剂规范使用和管理。具体介绍如下。

1.2.1　《中华人民共和国大气污染防治法》

首版《中华人民共和国大气污染防治法》（以下简称《大气污染防治法》）于1987年9月5日发布，并分别于1995年第一次修正、2000年第一次修订、2015年第二次修订、2018年第二次修正。

《大气污染防治法》以改善大气环境质量为目标，主要针对颗粒物、二氧化硫、氮氧化物、挥发性有机物、氨等大气污染物和温室气体实施协同控制。其中，涉及制冷空调行业的有氨、消耗臭氧层物质和温室气体。其中第八十五条规定："国家鼓励、支持消耗臭氧层物质替代品的生产和使用，逐步减少直至停止消耗臭氧层物质的生产和使用。国家对消耗臭氧层物质的生产、使用、进出口实行总量控制和配额管理。"这一条款为政府和行业进行消耗臭氧层物质的管理提供了明确的、原则性的立法支持。

1.2.2　《中国逐步淘汰消耗臭氧层物质的国家方案》和行业计划

《中国逐步淘汰消耗臭氧层物质的国家方案》（以下简称《国家方案》）于1993年1月经国务院批准并发布，并于1999年11月发布修订稿。《国家方案》及其修订稿均经国务院批准并提交《蒙特利尔议定书》多边基金执委会认可，是中国履行《蒙特利尔议定书》总的执行纲领和行动计划。其对中国的消耗臭氧层物质生产消费情况、中国的整体淘汰战略包括淘汰目标、替代技术路线和替代计划、相关政策措施和监督管理制度、费用的管理进行了统一的描述、要求和部署。《国家方案》虽然未以法律形式体现，但在中国进行消耗臭氧层物质淘汰行动整个政策法规体系中处于核心位置，是制订和实施各细分行业淘汰计划进行相关政策措施的根本依据。2023年12月29日《国务院关于修改〈消耗臭氧层物质管理条例〉的决定》将《中国逐步淘汰消耗臭氧层物质国家方案》修改为《中国履行〈关于消耗臭氧层物质的蒙特利尔议定书〉国家方案》。目前新一版的《国家方案》也正在修订中。

自2007年，《蒙特利尔议定书》缔约方加速淘汰HCFCs调整案达成，中国开启各行业的HCFCs淘汰工作。生产和消费行业相继制定各自细分行业的淘汰管理计划（HPMP）进行具体的ODS淘汰工作。根据限控时间表，中国制冷维修行业依次制定并实施了2011~2015年、2016~2020年、2021~2026年三个时期的HCFCs淘汰管理计划，目前正在执行2021~2026年的行业计划相关的工作。

维修行业由于制冷剂应用和管理的特殊性，主要是通过政策的指引、标准规范的制修订、宣传与培训、维修企业及人员的资格认证推动等活动进行HCFCs的间接淘汰。在新的行业计划中，将进一步构建和完善制冷剂回收、再循环、运输、再生等再利用网络，推动制冷剂的回收再利用。

1.2.3 《消耗臭氧层物质管理条例》及相关政策法规

《消耗臭氧层物质管理条例》（以下简称《条例》）于 2010 年 4 月 8 日发布，2018 年 3 月 19 日根据《国务院关于修改和废止部分行政法规的决定》第一次修订，2023 年 12 月 29 日根据《国务院关于修改〈消耗臭氧层物质管理条例〉的决定》第二次修订。最新的《消耗臭氧层物质管理条例》修订稿将 HFCs（氢氟碳化物）纳入了受控清单。

《条例》对在中国从事消耗臭氧层物质的生产、销售、使用和进出口等活动进行了规定。包括消耗臭氧层物质生产和使用进行配额、备案制度；对维修维保过程中防止或者减少消耗臭氧层物质的泄漏和排放的要求；对消耗臭氧层物质的进出口实行名录管理；并规定了相关机关和政府的监督检查职责和相应的法律责任等。

涉及制冷空调维修行业的具体规定要求：从事含消耗臭氧层物质的制冷设备、制冷系统或者灭火系统的维修、报废处理等经营活动的单位，应当按照国务院环境保护主管部门的规定对消耗臭氧层物质进行回收、循环利用或者交由从事消耗臭氧层物质回收、再生利用、销毁等经营活动的单位进行无害化处置；从事消耗臭氧层物质回收、再生利用、销毁等经营活动的单位，应当按照国务院环境保护主管部门的规定对消耗臭氧层物质进行无害化处置，不得直接排放。

中华人民共和国生态环境部等相关政府部门在《消耗臭氧层物质管理条例》的框架下逐步建立并完善了消耗臭氧层物质管理的政策法规，跟维修行业密切相关的政策法规介绍如下。

1.2.3.1 《中国受控消耗臭氧层物质清单》

《中国受控消耗臭氧层物质清单》于 2010 年第一次发布，最新一次修订为 2021 年 10 月 8 日。其作为《条例》实施的规范性文件，《中国受控消耗臭氧层物质清单》明确了中国根据《蒙特利尔议定书》要求淘汰和削减的受控物质，为《条例》的具体实施提供了依据。

《中国受控消耗臭氧层物质清单》中包括了全氯氟烃（CFCs，又称氯氟化碳）、哈龙、四氯化碳（CTC）、甲基氯仿、含氢氯氟烃（HCFCs）、含氢溴氟烃、溴氯甲烷、甲基溴、氢氟碳化物（HFCs）共 9 类受控物质。其中涉及制冷空调行业的主要是作为制冷剂的 CFCs（已于 2007 年全部淘汰）、HCFCs 和 HFCs。

1.2.3.2 《关于加强含氢氯氟烃生产、销售和使用管理的通知》

为了履行《蒙特利尔议定书》，根据《消耗臭氧层物质管理条例》，自 2013 年起，生态环境部发布了《关于加强含氢氯氟烃生产、销售和使用管理的通知》，对 HCFCs 的生产、销售和使用实行配额备案管理。要求所有 HCFCs 生产企业必须持有生产配额许可证，HCFCs 及其混合物的销售企业应当办理销售备案等；HCFCs 受控用途年使用量在 100 吨以上的使用企业必须持有 HCFCs 使用配额许可证，年使用量在 100 吨以下的使用企业应在本地省级环保部门进行使用备案。

1.2.3.3　《中国消耗臭氧层物质替代品推荐目录》

为了推进 ODS 物质淘汰的进程，推动环保替代制冷剂的推广应用，中国于 2004 年和 2007 年分别发布了《消耗臭氧层物质替代品推荐目录（第一批）》及其修订稿，对在 2010 年前淘汰 CFCs、哈龙等消耗臭氧层物质起到了关键的推动作用。随着 HCFCs 的加速淘汰，以及《基加利修正案》在中国的生效，对于替代品的选择除了不破坏臭氧层，还要兼顾对气候变化及其他环境的影响。生态环境部联合工业和信息化部于 2023 年 6 月 12 日发布了《中国消耗臭氧层物质替代品推荐名录》，以推广低 GWP 值的绿色低碳替代技术，其中包括 R32、NH_3、CO_2、R290、R600a 等。

1.2.3.4　《消耗臭氧层物质进出口管理办法》及《中国进出口受控消耗臭氧层物质名录》

为了履行《蒙特利尔议定书》的承诺，加强对 ODS 进出口的管理，国家自 1999 年发布了《消耗臭氧层物质进出口管理办法》，并于 2000 年开始，制定并发布了第一批《中国进出口受控消耗臭氧层物质名录》，之后陆续共发布了六批受控物质。对列入名录的 ODS，实行进出口配额许可证管理制度。

随着中国加入《基加利修正案》对 HFCs 的管控，生态环境部、商务部、海关总署共同修订的《中国进出口受控消耗臭氧层物质名录》于 2021 年 11 月 1 日生效，将 HFCs 增加到进出口受控消耗臭氧层物质名录中。

1.2.3.5　《关于严格控制第一批氢氟碳化物化工生产建设项目的通知》

《〈关于消耗臭氧层物质的蒙特利尔议定书〉基加利修正案》于 2021 年 9 月 15 日对中国生效，为了逐步削减 HFCs 的生产和使用，生态环境部、国家发展和改革委员会、工业和信息化部于 2021 年 12 月 28 日联合发布了《关于严格控制第一批氢氟碳化物化工生产建设项目的通知》。

本通知规定，各地不得新建、扩建第一批名单（HFC-32、HFC-134a、HFC-125、HFC-143a、HFC-245fa）中所列用作制冷剂、发泡剂等 HFCs 化工生产设施；已建成的，如需改建或异址建设，不得增加产能等。HFC-32 是《中国工商制冷空调行业第二阶段（2021~2026 年）含氢氯氟烃（HCFCs）淘汰管理计划》确定的主要替代技术选择方向之一。本通知仅适用于对 HFCs 化工生产建设项目的控制，不涉及 HFCs 使用领域。

1.2.3.6　《关于深化生态环境领域依法行政　持续强化依法治污的指导意见》

为了提升生态环境领域的"尊法"意识，依法行政，依法治污，生态环境部于 2021 年 11 月 9 日发布了《关于深化生态环境领域依法行政　持续强化依法治污的指导意见》。其中提出要"积极推动消耗臭氧层物质管理的行政法规制修订""推动将涉消耗臭氧层物质等违法行为纳入刑事责任追究范围""依法推动消耗臭氧层物质淘汰和氢氟碳化物削减"。这些内容为行业进行 HCFCs 淘汰和 HFCs 削减等工作提供了有力的法治保障。

1.2.3.7　《废弃电器电子产品回收处理管理条例》及《废弃电器电子产品规范拆解处理作业及生产管理指南（2015 年版）》

《废弃电器电子产品回收处理管理条例》于 2009 年发布，并于 2019 年 3 月 2 日进行修订。目标是规范废弃电器电子产品的回收处理活动。根据《废弃电器电子产品处理目录》（2014 版）制冷空调行业的产品包括电冰箱和空气调节器。

《废弃电器电子产品规范拆解处理作业及生产管理指南（2015 年版）》对含有制冷剂的电冰箱和空调器的拆解、处理作业进行了相关规定。

对于制冷剂为消耗臭氧层物质的电冰箱和空调，要求遵照《消耗臭氧层物质管理条例》的要求进行制冷剂回收、循环利用或者交由相关单位进行无害化处置，不得直接排放。

对于制冷剂为异丁烷（R600a，安全等级为 A3 级别）的电冰箱时，也做了具体安全方面的要求，例如工人需着防静电的工服；采取检测、通风、防爆等安全措施；设置禁止烟火的警示标志等。

1.2.4　维修行业相关标准

1.2.4.1　GB/T 9237—2017《制冷系统及热泵　安全与环境要求》

该标准由国家市场监督管理总局及中国国家标准化管理委员会发布，由全国冷冻空调设备标准化委员会归口的国家标准。GB/T 9237—2017 是制冷空调产品的基础性安全标准，规定了 R32 等（弱）可燃性制冷剂的充注量、机械通风、报警、安全截止阀、防爆等安全要求，该标准的颁布为促进环保型替代制冷剂的市场化应用和推广奠定了基础。

GB/T 9237—2017 对制冷系统的运行、维护、检修和回收均做出详细规定，包括一般运行时的操作、文件的编制；维护和检修的原则、流程、人员要求；改变制冷系统中制冷剂种类时的计划和实施步骤；具体的回收、再用和处置的要求、流程等。不同情况下回收制冷剂的具体流程和处理方式如图 1-4 所示。

1.2.4.2　GB 4706.32—2012《家用和类似用途电器的安全　热泵、空调器和除湿机的特殊要求》

该标准是由国家质量监督检验检疫总局（现为国家市场监督管理总局）及中国国家标准化管理委员会发布，由全国家用电器标准化技术委员会归口的国家标准。该标准等同采用 IEC 60335-2-40：2005，对可燃制冷剂在家用空调、热泵和除湿机的应用制定了相关技术和安全要求。2022 年 IEC 60335-2-40 已修订更新为第 7 版，在完善相关安全要求和措施的前提下，提高了 A2L 和 A3 类可燃制冷剂的充注量限值，这为可燃制冷剂的应用拓宽了道路。目前 GB 4706.32—2012 已依据 IEC 60335-2-40：2022 修订完成 GB 4706.32—2024[9]。

1.2.4.3　GB 4706.102—2010《家用和类似用途电器的安全　带嵌装或远置式制冷剂冷凝装置或压缩机的商用制冷器具的特殊要求》

该标准是由国家质量监督检验检疫总局及中国国家标准化管理委员会发布，由全国家用电器标准化技术委员会归口的国家标准，等同采用 IEC 60335-2-89：2007。该标准针对制冷陈列柜、制冷储藏柜、风冷冷却器具、风冷冷冻器具等装有压缩机或按制造商说明书由两个单元组合成单独器具（分体系统）的电动商用制冷器具的安全使用做

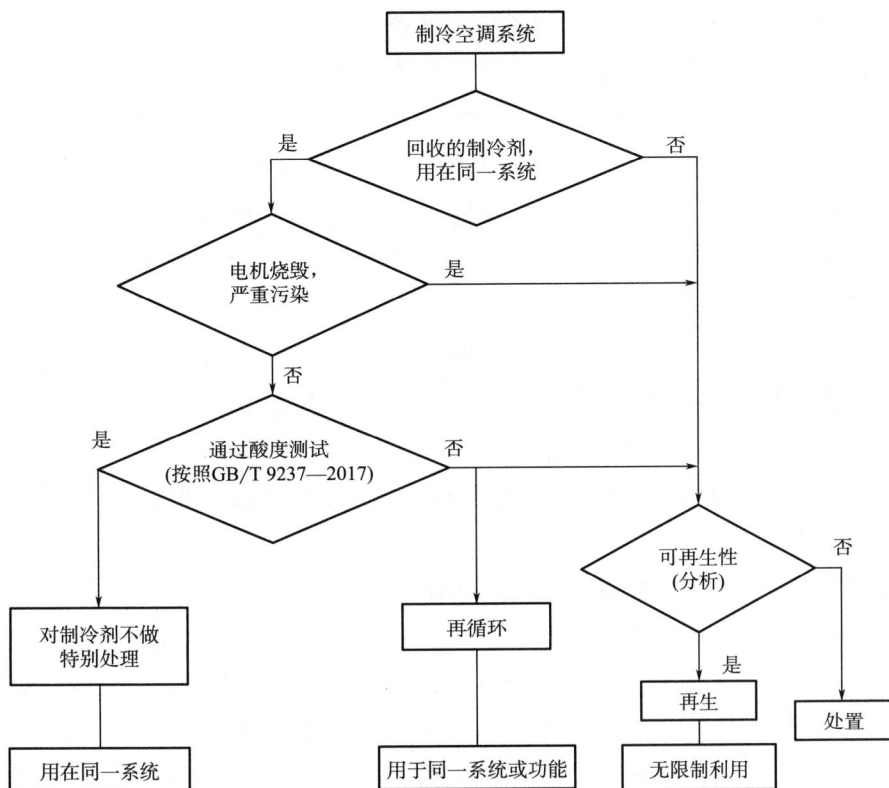

图 1-4 制冷剂回收流程

特殊要求，不适用于每个独立的制冷剂回路中充注 150g 以上可燃制冷剂的器具。2019年 IEC 60335-2-89 已修订更新为第 3 版，在完善相关安全要求和措施的前提下放宽了自携式系统可燃性制冷剂的充注量，制冷剂充注量不应超过制冷剂可燃限值 LFL 的 13倍或任何制冷回路中制冷剂的充注量不得超过 1.2kg，取较小者；R290 制冷剂充注量限值为 494g，R600a 制冷剂充注量限值为 559g，这为可燃制冷剂的应用拓宽了道路。目前GB 4706.102—2010 已依据 IEC 60335-2-89：2019 修订完成 GB 4706.102—2024[9]。

1.2.4.4 T/CRAA 1010—2017《工商业用或类似用途的制冷空调设备维修保养技术规范》

该技术规范为中国制冷空调工业协会发布的团体标准，规定了工商业用制冷空调设备日常维护保养、定期维护保养、故障维修及维修后调试的基本技术要求。其对制冷空调系统内的制冷剂循环系统、空气循环系统、蒸气与水系统、自动控制系统以及制冷剂的回收与再利用均做了要求。

1.2.4.5 T/CRAAS 1013—2022《单元式空气调节机维修保养技术规范》

该技术规范由中国制冷空调工业协会发布，规定了单元式空气调节机维修、保养、报废、制冷剂回收与再利用的基本技术要求。考虑市场销售的单元式空调机中越来越多地采用了 A2L（弱可燃）类的 R32 制冷剂，该标准对 A2L 制冷剂单元机在储存、运输和维修保养方面的安全要求做出了专门的规定。

1.2.4.6　T/CRAAS 1009—2022《制冷空调设备及系统制冷剂管理规范》

为了推进制冷剂的负责任使用，减少制冷剂的泄漏排放，中国制冷空调工业协会组织制定了 T/CRAAS 1009—2022《制冷空调设备及系统制冷剂管理规范》。该规范规定了制冷空调设备及系统整个生命周期内的制冷剂管理的要求，涉及制冷空调设备的设计、测试、制造、安装、运行、保养以及制冷剂回收、再利用和处置。

1.2.4.7　JB/T 12319—2015《制冷剂回收机》和 JB/T 12844—2016《制冷剂回收循环处理设备》

JB/T 12319—2015 和 JB/T 12844—2016 规定了制冷剂回收机、制冷剂回收循环处理设备、制冷剂循环处理设备的相关术语和定义、型号及基本参数、要求、试验方法、检验规则、标志、包装、运输和贮存。

1.2.4.8　GB/T 38099.2—2019《废弃电器电子产品处理要求　第 2 部分：含制冷剂的电器》

该标准是由国家市场监督管理总局及中国国家标准化管理委员会发布，由全国电工电子产品与系统的环境标准化技术委员会提出并归口的国家标准，规定了含制冷剂的废弃电器电子产品（一般是指空气调节器和电冰箱）处理相关的术语、定义、处理要求及文件记录与保存要求，并对不同类型的制冷剂包括 CFCs、HCFCs、HFCs 及碳氢（HC）的处理均做了要求，具体的处理流程如图 1-5 所示。

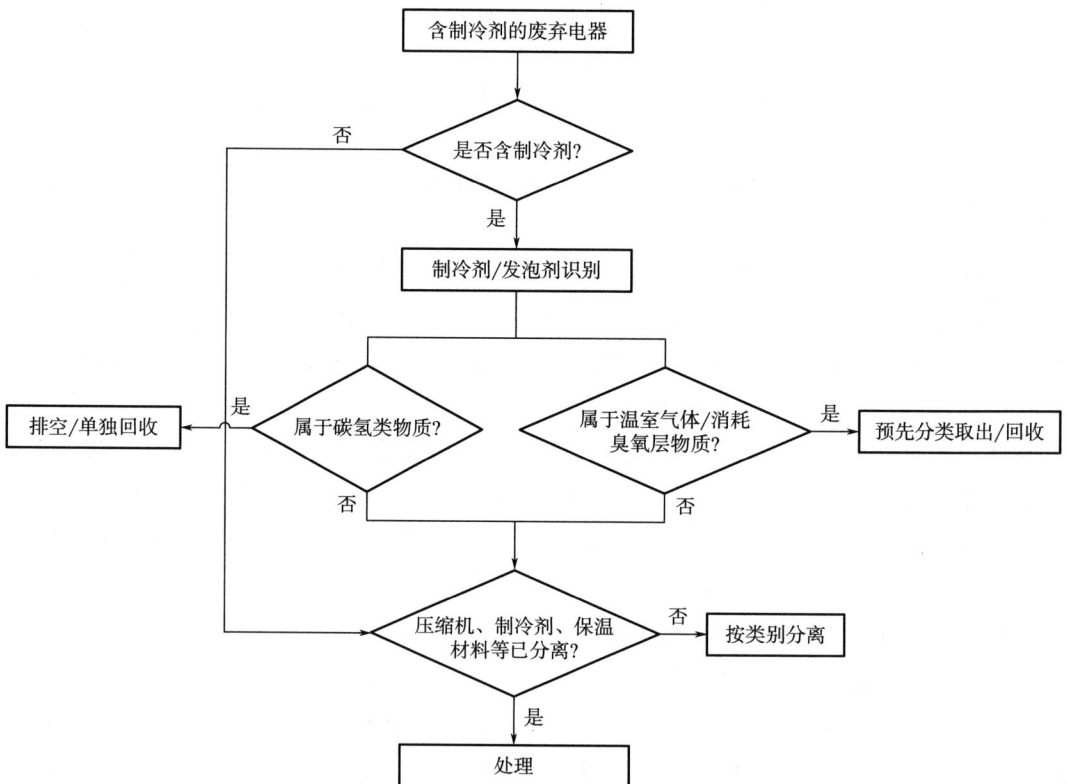

图 1-5　含制冷剂的废弃电器的处理流程

1.2.4.9　GB/T 22766.3—2009《家用和类似用途电器售后服务　第 3 部分：空调器的特殊要求》

该标准是由中国国家质量监督检验检疫总局和国家标准化管理委员会发布，由全国家用电器标准化技术委员会归口的国家标准，其规定了家用和类似用途空调器售后服务的基本内容和基本要求。其包括对售后服务方、经营场所、设备、人员的要求，售后服务的具体实施包括上门的售后、安装、维修、保养服务要求，服务场所的维修服务要求等。

1.3　冷链的基本情况介绍

1.3.1　冷链的定义

根据国家标准《制冷术语》（GB/T 18517—2012）的定义，冷链（cold chain，该标准又称为冷藏链）是以制冷技术为手段，使易腐食品或货物在原料、生产、加工、运输、贮藏、销售等各个环节中始终保持适宜温度的系统。冷链的关键是创造和保持低于环境温度的制冷设备，即冷链设备。

1.3.2　冷链的组成

冷链由冷加工、冷冻冷藏、冷藏运输、冷藏销售 4 个环节组成。冷链的对象主要包括：易腐食品，如蔬菜、水果、肉、禽、水产品、蛋、奶及其制品等；其他货物，如药品、生物制品、血液、花卉等[10]。不同种类的物品，冷链过程不一样。典型冷链过程如图 1-6 所示[11]。

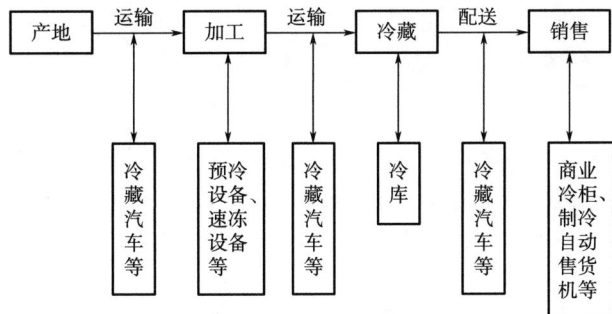

图 1-6　典型冷链过程

1.3.2.1　冷加工

冷加工是冷链过程的第一个环节，包括果蔬预冷、畜禽肉冷却、食品速冻等。

常见的果蔬预冷方式按照冷却介质分为冷风预冷、真空预冷、冷水预冷和冰预冷。畜禽肉冷却对象主要包括猪肉、牛肉、羊肉、鸡肉、鸭肉等，冷却方式有冷风冷却和冷水冷却。食品速冻是指在很短的时间内使食品中心温度达到储藏或保鲜温度的一种冷加工工艺，食品速冻方式按照热交换方式可分为鼓风式速冻、间接接触式速冻和直接接触式速冻。

1.3.2.2 冷冻冷藏

冷冻冷藏的载体是冷库或者冷链物流中心，是冷链物流最重要的部分，它是满足冷链物流上下游需求的重要基础设施。肉类加工厂、水产加工厂、果蔬加工厂、速冻食品厂和奶制品加工厂等食品生产加工企业建设的冷库，往往配备有相应的屠宰车间、整理间，具有较大的冷却、冻结能力，具备冷加工设备和设施，这样的冷库可称为生产性冷库。

2023 年，我国冷库总库容约为 9826 万吨，同比 2022 年增长 9.9%[12]。冷库按照储存物分类为水产库、肉类库、果蔬库和其他库。近年来随着消费升级，消费者对蔬菜、果品的品质要求越来越高，果蔬生鲜电商及线下精品店不断增长，果蔬库发展相对较快。从图 1-7 可以看出，2019~2023 年我国冷库产品结构的发展情况，其中肉类库占比最大，果蔬库紧随其后。

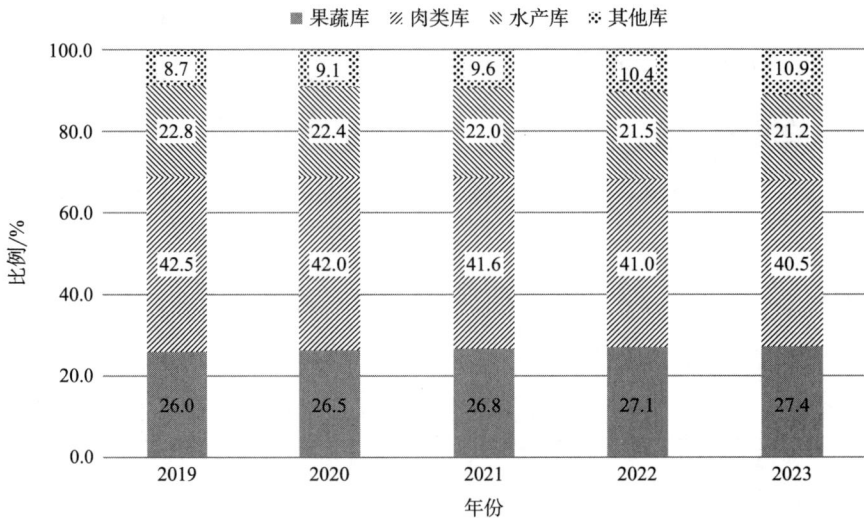

图 1-7 2019~2023 年冷库产品结构

数据来源：中国制冷空调产业发展白皮书（2023 年），第 64~65 页。

1.3.2.3 冷藏运输

冷藏运输的方式包括公路运输、铁路运输、水路运输和航空运输。冷藏集装箱是带有制冷机组，实现冷藏运输的标准尺寸专用集装箱，可以灵活地吊装到火车、汽车、轮船上，实现多种形式联运，提升了运输方式转换的便利性。

随着我国居民收入和消费水平的提升，疫情催化下生鲜零售模式的多样化和医药冷链的发展，推动冷藏运输需求的增长。目前，我国冷链运输主要还是依靠公路运输，公路冷链运输的主要货物运量占总冷链运输的 89.7%。据不完全统计，截至 2022 年全国冷藏运输汽车保有量达到 38.2 万辆[13]。2023 年我国冷藏运输汽车销售量为 3.7 万辆，同比增长 4%[12]。冷藏运输汽车按照吨位可划分为微、轻、中和重型货车 4 种。我国冷藏运输汽车市场以轻型货车为主，主要用于城市配送；其次是重型货车，主要用于长途干线运输（图 1-8）。

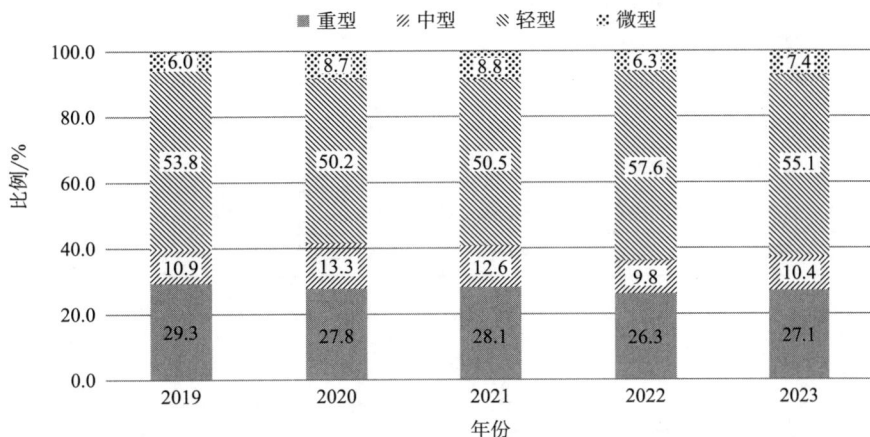

图 1-8　2019~2023 年我国冷藏运输汽车产品类型占比情况

数据来源：中国制冷空调产业发展白皮书（2023 年），第 68~69 页。

2023 年，我国冷藏集装箱销售量延续了下滑趋势，全年销售 15.7 万标准箱（TEU），较 2022 年的 19.2 万 TEU 同比下滑 13.3%[12]。冷藏集装箱生产基地主要分布在上海、青岛等东部沿海地区。

1.3.2.4　冷藏销售

冷藏销售设备是冷链物流的终端销售设备，一般是小型制冷设备，广泛应用于超市、便利店、饭店等场所快消品的冷冻冷藏，包括商用冷柜（制冷陈列柜、制冷储藏柜）、制冷自动售货机、商用制冰机、软冰淇淋机、生鲜配送柜和冷饮机等。冷藏销售设备，在国家 GB 26920 系列能效标准中采用"商用制冷器具"一词，口语习惯也称为"轻商制冷设备（或轻型商用制冷设备）"。表 1-4 列出了 2022~2023 年部分冷藏销售设备销售量。

表 1-4　2022~2023 年部分冷藏销售设备销售量

产品名称	2022 年/万台	2023 年/万台	增长率/%
商用冷柜	1096	1154	5.3

数据来源：中国制冷空调产业发展白皮书（2023 年）。

1.3.3　冷链的作用和意义

水果、蔬菜、肉类和水产等副食品在保障城乡人民日常生活中具有不可替代的重要地位，这些副食品均属于易腐食品，但在我国的产量和消费量都非常巨大。根据国家统计局发布的 2013~2023 年数据，我国各项易腐食品的总产量巨大且逐年递增

（表1-5），目前其总产量已超过14亿吨。上述食品中绝大部分都应该采用冷链进行流通。采用冷链流通，可有效降低易腐食品的流通腐损率、减少浪费；延长食品的保鲜期，提升易腐食品到达用户手中时的品质；还能抑制细菌生长繁殖，提升食品安全性。

表1-5　2013~2023年我国主要易腐食品总产量/万吨

年份	水果	蔬菜	肉类	水产品	禽蛋	牛奶	合计
2013	22748	63198	8633	5744	2906	3001	106230
2014	23303	64949	8818	6002	2930	3160	109162
2015	24525	66425	8750	6211	3046	3180	112137
2016	24405	67434	8628	6379	3161	3064	113071
2017	25242	69193	8654	6445	3096	3039	115669
2018	25688	70347	8625	6458	3128	3075	117321
2019	27401	72103	7759	6480	3309	3201	120253
2020	28692	74913	7748	6549	3468	3440	124810
2021	29970	77549	8887	6693	3409	3683	130191
2022	31296	79997	9227	6869	3456	3932	134777
2023	32744	82868	9641	7100	3563	4197	140113

近年来，国家出台的一系列政策和发展战略，如乡村振兴战略、健康中国战略、"一带一路"、国内国际双循环等，以及人们生活节奏的加快促进生鲜电商、预制菜的兴起，均需要冷链物流提供重要支撑，所以冷链物流在我国发展战略中变得越来越重要。因此，建立完善的全程冷链体系，提升冷链物流的标准化、信息化水平，推进我国冷链物流行业的高质量发展，是满足人民日益增长的美好生活需要，是全面建设社会主义现代化国家的必然要求，具有十分重要的意义。

1.3.4　《"十四五"冷链物流发展规划》[14]

2021年11月国务院办公厅印发了《"十四五"冷链物流发展规划》。该规划是按照党中央、国务院决策部署，根据《中华人民共和国国民经济和社会发展第十四个五年规划和2035年远景目标纲要》而制定。冷链物流是利用温控、保鲜等技术工艺和冷库、冷藏车、冷藏箱等设施设备，确保冷链产品在初加工、储存、运输、流通加工、销售、配送等全过程始终处于规定温度环境下的专业物流。近年来，中国肉类、水果、蔬菜、水产品、乳品、速冻食品以及疫苗、生物制剂、药品等冷链产品市场需求快速增长，营商环境持续改善，推动冷链物流较快发展，但仍面临不少突出瓶颈和痛点难点卡点问题，难以有效满足市场需求。中国进入新发展阶段，人民群众对高品质消费品和市场主体对高质量物流服务的需求快速增长，冷链物流发展面临新的机遇和挑战。该规划的部分内容介绍如下。

1.3.4.1　行业规模显著扩大

近年来，中国冷链物流市场规模快速增长，国家骨干冷链物流基地、产地销地冷链设施建设稳步推进，冷链装备水平显著提升。2020年，冷链物流市场规模超过3800亿元，冷库库容近1.8亿立方米，冷藏汽车保有量约28.7万辆，分别是"十二五"期末的2.4倍、2倍和2.6倍左右。

1.3.4.2　发展目标

到2025年，初步形成衔接产地销地、覆盖城市乡村、联通国内国际的冷链物流网络，基本建成符合中国国情和产业结构特点、适应经济社会发展需要的冷链物流体系，调节农产品跨季节供需、支撑冷链产品跨区域流通的能力和效率显著提高，对国民经济和社会发展的支撑保障作用显著增强。展望2035年，全面建成现代冷链物流体系，设施网络、技术装备、服务质量达到世界先进水平，行业监管和治理能力基本实现现代化，有力支撑现代化经济体系建设，有效满足人民日益增长的美好生活需要。

1.3.4.3　完善冷链物流监管体系

加快建设全国性冷链物流追溯监管平台，完善全链条监管机制，针对冷链物流环境、主要作业环节、设施设备管理等重点，规范实时监测、及时处置、评估反馈等监管过程，逐步分类实现全程可视可控、可溯源、可追查。创新监管手段，加大现代信息技术和设施设备应用力度，强化现场和非现场监管方式有机结合。借鉴新冠肺炎疫情防控期间进口冷链食品检验检测检疫经验做法，优化完善工作机制，建立科学、可靠、高效的冷链物流检验检测检疫体系。

1.3.4.4　提高冷链运输服务质量

强化冷链运输一体化运作，发展冷链多式联运，推动冷链运输设施设备升级。提高冷藏车发展水平。严格冷藏车市场准入条件，加大标准化车型推广力度，统一车辆等级标识、配置要求，推动在车辆出厂前安装符合标准要求的温度监测设备等，加快形成适应干线运输、支线转运、城市配送等不同需求的冷藏车车型和规格体系。促进运输载器具单元化。鼓励批发、零售、电商等企业将标准化托盘、周转箱（筐）作为采购订货、收验货的计量单元，引导冷链运输企业使用标准化托盘、周转箱（筐）、笼车等运载单元以及蓄冷箱、保温箱等单元化冷链载器具，提高带板运输比例。鼓励企业研发应用适合果蔬等农产品的单元化包装，推动冷链运输全程"不倒托""不倒箱"，减少流通环节损耗。

1.3.4.5　推进冷链物流全流程创新

（1）加快数字化发展步伐

推进冷链设施数字化改造。推动冷链物流全流程、全要素数字化，鼓励冷链物流企业加大温度传感器、温度记录仪、无线射频识别（RFID）电子标签及自动识别终端、监控设备、电子围栏等设备的安装与应用力度，推动冷链货物、场站设施、载运装备等要素数据化、信息化、可视化，实现对到货检验、入库、出库、调拨、移库移位、库存盘点等各作业环节数据自动化采集与传输。完善专业冷链物流信息平台。推动专业冷链物流信息平台间数据互联共享，打通各类平台间数据交换渠道，更大范围提高冷链物流信息对接效率。

（2）提高智能化发展水平

推动冷链基础设施智慧化升级。鼓励企业加快传统冷库等设施智慧化改造升级，推广自动立体货架、智能分拣、物流机器人、温度监控等设备应用，打造自动化无人冷链仓。加强冷链智能技术装备应用。推动大数据、物联网、5G、区块链、人工智能等技术在冷链物流领域广泛应用。

（3）加速绿色化发展进程

提高冷链物流设施节能水平。鼓励企业对在用冷库以及冻结间、速冻装备、冷却设备等低温加工装备设施开展节能改造，推广合同能源管理、节能诊断等模式。研究制定冷库、冷藏车等能效标准，完善绿色冷链物流技术装备认证及标识体系，逐步淘汰老旧高能耗冷库和制冷设施设备。新建冷库等设施严格执行国家节能标准要求，鼓励利用自然冷能、太阳能等清洁能源。提高冷库、冷藏车等的保温材料保温和阻燃性能。

加大绿色冷链装备研发应用。鼓励使用绿色低碳高效制冷剂和保温耗材，提高制冷设备规范安装操作和检修水平，最大限度减少制冷剂泄漏，推动制冷剂、保温耗材等回收和无害化处理。

（4）提升技术装备创新水平

加强冷链物流技术基础研究和装备研发。聚焦冷链物流相关领域关键和共性技术问题，部署国家级技术攻关，加强冷链产品品质劣变腐损的生物学原理及其与物流环境之间耦合效应、高品质低温加工、高效节能与可再生能源利用、环保制冷剂及安全应用、冷链安全消杀等基础性研究，夯实冷链物流发展基础。

1.3.4.6　加强冷链物流全链条监管

健全监管制度，创新行业监管手段，强化检验检测检疫，推进冷链物流智慧监管。引导企业按照规范化、标准化要求配备冷藏车定位跟踪以及全程温度自动监测、记录设备，在冷库、冷藏集装箱等设施中安装温湿度传感器、记录仪等监测设备，完善冷链物流温湿度监测和定位管控系统。研究建立冷链道路运输电子运单管理制度。加强冷链物流食品品质监测、仓储运输过程温湿度智能感知、卫星定位技术的应用，形成冷链物流智慧监测追溯系统，实现各环节数据实时监控和动态更新。

1.3.4.7　实施保障

加强组织协调，强化政策支持，优化营商环境，发挥协会作用，营造舆论环境。鼓励冷链物流相关行业协会发挥桥梁纽带作用，开展冷链物流发展调查研究和政策宣贯，及时向有关政府部门反馈行业发展共性问题。支持行业协会统筹冷链物流不同领域、不同环节市场主体需求，开展业务技能培训，提高行业发展质量。鼓励行业协会深入开展冷链物流行业自律建设，倡导诚信规范经营，树立良好行业风气。加强冷链物流理念宣传和冷链知识科普教育，提高公众认知度、认可度，培养良好消费习惯和健康生活方式。提高冷链企业和从业人员产品质量安全意识，严格遵守冷链物流相关法律法规和操作规范，筑牢冷链产品质量安全防线。

1.3.5 冷链病原微生物的防控

1.3.5.1 病原微生物给冷链带来的风险

冷链多用于易腐食品或货物的储存和运输，随着人民生活水平的提升，对生鲜食品的需求越来越多，同时对食品安全的要求也越来越高。生鲜食品从田间地头到餐桌的过程涉及冷链的加工、运输、储存和销售等多个环节，无论在哪个环节被病原微生物感染，最终都将流向普通人群，有可能引发疾病。冷链会成为病原传播的重要风险。

例如，新冠肺炎疫情期间出现了冷链从业者感染新型冠状病毒的情况（表1-6）。根据相关统计，2022年全年进口肉类总量740.5万吨[15]，水产品454万吨[16]。2020年11月8日，国务院应对疫情联防联控机制综合组印发《进口冷链食品预防性全面消毒工作方案》，有效防范病毒通过进口冷链食品输入的风险。

表1-6 新冠疫情期间病毒以冷链传播列表[17]

时间	发生地	情况说明
2019年底	武汉华南海鲜市场	进口冷链产品携带新冠病毒导致冷链从业人员感染
2020年6月	北京新发地市场	来自挪威一冻鱼加工中心的三文鱼携带新冠病毒
2020年7月	辽宁大连水产品加工车间	进口鳕鱼外包装携带新冠病毒
2020年9月	山东青岛	进口鳕鱼外包装携带新冠病毒
2020年11月	天津	进口冷链产品(猪头及冷冻鱼)携带新冠病毒
2020年11月	山东青岛	进口冷链产品携带新冠病毒
2020年12月	辽宁大连	俄罗斯货轮冷链货物携带新冠病毒
2021年5月	辽宁营口—安徽	进口冷冻鳕鱼外包装携带新冠病毒
2021年11月	辽宁大连庄河	进口冷链食品携带新冠病毒
2021年12月	辽宁大连	金普新区大连港毅都冷链有限公司进口食品外包装携带新冠病毒

1.3.5.2 应对易传播病原微生物需要开展的工作

（1）研究病原在冷链的传播机理和途径

以新型冠状病毒为例，根据新加坡国立大学的研究报告，鸡肉、三文鱼、猪肉表面的新型冠状病毒在-20℃的环境中存活21天后数量没有减少。根据世界卫生组织的报告，新型冠状病毒能够在-20℃环境中存活2年。由于冷链本身温度较低，新型冠状病毒不易失活，在食品的冷链流通过程中，相比常温条件存在更大的传播风险[18]。新型冠状病毒在冷链过程中的传播机理、存活特性、传播途径并没有完全弄清楚，阻断冷链的新型冠状病毒传播，还需要开展大量的深入研究。

针对其他的病原微生物，也需要生物、医药、冷链等多个行业的携手努力，共同研究其传播机理和传播途径，从根源进行阻断。

（2）研发高效安全的消杀设备

进口冷链食品消毒需要适合低温、高湿环境的安全无残留消毒技术，而不适宜使用产生显著热效应的消毒方法。《冷链食品生产经营过程新冠病毒防控消毒技术指南》（联防联控机制综发〔2020〕245号）要求采用喷洒化学消毒剂的方式对集装箱内壁、货物外包装实施消毒。但是该方法效率低，需要时间长，同时存在人员感染、消毒剂残留和污染食品的风险。随后研发出自动消毒设备，减少了消毒剂喷淋的人工操作，减少整个消杀时间并提升了操作人员的安全性。但是仍然存在消毒剂残留和污染食品的风险。

有应用潜力的消毒技术主要有臭氧、紫外线消毒技术、脉冲强光消毒技术、等离子体消毒技术、电子束消毒技术及其复合消毒技术，这些消毒技术不存在消毒剂残留和污染食品的风险，但其冷链环境下的消毒工艺需要深入研究。

高效安全冷链食品消毒技术与装备的研发对未来控制各种流行疾病通过冷链的传播、提高我国食品安全和公共卫生水平具有重要意义。

第2章

冷链设备基本原理

2.1 制冷基本知识

制冷是采用人工的方式使某个局部空间的温度低于环境温度，并且维持这一温度。其目的是满足人们储藏一些不适于在环境温度中保存的食品、药品等需要。该局部空间可以是冷库、冰箱和冰柜的储藏间室等。制冷也可用于降低人们生活空间的温度，提高生活舒适性（空调）。

实现局部空间降温的方式是将该空间中的热量转移到外界环境。由于存在温差的缘故，外界的热量会不断自发地反向传递到该局部空间内使其升温。因此，为维持局部空间的温度不变，人为将该空间中的热量转移到外界的过程需要持续进行。

制冷也可以反向进行，即将外界环境中的热量转移到局部空间内使其升温，这就是所谓的热泵，可用于冬季供暖、工农业加热等。

2.1.1 制冷的基本原理

2.1.1.1 热力学原理

根据热力学基本知识，热量可以自动地从高温物体传递到低温物体，但不能自动地从低温物体传递到高温物体。因此，将温度较低的局部空间中的热量传递到温度较高的外界环境只能通过人工的方式、消耗能量来实现。

这些人工方式多种多样，但都是利用制冷机将某种传热媒介（制冷剂或载冷剂）降温后在局部空间内吸收热量，然后流动到外界放出热量（图2-1）。

这个低温的局部空间称为低温热源、高温的外界环境称为高温热源。制冷机在低温热源和高温热源间工作，用来使传热媒介降温、并驱动传热媒介循环流动，实现不间断从局部空间吸热、向外部环境放热，以维持局部空间的低温。

这一过程中需要向制冷机输入能量使其运转。显而易见，低温热源温度越低或高温热源温度越高，制冷机实现同样的热量转移所需的能量也越多，制冷机的效率也越低。

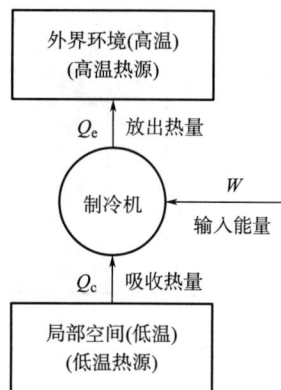

图2-1 制冷机

通常将制冷机从低温热源吸收的热量与制冷机所消耗的能量之比称为制冷机的效率：

$$\eta = \frac{Q_c}{W} \qquad (2-1)$$

式中：η——制冷机的效率；

Q_c——制冷机从低温热源吸收的热量，即制冷机的制冷量；

W——制冷机所消耗的能量，即制冷机的输入功率。

而其能量平衡关系为：

$$Q_e = Q_c + W \qquad (2-2)$$

式中：Q_e——制冷机向外界环境释放的热量。

由此可以看出，制冷机的效率是其能量守恒方程式右侧两项之比。也就是说，制冷机的制冷量不是其输入功率转换而来的。这也是制冷机的效率有时会大于1的原因。

2.1.1.2 蒸气压缩制冷

根据制冷机实现从低温热源吸热的方式不同，制冷方式可分为蒸气压缩式制冷、吸收式制冷、吸附式制冷、磁制冷、半导体制冷等类型。一般最常用的制冷方式为蒸气压缩式制冷。

一个基本的蒸气压缩式制冷系统主要包括压缩机、蒸发器、冷凝器和节流装置四大部分，通过管路将这几部分连接起来（图2-2），在制冷系统内部充注有制冷剂。压缩机用于提高制冷剂的压力，从压缩机排出的高温高压气态制冷剂经管道进入冷凝器。在冷凝器中，制冷剂向外界放热（图2-2中为冷却水，冷却水在冷却塔中将热量释放给外界空气）、温度降低成为高压中温的液体，这一过程称为冷凝过程；从冷凝器出来的液态制冷剂经过节流装置，压力降低、成为低温低压的气液混合物，这一过程称为节流过程；经节流装置降压降温的低温低压制冷剂进入蒸发器，从局部空间中吸热使其温度降低，达到制冷的目的。吸热后的低温低压制冷剂变为低温低压的蒸气再返回压缩机提升压力。这样制冷剂在系统中持续循环、实现持续从局部空间中吸热、以维持其低温。

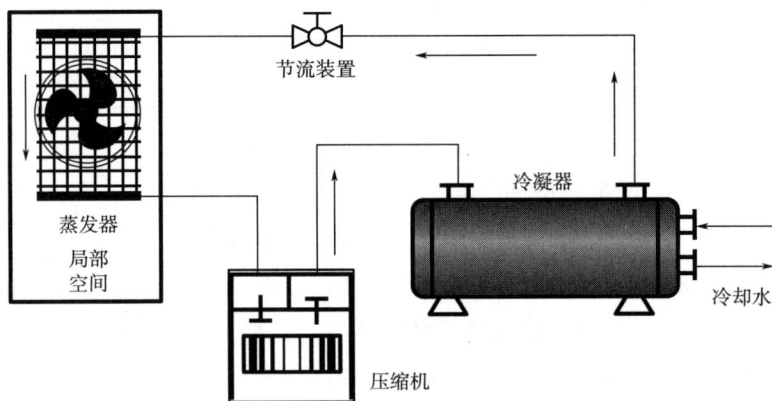

图2-2 蒸气压缩式制冷系统的基本构成

由此可见，制冷剂的吸热在位于局部空间的蒸发器中进行，然后转移到位于外界的冷凝器中放热，从而将局部空间中的热量转移到外界环境中。在各个部分，制冷剂的状态变化如下（图 2-3）：

压缩机（压缩过程）：低压低温气体→高压高温气体，压力升高、温度升高消耗能量；

冷凝器（冷凝过程）：高压高温气体→高压中温液体，压力不变、温度降低、对外界放热；

节流装置（节流过程）：高压中温液体→低压低温气液混合物，压力降低、温度降低；

蒸发器（蒸发过程）：低压低温气液混合物→低压低温气体，压力不变、温度不变、从局部空间吸热。

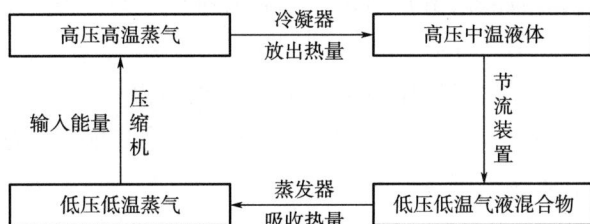

图 2-3　制冷剂的状态变化

2.1.2　常见的术语

为了表征制冷系统的状态，常需要用到一些技术参数，在制冷领域主要涉及的有制冷剂的状态参数和系统参数两大类。

2.1.2.1　状态参数

状态参数用来表示物质所处的状态，而与物质达到所处状态的途径无关。这类参数在制冷领域被广泛用来表示制冷剂、载冷剂、空气等物质的状态。

2.1.2.1.1　温度

温度是表示物质冷热程度的一个物理量，微观上是反映物质分子热运动的剧烈程度。温度的高低用温标表示，国内常用的温标包括绝对温标和摄氏温标。

绝对温标将水的三相点定为 273.16，其单位为开尔文（K）；摄氏温标将水的三相点定为 0.01，其单位为摄氏度（℃）。绝对温标和摄氏温标的分度相同，均为 1/273.16。因此，二者之间存在如下换算关系：

$$摄氏温度（℃）＝绝对温度（K）-273.15$$

2.1.2.1.2　压力

压力是指垂直作用于物体表面单位面积并指向物体表面的力，其单位为帕斯卡（Pa）。

在工程上还常用其他一些压力单位，如巴、标准大气压、工程大气压、水柱高度、水银柱高度以及英制单位等，它们之间的换算关系为：

$1kPa = 10^3 Pa$

$1MPa = 10^6 Pa$

1 巴（bar）$= 10^5 Pa$

1 标准大气压 $= 101325Pa$

1 工程大气压（kgf/cm^2）$= 98066.5Pa$

1 毫米水柱（mmH_2O）$= 9.80665Pa$

1 毫米汞柱（mmHg）$= 133.3224Pa$

1 磅/平方英寸（psi）$= 6894.8Pa$

需要注意的是，压力测量仪表所测得的压力实际上是绝对压力和大气压力的差值，称为相对压力或表压力，而在计算或查工程图表时所涉及的压力一般均为绝对压力。显然，二者之间存在如下换算关系：

绝对压力 = 表压力 + 大气压力

当绝对压力低于大气压力时，压力表（真空表）所测得的压力实际上是绝对压力低于大气压力的差值，称为真空度。

2.1.2.1.3　比体积与密度

比体积是指单位质量物质所占据的体积，其单位是 m^3/kg。比体积的倒数即为常说的密度，指单位体积的物质所具有的质量，其单位是 kg/m^3。

2.1.2.1.4　比焓

焓是一个能量参数，由其他状态参数计算得出。单位质量物质的焓称为比焓，其单位为 J/kg：

$$h = u + pv \tag{2-3}$$

式中：u——物质的比内能；

　　　p——压力；

　　　v——比体积。

2.1.2.1.5　比熵

熵反映了一个体系中一种能量分布的混乱程度，当能量分布均匀时熵达到最大，能量传递就停止了。熵是一个导出状态参数，可由其他状态参数导出。

熵和比熵可由下式计算[19]：

$$S = \int \frac{dU + pdV}{T} + S_0 \tag{2-4}$$

$$s = \frac{S}{m} \tag{2-5}$$

式中：S——熵，J/K；

　　　U——内能，J；

　　　p——压力，Pa；

V——体积，m^3；

T——绝对温度，K；

S_0——熵常数，J/K；

m——物质的质量，kg；

s——比熵，J/（kg·K）。

2.1.2.1.6 压焓图与温熵图

在制冷领域，为了参数查询和计算方便，往往将制冷剂的各种状态参数的等值线绘制在图上，称为热力性质图。在计算机高度发展的今天，虽然热力性质图的计算功能大大弱化，但在循环分析、性能分析等方面仍有着不可替代的作用。

由于不同的制冷剂性质不同，每一种都有自己的热力性质图。常用的热力性质图包括压焓图（$\lg p$—h 图）和温熵图（T—S 图）两种。

（1）压焓图

压焓图的纵坐标为压力（绝对压力）、横坐标为比焓，通常纵坐标取压力的对数，因此压焓图也叫 $\lg p$—h 图。

图 2-4 所示为压焓图的基本构造线图。图中饱和液体线和饱和蒸气线表示制冷剂的饱和状态，其交点为临界点。饱和液体线左侧为过冷液体区，饱和蒸气线右侧为过热蒸气区，二者之间为气液两相区。在两相区，制冷剂的压力和温度相互关联，确定其一，另一个也随之确定。

压焓图上还包含等压线、等焓线、等温线、等熵线、等容线等各种热力参数的等值线。根据制冷剂变化过程的特征可以沿等值线画出制冷剂状态变化的过程线，以进行计算或分析。如制冷剂在压缩机中的理论压缩过程一般视为等熵过程，则可以从制冷剂进入压缩机时的起点状态沿等熵线画出压缩过程的过程线，在过程线上制冷剂每一点的熵均相等。

（2）温熵图

类似地，还可以将制冷剂的比熵作为横坐标、绝对温度作为纵坐标画出上述的曲线，称为温熵图（T—S 图），如图 2-5 所示。

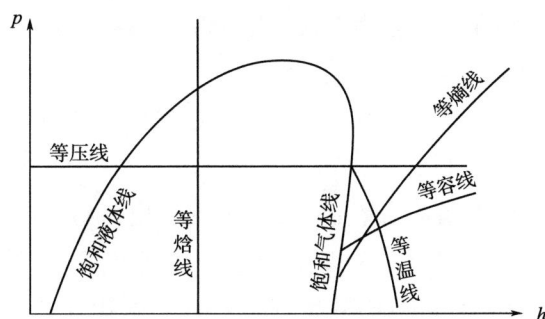

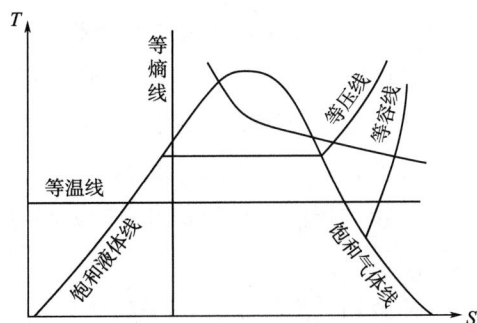

图 2-4 压焓图的构成　　　　图 2-5 温熵图的构成

2.1.2.2 系统参数

系统参数是表示制冷循环、制冷系统或制冷产品整体特性的参数。这类参数涉及方方面面的各种因素，数量繁多。可参考 GB/T 18517、JB/T 7249 标准和各种产品标准中对各种制冷参数的解释、规定和计算方法。在此仅列举几个常见的参数。

①制冷量。制冷量表示制冷产品的制冷能力，为单位时间内制冷剂在蒸发器中所吸收的热量，单位为瓦（W）或千瓦（kW）。制冷量越大说明制冷产品的能力越强、可以实现更大面积的局部空间降温。

显然，将同样大小局部空间的温度降到 5℃和-5℃所需要的制冷量和能耗不同。因此，需要注意的是，制冷量必须与工况联系在一起，抛开工况谈制冷量毫无意义。

②输入功率。输入功率指为获得一定的制冷量需要消耗的功率，单位为瓦（W）或千瓦（kW）。根据产品整体或部件的不同，可分为产品整体的输入功率、部件的输入功率（如压缩机输入功率、风机输入功率、水泵输入功率等）。

③能效比。能效比用来表示制冷产品的制冷效率，符号为 EER。能效比为产品的制冷量与输入功率之比，即消耗单位输入功率所能得到的制冷量，单位为瓦每瓦（W/W）。

能效比越高，说明制冷产品的效率也越高。

④性能系数。性能系数也是用来表示压缩机的效率，符号为 COP。性能系数为压缩机的制冷量与输入功率之比，即压缩机消耗单位输入功率所能得到的制冷量，单位为瓦每瓦（W/W）。

性能系数也用来表示产品制热运行（热泵）时的效率，为产品的制热量与输入功率之比。

⑤调整容积。冰箱、冰柜、陈列柜制冷产品一般均包含多个储藏间室，每一个间室的储藏温度不同，以适应不同物品的储藏需要。显然，同样的总几何容积，包含更大低温容积的产品需要更大的制冷量。这样用几何容积并不能说明产品的制冷能力和能耗。

为此，需要将不同温度下各间室的几何容积按温度加权、折算到同样温度下的容积，即所谓的调整容积。可参阅相关标准的规定和计算方法。

⑥基准耗电量[20]。对于商用冷柜类制冷产品，具有某一间室、某一柜型基本分类结构的产品在规定的试验条件下运行 24h 的耗电量，单位为千瓦时每 24h（kW·h/24h）。基准耗电量作为产品耗电量比较的基准线，用来计算耗电量限定值。

⑦耗电量限定值。对于商用冷柜类制冷产品，在稳定运行状态运行 24h 耗电量的最大允许值，单位为千瓦时每 24h（kW·h/24h）。

⑧能效指数。对于商用冷柜类制冷产品，能效指数为产品的 24h 实测耗电量与耗电量限定值之比。

能效指数是评价这类产品能效的技术指标，与一般的效率（即收获与付出之比）不同，能效指数是产品的特征首先计算出一个基准耗电量，然后根据基准耗电量计算出耗电量限定值作为最大允许值，以产品实测耗电量占最大允许值的百分比衡量产品的效率。

2.1.2.3 制冷剂及回收处置

①制冷剂回收（refrigerant recovery）。按照 GB/T 9237—2017 和 T/CRAAS 1009—2022 的定义，制冷剂回收是从制冷空调设备中排出（及抽取）制冷剂，并将其贮存到一个外部专用钢瓶中。

②制冷剂再循环（refrigerant recycling）。按照 GB/T 9237—2017 和 T/CRAAS 1009—2022 的定义，制冷剂再循环是通过分离油、去除非冷凝物以及采用装置来去除水分、酸性物和颗粒物质，以减少用过的制冷剂中的杂质达到可以再利用的技术要求，也可称为制冷剂净化。

③制冷剂再生（refrigerant reclamation）。按照 GB/T 9237—2017 和 T/CRAAS 1009—2022 的定义，制冷剂再生是将已经使用过的制冷剂进行处理以符合新品的技术要求。

④制冷剂处置（refrigerant disposal）。按照 GB/T 9237—2017 和 T/CRAAS 1009—2022 的定义，制冷剂处置是通常为了废弃或销毁制冷剂而进行的处理或者转移。

⑤制冷剂泄漏（refrigerant leak）。按照 T/CRAAS 1009—2022 的定义，制冷剂泄漏是制冷空调系统或储存制冷剂的容器中由于密封不严密或破损等导致的制冷剂排放到大气中。

⑥高压制冷剂（high pressure refrigerant）。按照 GB/T 26205—2010 的定义，在环境温度（25℃）下，工作压力高于 700kPa（表压）的制冷剂。

常见的高压制冷剂有 R22、R404A、R507A、R717、R290、CO_2、R410A 和 R407C 等。需要注意的是，在环境温度下，CO_2 的压力远远高于 R22、R404A、R507A 等制冷剂；在有些场合将压缩机压缩后排出的制冷剂称为"高压制冷剂"，与膨胀阀节流后排出的制冷剂（称为"低压制冷剂"）相对应。

⑦中压制冷剂（medium pressure refrigerant）。按照 GB/T 26205—2010 的定义，在环境温度（25℃）下，工作压力高于大气绝对压力但低于 700kPa（表压）的制冷剂。

常见的中压制冷剂有 R134a、R513A、R1234yf、R1234ze（E）和 R600a 等。

⑧低压制冷剂（low pressure refrigerant）。按照 GB/T 26205—2010 的定义，在环境温度（25℃）下，系统的绝对压力低于大气绝对压力的制冷剂。

常见的低压制冷剂有 R123、R514A 和 R1336mzz（Z）等。需要注意的是，在有些场合将膨胀阀节流后排出的制冷剂称为"低压制冷剂"，与压缩机压缩后排出的制冷剂（称为"高压制冷剂"）相对应。

2.1.3 制冷循环

如前所述，制冷剂在制冷系统中经历压缩过程、冷凝过程、节流过程和蒸发过程，形成循环。根据制冷的目的和要求不同，制冷循环也不同。

2.1.3.1 单级压缩制冷循环

单级压缩循环是最基础的制冷循环，一般用于蒸发温度不太低的、冷凝温度不太高的中小温差场合。例如食品储藏的冰箱、冰柜、陈列柜等以及冷饮机、自动售货机、冰淇淋机等。

由一个等熵压缩过程、一个等焓节流过程和两个等压过程（等压冷凝过程、等压蒸发过程）组成，其系统构成如图 2-2 所示。图 2-6 所示为其 T—S 图和 $\lg p$—h 图[21]。

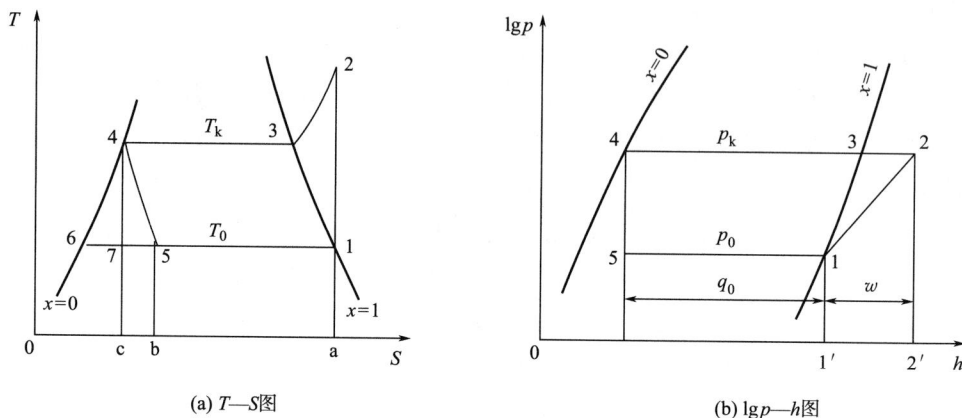

图 2-6　单级压缩循环的 T—S 图和 $\lg p$—h 图

图 2-6 中，$x=0$ 曲线为饱和液体线，其上每一点均处于饱和液体状态；$x=1$ 曲线为饱和蒸气线，其上每一点均处于饱和蒸气状态；T_k 为冷凝温度、T_0 为蒸发温度、p_k 为冷凝压力、p_0 为蒸发压力、q_0 为单位制冷量。

处于蒸发压力下的饱和制冷剂蒸气（1 点）压缩机，在压缩机中按等熵压缩过程（1—2）被压缩为冷凝压力下的过热蒸气（2 点）；压缩后的过热蒸气（2 点）进入冷凝器向外界放热，首先降温冷却为饱和蒸气（3 点）、然后继续向外界放热由饱和蒸气等温冷凝为饱和液体（4 点）。这一过程（2—3—4）为等压过程，其中 2—3 为降温、等压冷却过程，3—4 为等温、等压冷凝过程，压力等于冷凝温度下对应的饱和压力；冷凝后的饱和液体（4 点）进入节流装置后，压力降至蒸发压力，同时温度也降至蒸发温度，成为气液两相混合物（5 点），4—5 为等焓节流过程；节流后的气液两相制冷剂（5 点）进入蒸发器，在蒸发器中等温、等压吸收热量又成为蒸发压力下的饱和蒸气（1 点），5—1 为制冷剂在蒸发器中的等压、等温蒸发过程，制冷剂吸收被冷却介质或对象的热量。蒸发后的饱和蒸气（1 点）再进入压缩机压缩形成循环。

上述单级压缩循环的特点是冷凝过程结束时制冷剂为饱和液体、蒸发过程结束时制冷剂为饱和蒸气。为了改善制冷循环的效率、避免压缩机吸入液体导致液击，往往采取如下两个措施[2]：

（1）液体过冷循环

制冷剂在冷凝器中冷凝为饱和液体后进一步冷却为过冷液体，这样的循环称为液体过冷循环（图 2-7）。

从图中可以看出，在液体过冷循环中，进入节流装置的制冷剂由 4 点的饱和液体变

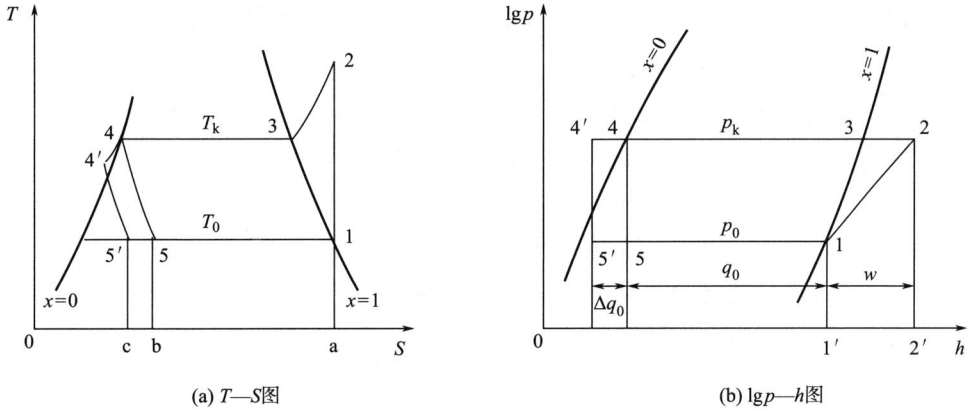

(a) *T—S*图　　　　　　　　(b) lg*p—h*图

图 2-7　单级压缩液体过冷循环的 *T—S* 图和 lg*p—h* 图

为 4′点的过冷液体，节流过程也随之变为 4′—5′。在蒸发器中的蒸发过程由原来的 5—1 变为 5′—1。由此，循环由原来的 1—2—3—4—5—1 变为 1—2—3—4—4′—5′—5—1。

很显然，此时单位制冷量变为 $q' = h_1 - h_{5'}$，与原来的 $q_0 = h_1 - h_5$ 相比有所增加，增加量为 $\Delta q_0 = h_5 - h_{5'}$。但循环的单位压缩功并未改变，因此循环制冷量和效率均有所改善。循环的过冷度越大，改善的效果也越好。

（2）吸气过热循环

在图 2-6 所示的单级压缩循环中，进入压缩机的制冷剂为饱和气体状态。而吸气过热是制冷剂在蒸发器中进一步吸收被冷却介质的热量，变为蒸发压力下的过热蒸气，再进入压缩机。这样的循环称为吸气过热循环。

在吸气过热循环中，进入压缩机的制冷剂由原 1 点的饱和蒸气变为 1′点的过热蒸气，压缩过程也随之变为 1′—2′。在蒸发器中的蒸发过程由原来的 5—1 变为 5—1′。由此，循环由原来的 1—2—3—4—5—1 变为 1′—2′—2—3—4—5—1—1′（图 2-8）。

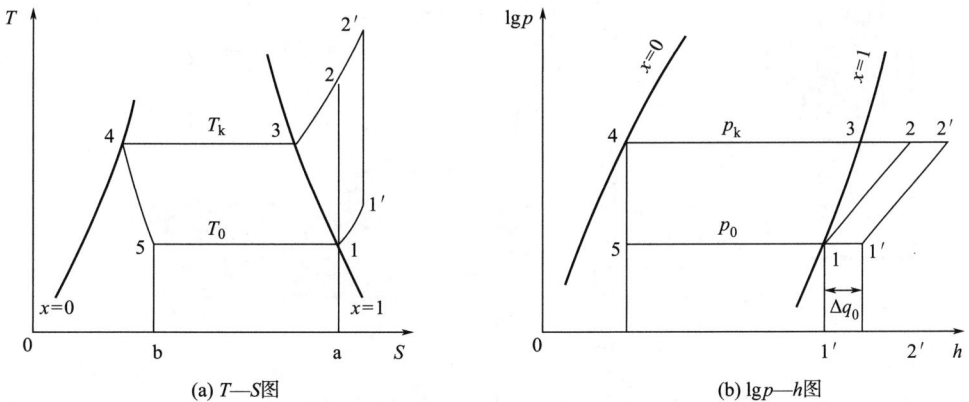

(a) *T—S*图　　　　　　　　(b) lg*p—h*图

图 2-8　单级压缩吸气过热循环的 *T—S* 图和 lg*p—h* 图

很显然，此时单位制冷量变为 $q' = h_{1'} - h_5$，与原来 $q_0 = h_1 - h_5$ 相比也有所增加，增加量为 $\Delta q_0 = h_{1'} - h_1$。与此同时，压缩机的单位压缩功也有所增加，采用吸气过热后，循环能否得到改善取决于单位制冷量和单位压缩功的增加情况，以及不同种类制冷剂的特性。

当制冷剂以饱和蒸气进入压缩机时，有助于提高了压缩机的运行可靠性，防止因工况波动导致吸气由饱和蒸气变为两相气液混合物，避免压缩机出现液击等运转恶化状况。因此，吸气过热循环被广泛应用于制冷系统中。

需要说明的是，吸气过热能否改善循环的制冷量还取决于过热是在何处发生。当如前述过热发生在蒸发器中时，过热量是在蒸发器中吸收了被冷却介质的热量，属于制冷量的一部分，此时吸气过热可以改善循环的制冷量，称为有效过热。但如果过热发生在离开蒸发器后、由蒸发器到压缩机的管道内，过热量来自管道外界的环境，而非来自冷却介质，此时的过热称为无效过热，不能改善循环的制冷量。

2.1.3.2 多级压缩制冷循环

对于需要将局部空间的温度降得更低，即蒸发温度需要更低的场合，如生物医用低温储藏柜、食品速冻领域，这种情况下就不适合采用单级压缩循环，否则将因蒸发温度和冷凝温度差距过大导致压缩机压力比和排气温度过高，可靠性和性能下降。

为了适应低温制冷的场合，需要采用多级压缩制冷循环或复叠式制冷循环，即采用接力的方式以获取更低的温度并保证系统的效率和可靠性。

多级压缩循环一般多为两级压缩，过多的级数会导致系统复杂、成本增加。而两级压缩循环又可分为两级压缩、中间完全冷却制冷循环和两级压缩、中间不完全冷却循环制冷两种[22]。

（1）两级压缩、中间完全冷却制冷循环

两级压缩、中间完全冷却制冷循环系统构成如图 2-9 所示，其 lg$p$—h 图和 T—S 图如图 2-10 所示。

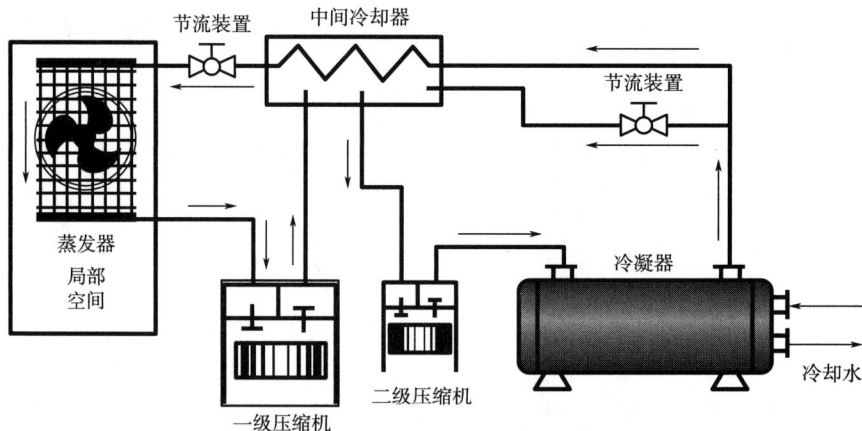

图 2-9　两级压缩、中间完全冷却制冷循环系统

中间完全冷却是指在中间冷却过程中，一级压缩机排出的过热蒸气等压冷却到中间压力下对应的饱和蒸气状态。中间不完全冷却是指在中间冷却过程中，一级压缩机排出的过热蒸气等压冷却降温但未达到饱和状态。不同中间冷却方式的采用与制冷剂的特性

有关，对那些吸气过热有利的制冷剂采用中间不完全冷却方式，而对那些吸气过热不利的制冷剂则采用中间完全冷却方式。

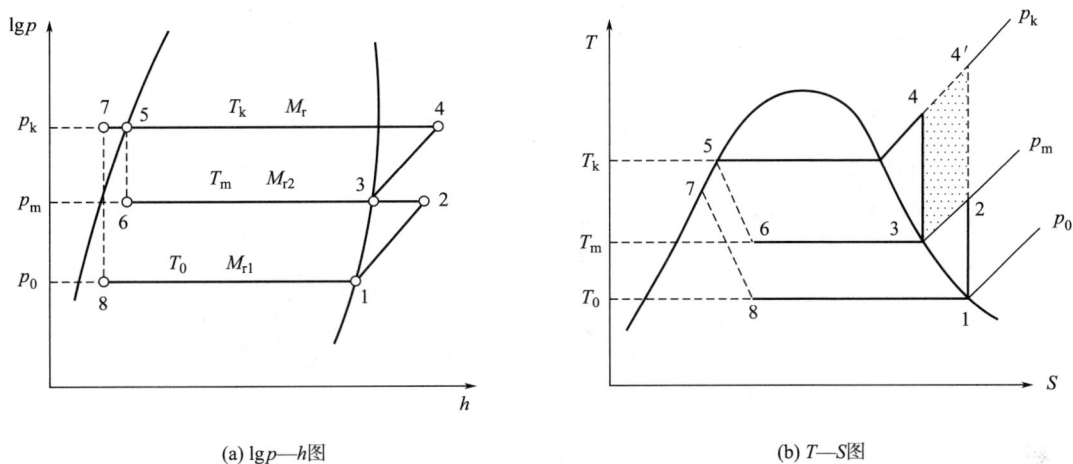

(a) lg$p$—h图　　　　　　　　　　　　(b) T—S图

图 2-10　两级压缩、中间完全冷却制冷循环

两级压缩中间完全冷却制冷循环的工作过程如下：

1—2：一级等熵压缩过程，耗功 $P_{0.L}$（低压级理论功率）。

2—3：一级排气在中间冷却器内的等压冷却过程，低压级排气被完全冷却成中间压力 p_m 下的干饱和蒸气，即中间完全冷却过程，其放热为 Q_{m1}。

3—4：二级等熵压缩过程，耗功 $P_{0.H}$（高压级理论功率）。

4—5：制冷剂蒸气在冷凝压力 p_K 下的等压冷却冷凝过程，向冷却介质放热 Q_K。

5—6：制冷剂液体经节流阀 Ⅰ 由 p_K 节流至 p_m 的过程，并向中间冷却器供液 M_{r2}。

6—7：制冷剂饱和液体 M_{r1} 在中间冷却器盘管中的过冷过程，盘管内的制冷剂液体向盘管外的制冷剂放热 Q_{m2}。

7—8：制冷剂过冷液体经节流阀 Ⅱ 由 p_K 节流至 p_0 的过程，即：一次节流过程。

8—1：制冷剂 M_{r1} 在蒸发器内等压汽化吸热过程，从被冷却物体获取冷量 Q_0。

6—3：中间冷却器内，制冷剂 M_{r2} 在 p_m 下蒸发吸热过程，吸热为 $Q_m = Q_{m1} + Q_{m2}$。

由图 2-10 可以看出，两级压缩中间完全冷却制冷循环比单级压缩制冷循环节约的压缩功为 T—s 图中面积 3—2—4′—4—3；高压液体节流前过冷，单位质量制冷量增加为 lg$p$—h 图中 $h_5 - h_7$。

（2）两级压缩、中间不完全冷却制冷循环

两级压缩、中间不完全冷却制冷循环系统构成如图 2-11 所示，其 lg$p$—h 图和 T—S 图如图 2-12 所示。

两级压缩中间不完全冷却制冷循环和两级压缩中间完全冷却制冷循环的主要区别是二级压缩机吸入的制冷剂不是中间压力 p_m 下的干饱和蒸气，而是具有一定过热度的过热蒸气，所以称作"中间不完全冷却"。两级压缩中间不完全冷却制冷循环的工作过程类似于两级压缩中间完全冷却制冷循环，不同之处在于，一级压缩的制冷剂过热气体与来自中间冷却器的部分饱和蒸气在二级吸气管道混合后进行二级压缩。

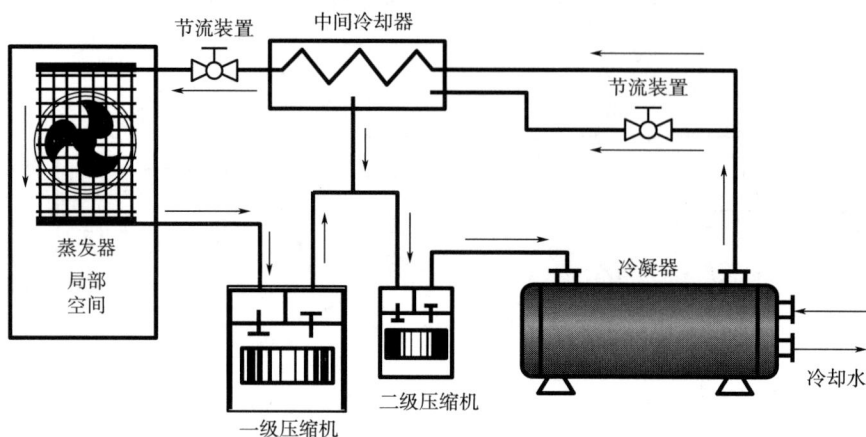

图 2-11　两级压缩、中间不完全冷却制冷循环系统

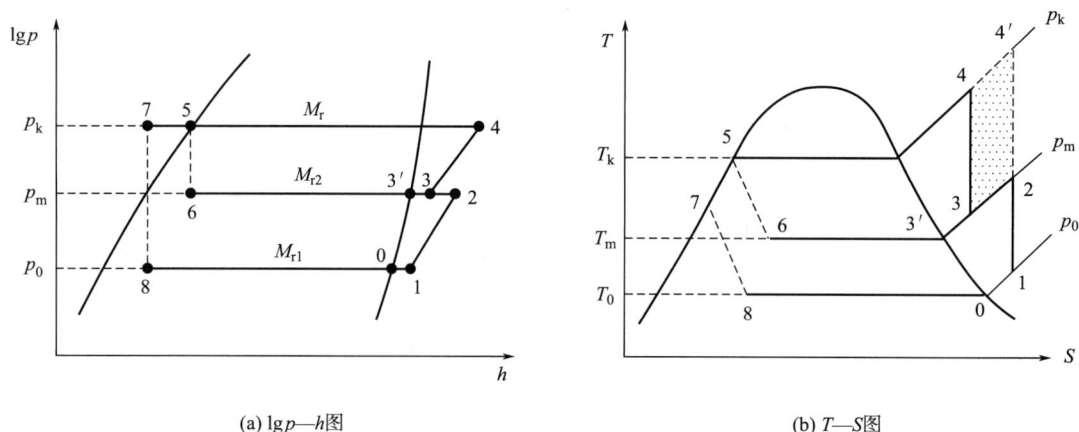

(a) lg$p$—h图 　　　　　　　　　　　(b) T—S图

图 2-12　两级压缩、中间不完全冷却制冷循环

比较图 2-10 和图 2-12 可以看出，由于两级压缩中间不完全冷却制冷循环的中间冷却效果较差，因此它比两级压缩中间完全冷却制冷循环的压缩功耗大，效率较低。

2.1.3.3　复叠式制冷循环

复叠式制冷循环是解决低温制冷的另外一种技术路线。尽管采用多级压缩循环可以获得较低的制冷温度，而且可以降低压缩机排气温度、减少压缩机功耗，但蒸发温度很低时，多级压缩制冷循环受单一制冷剂的限制。由于只能使用一种制冷剂，制冷循环采用中温制冷剂时受到高凝固点的限制，采用低温制冷剂时受到低临界点的限制。这种情况下复叠式制冷循环具有独有的优势。

复叠式制冷循环是使用两种或两种以上的制冷剂，由两个或两个以上的单级压缩制冷循环叠加组成，用于制取-120~-60℃的低温。在此介绍最常用的两级复叠式制冷循环，其原理与两级以上的复叠式制冷循环的原理类似。

两级复叠式制冷循环由使用中温制冷剂的高温级和使用低温制冷剂的低温级两部分组成，形成两个单级压缩制冷系统复叠工作的制冷循环（图 2-13）。两个系统之间用蒸发冷凝器衔接，它既是高温级的蒸发器又是低温级的冷凝器。高温级的中温制冷剂在蒸发冷凝器中蒸发吸热，低温级的低温制冷剂在蒸发冷凝器中冷凝放热。两种制冷剂在蒸发冷凝器中热交换后，高温级的中温制冷剂蒸发为气体，低温级的低温制冷剂冷凝为液体。高温级循环在其冷凝器中将热量传递给冷却介质（外部环境），从蒸发冷凝器中出来的低温制冷剂液体经低温级节流装置降压后成为气液混合物，进入其蒸发器吸收被冷却介质的热量而蒸发制冷，获得所需要的低温。

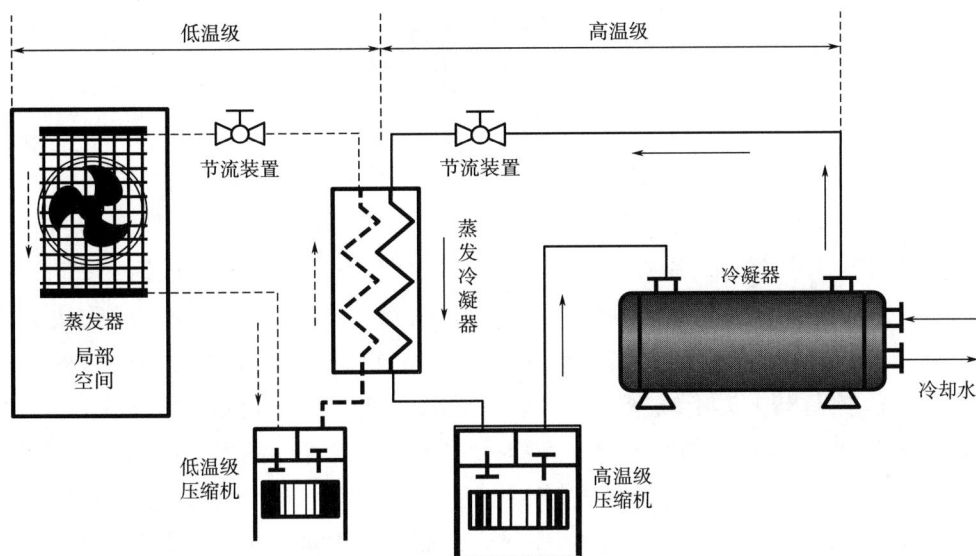

图 2-13　两级复叠式制冷循环系统

两级复叠式制冷循环的 $\lg p—h$ 图和 $T—S$ 图可参阅相关文献，在此不予赘述。

2.1.3.4　载冷式制冷循环

载冷式制冷循环又称为间接制冷循环（indirect refrigeration cycle），与直接制冷循环（direct refrigeration cycle）相对应。根据 JB/T 7249—2022《制冷与空调设备　术语》，载冷式制冷循环是制冷剂先通过蒸发器冷却载冷剂，再利用载冷剂冷却被冷却物质的制冷循环。

载冷式制冷循环系统图（图 2-14）与复叠式制冷循环系统图类似。载冷式制冷循环的制冷剂循环部分类似复叠式制冷循环的高温级循环部分，其载冷剂循环部分类似复叠式制冷循环的低温级循环部分，区别在于载冷剂循环部分没有压缩机，而是采用泵驱动载冷剂的循环。常见的冷水（热泵）机组就是载冷式制冷循环的一种形式。载冷式制冷循环与复叠式制冷循环的区别在于复叠式制冷循环可以达到更低的蒸发温度。

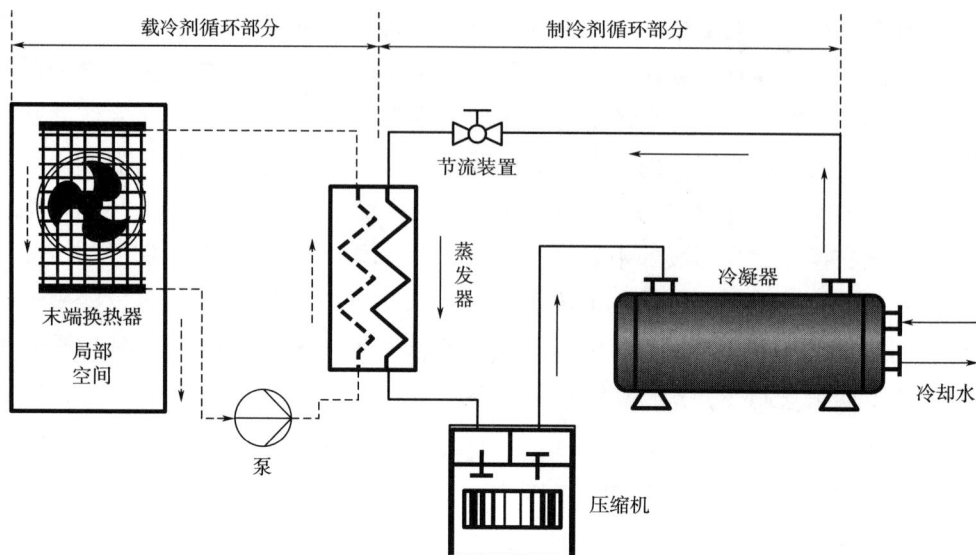

图 2-14 载冷式制冷循环系统

NH₃/CO₂ 载冷式/复叠式制冷循环都可以大大减少 NH_3 制冷剂充注量的问题。例如，大型冷库采用全 NH_3 的制冷系统的，NH_3 制冷剂的充注量可以达到几十吨。NH_3 具有毒性、弱可燃性和强烈的刺激性气味，国家标准 GB 18218—2018《危险化学品重大危险源辨识》中明确规定氨的临界量为 10 吨，系统氨充注量超过 10 吨即被列入"重大危险源"管控范畴。为了减少制冷系统中 NH_3 的充注量，可以采用 NH₃/CO₂ 载冷式/复叠式制冷循环，NH_3 制冷剂仅存在机房中，不进入冷库的操作间和食品存储间。相对于全 NH_3 系统，NH₃/CO₂ 载冷式制冷循环系统中 NH_3 制冷剂充注量可以减少 80% 以上，甚至可以减少 90%；同时，NH_3 不进入冷库的操作间和食品存储间，排除了 NH_3 的泄漏给操作人员带来的风险和污染食品的可能性，大大提升了系统的安全性。

常见的载冷剂除了 CO_2，还有乙二醇水溶液。与乙二醇水溶液作为载冷剂相比，在相同工作温度下，CO_2 作为载冷剂其动力黏度小很多，同样在 -10℃ 工况时，其黏度是乙二醇水溶液的 1/62。动力黏度越小，泵的耗功越小，既可以节省投资，也可以节省耗能。同时，CO_2 的汽化潜热远大于乙二醇水溶液的比热容，通过 CO_2 的相变吸收热量，大大减少 CO_2 的充注量及流量，这样在载冷系统中，CO_2 的管径也要远小于乙二醇水溶液，节省了钢材用量及管道占用空间。由于 CO_2 相变过程中温度基本保持不变，末端换热器（冷风机）进出口的温度接近，整个载冷循环中 CO_2 的温差很小，使载冷剂循环部分的不可逆损失小，提升了系统能效[23]。

2.2 各种制冷剂的特性

制冷剂又称为制冷工质或者冷媒，是制冷空调系统重要的组成部分。制冷剂的各项热力学性质关系着整个系统的制冷/热性能、能效水平、安全性、稳定性甚至成本等。

2.2.1　对制冷剂的要求

在工业技术不发达时，制冷剂的选择主要从低成本、易获得方面考虑，大多采用天然物质例如 CO_2、NH_3、R600a、丙烷（R290）等。随着工业的发展，各种化学合成物由于其稳定和安全的性能崭露头角，20 世纪后，CFCs 和 HCFCs 类制冷剂被开发出来，并得到了大范围的推广和应用。然而根据 1.1 节介绍，CFCs 及 HCFCs 类化学物质对臭氧层有破坏性且属于温室气体，且部分 HFCs 具有较高 GWP。化工及制冷空调行业开始探索研发更环保、绿色的替代制冷剂。

在选择替代制冷剂时，需要综合考虑制冷剂的热力学性质、环保性、安全性和经济性，以及针对不同制冷需求的匹配性。

2.2.1.1　热力学性质

一种制冷剂的热力学性质主要包括压力、温度、沸点、凝固点、临界点、比体积、密度、焓、熵、传输性能参数、黏度、比热容、导热率、声速等。这些性质影响着其所在制冷系统中的工作压力、能效水平、稳定性等，所以选择合适的制冷剂非常关键。

①制冷剂的标准沸点（101.325kPa 下的饱和温度）要合适。制冷剂蒸发温度所对应的饱和压力不应过低，以稍高于大气压力为宜，可以防止空气漏入系统。冷凝温度所对应的饱和压力不宜过高，以降低对设备耐压和密封的要求，允许用较轻的材料构造热交换器、压缩机、管道等。

②工作温度（蒸发温度与冷凝温度）时，气化潜热大，单位制冷剂有较大的制冷能力，以减小换热器的体积。

③制冷剂在温熵（$T-S$）图上的饱和蒸气、饱和液体线陡峭，以使冷凝过程更加接近定温放热过程。饱和液线陡峭表明液态质量定压热容小，这样可以在膨胀之前进一步使液体过冷、减少气体闪发，以减少节流引起的制冷能力的下降。

④临界温度应远高于环境温度，使制冷循环不在临界点附近运行，而运行于具有较大气化潜热的范围之内。

⑤凝固点要低，以免制冷剂在低温下凝固阻塞管路。

⑥比体积小，使单位容积的质量流量大，减小压缩机的体积。但在离心式压缩机中，比体积最好较大。

⑦压缩过程的温升小、排气温度低，以免产生压缩机过热、电动机工作环境恶化，以及制冷剂、润滑油和其他物质起化学反应等问题。

⑧压缩过程的压力比小，使容积效率高、耗能低。

⑨应有较高的导热系数，较高的相变传热系数，以提高换热器的热交换效率、减少热交换器的面积。

⑩蒸气和液体的黏度低，以降低制冷剂在换热器和管路中的流动阻力损失。

⑪化学稳定性好，高温下以及有水分时不易分解或产生化学反应；与接触到的润滑油、金属和非金属材料不发生化学作用，保证长期可靠地运行；与润滑油有良好的互溶性，以保证系统回油，一方面可以充分润滑压缩机的摩擦面，另一方面可以避免在换热器底部沉积以影响传热。

⑫良好的电气绝缘性。压缩机（特别是封闭式压缩机）的电机绕组及电气元件往往浸泡在气态或液态制冷剂中，这就要求一方面制冷剂不腐蚀这些材料，另一方面制冷剂本身也应具有良好的绝缘性。

2.2.1.2 环保性

根据《蒙特利尔议定书》《京都议定书》以及国家的"双碳"目标，中国目前正在进行消耗臭氧层物质的淘汰工作和温室气体的减排工作，所以必须考虑替代制冷剂的环境性能，替代制冷剂的 ODP 要求为 0，GWP 要尽量低，同时也需要综合考虑其寿命周期气候性能（LCCP）及制冷设备整个寿命期内的性能。

2.2.1.3 安全性

一大部分制冷空调设备被应用于人类的舒适性生活和工作、食品的冷藏保鲜等，所以对其内部循环的制冷剂安全性也作出相应的要求。对有毒性、可燃性的制冷剂的应用，国家标准都有明确的规定。

2.2.1.4 经济性

制冷空调设备的应用已经深入到了人类生活的方方面面，其成本和经济性也是选择一种制冷剂必须考虑的一个方面。

2.2.2 对载冷剂的要求

按照国际制冷学会组织编写《国际制冷词典》2.9.1.31 条的定义，载冷剂（secondary refrigerant，secondary fluid）是用来在被冷却介质和制冷机组之间起到传递热量的作用的流体，又称第二制冷剂[21]。本书如无特殊说明，制冷剂的含义不包括载冷剂。对载冷剂的要求如下[22]：

①无毒、不可燃、无刺激性气味。化学稳定性好，在大气压力下不分解，不氧化，不改变其物理、化学性质。

②使用温度范围内呈液态。它的凝固点应低于制冷机组的蒸发温度，沸点应远高于使用温度。

③比重小、黏度小、传热性好、比热容大。这样可以使载冷系统中流动阻力损失小，液体循环量少、消耗泵功小，可减少热交换器的尺寸。

常用的载冷剂是 CO_2、水、无机盐水溶液（如 $CaCl_2$ 水溶液、NaCl 水溶液等）或有机物液体（如乙二醇、丙二醇、丙三醇水溶液等）。CO_2、水等载冷剂也可作制冷剂。

2.2.3　制冷剂的编号方法和分类

2.2.3.1　制冷剂的编号方法

一种制冷剂通常用前缀+制冷剂编号来表示。

（1）制冷剂的前缀

一般使用"制冷剂"英文 refrigerant 的首字母"R"，例如常见的 R12、R22、R134a 等；或者使用一串字母来表示制冷剂的组成成分，这串字母需包含制冷剂所含元素的首字母，例如 CFC（全氯氟烃，又称氯氟化碳）、HCFC（含氢氯氟烃）、HFC（氢氟碳化物）、HFO（氢氟烯烃）等。以 CFC-12 为例，自右向左第一个字母"C"代表碳原子，第二个字母"F"代表氟原子，第三个字母"C"代表氯原子。

（2）制冷剂编号

①卤代烃以及碳氢化合物等单组分制冷剂。自右向左第一位数字代表制冷剂化合物中氟（F）原子数；第二位数字代表制冷剂化合物中氢（H）原子数加 1 的数；第三位数字代表制冷剂化合物中碳（C）原子数减 1 的数，且当该数字为 0 时不写；第四位数字代表制冷剂化合物中非饱和碳键的个数，该数字为 0 时则不写。

以 R22 为例，其化学成分为 $CHClF_2$，其中氟原子数为 2，所以第一位数字为 2；氢原子数为 1，1 加 1 为 2，所以第二位数字为 2；碳原子数为 1，1 减 1 为 0，第三位数字不写；非饱和碳键为 0，所以第四位数字也不写。

同分异构体都具有相同的编号，编号后添加 a、b、c 等小写字母加以区分。

②多组分制冷剂（混合制冷剂）。多组分制冷剂即混合制冷剂，分为非共沸制冷剂和共沸制冷剂两类。非共沸制冷剂在 400 系列中被连续分配一个识别编号，对不同质量分数的相同制冷剂，编号后添加一个大写字母（A、B、C）以作区分；共沸制冷剂在 500 系列中被连续分配一个识别编号，为了区分不同质量分数的相同制冷剂，编号后添加一个大写字母（A、B、C）。

③有机化合物。有机化合物在 600 系列中按 10 个一族被分配编号。

④无机化合物。无机化合物按 700 和 7000 系列序号编号。对于相对分子质量小于 100 的无机化合物，化合物的相对分子质量加上 700 即为该制冷剂编号；对于相对分子质量等于或大于 100 的无机化合物，化合物的相对分子质量加上 7000 即为该制冷剂编号；当具有相同的分子量时，按名称顺序编号添加大写字母（A、B、C 等）进行区分。

2.2.3.2　制冷剂的分类

制冷剂可以根据其特征、化学组成、安全性等不同，有多种不同的分类方法，具体如图 2-15 所示。

2.2.4　常见的环境术语与指标

2.2.4.1　ODS

对于破坏臭氧层的化学合成物质，统称为消耗臭氧层物质（Ozone Depletion Sub-

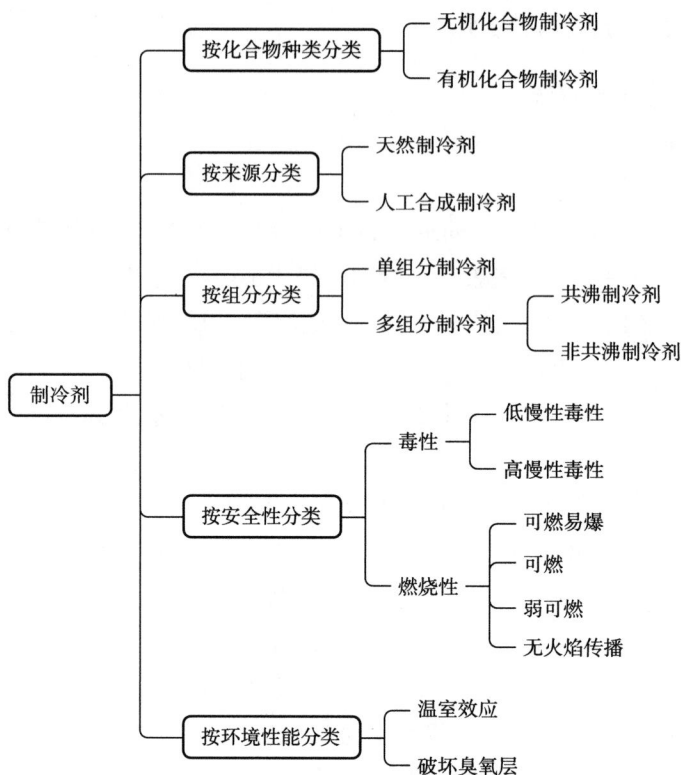

图 2-15　制冷剂分类

stances，ODS）。这些化合物的主要特征即含有氯元素或溴元素，包括全氯氟烃（CF-Cs）、含溴氟烷（哈龙）、四氯化碳、甲基氯仿、溴甲烷及含氢氯氟烃（HCFCs）等。

2.2.4.2　ODP

臭氧消耗潜值（Ozone Depletion Potential，ODP），用来评估一种物质对臭氧层破坏能力的指标。ODP 是一个相对数值，以 CFC-11 为基准，即设定 CFC-11 的 ODP 值为1，其他物质的 ODP 是相对于同等质量的 CFC-11 计算得来。ODP 数值越高，代表该物质消耗臭氧层的能力越强。

2.2.4.3　GHG

温室气体（Green House Gas，GHG），指大气中能够吸收和释放红外线辐射的气体，由于它们像温室的罩子将太阳辐射阻留在地球，使地球温度上升，所以将其称为温室气体。CO_2、甲烷、氧化亚氮（N_2O）、氢氟碳化物（HFCs）、全氟化碳（PFCs）、六氟化硫（SF_6）等都属于温室气体。

2.2.4.4　GWP

全球变暖潜值（Global Warming Potential，GWP），用来评估一种物质导致全球变暖的温室效应的能力。GWP 是一个相对数值，以 CO_2 为基准，即设定 CO_2 的 GWP 为1，其他物质的 GWP 是相对于同等质量的 CO_2 计算得来。例如 R22 的 GWP 为 1700，则表示排放 1kg 的 R22 等同于排放 1700kg 的 CO_2。GWP 数值越高，代表该物质的温室效应越强。

2.2.4.5 TEWI

总体温室效应（Total Equivalent Warming Impact，TEWI），是用来评估一个制冷设备/系统的温室效应指标，其综合考虑了制冷设备中制冷剂的直接排放和设备运行能耗产生的间接排放。

TEWI 由两部分组成：一是制冷剂直接排放的温室效应，包括制冷剂泄漏、维修时的损耗、报废时的直接排放；二是制冷设备运行时能耗所产生的温室效应，TEWI 计算公式[24] 如下：

$$TEWI = DE + IE = GWP \times \left[(L_{annual} \times n) + m \times (1 - \alpha_{recovery}) \right] + (n \times E_{annual} \times \beta)$$

$$(2-6)$$

式中：DE——直接排放量（Direct CO_2 emission），CO_2 当量吨；

IE——间接排放量（Indirect CO_2 emission），CO_2 当量吨；

m——制冷设备充注量，kg；

L_{annual}——制冷设备中制冷剂年泄漏量，kg/年；

n——制冷设备运行时间，年；

$\alpha_{recovery}$——制冷设备报废时制冷剂回收率，%；

E_{annual}——制冷设备年能耗，kWh/年；

β——单位能耗的 CO_2 排放量，kg/（kW·h）。

2.2.4.6 LCCP

寿命周期气候性能（Life Cycle Climate Performance，LCCP），也是评价一个制冷设备/系统温室效应的指标，其考虑了制冷剂的整个寿命期的 CO_2 排放，较 TEWI 增加了制冷剂生产过程能耗的间接排放。其需要考虑两方面的影响：一是生产制冷剂及其原料时的直接能耗（如电能和各种燃料）造成的 CO_2 排放，这种影响称为"蕴含能量（embedded energy）"；二是生产制冷剂过程排放的作为温室气体的任何副产品造成的 CO_2 排放，通常称为"不易收集的排放"（fugitive emissions）。LCCP 的计算公式[24] 如下：

$$LCCP = TEWI + (E_1 + F_1) \times \left[L_{annual} \times n + m \times (1 - \alpha_{recovery}) \right]$$
$$= (GWP + E_1 + F_1) \times \left[L_{annual} \times n + m \times (1 - \alpha_{recovery}) \right] + (n \times E_{annual} \times \beta)$$

$$(2-7)$$

式中：E_1——蕴含能量，生产单位质量制冷剂需要的能耗所对应的 CO_2 排放量，kg/kg；

F_1——不易收集的排放，生产单位质量制冷剂排放的副产品所对应的 CO_2 排放量，kg/kg。

2.2.5 冷链设备制冷剂替代进展

2.2.5.1 我国制冷剂使用现状

目前冷链设备中使用的制冷剂包括 HCFCs、HFCs、HFOs 和天然制冷剂，历史上还采用 CFCs 作为制冷剂。

（1）CFCs

冷链设备在 20 世纪使用了大量的 CFCs 制冷剂，包括 R12、R502 等。但如第 1 章介绍，这些 CFCs 制冷剂虽然化学性质稳定、热力学性质优良，但是根据科学研究发现，它们对臭氧层有破坏作用，所以经过国际社会的共同努力，在 2010 年全球范围内已实现了 CFCs 的全面淘汰。

（2）HCFCs

目前冷链设备使用的 HCFCs 制冷剂主要是 HCFC-22。HCFCs 物质属于人工合成制冷剂，也属于破坏臭氧层物质，臭氧消耗潜值比 CFCs 低，现在正处于逐步被淘汰的阶段。根据《蒙特利尔议定书》国际公约的要求，到 2030 年，中国要实现新生产的制冷空调产品领域 HCFCs 的全面淘汰，2030~2040 年仅保留基线水平的 2.5% 供维修使用。

（3）HFCs 及 HFOs

目前冷链设备使用的 HFCs 制冷剂主要是 R507A、R404A、R134a 和 R410A 等，也少量使用 HFC-23，大部分 HFCs 具有高的全球变暖潜值（GWP），特别是 HFC-23 的 GWP 值高达 14800。采用 R507A 和 R404A 作为制冷剂的冷链设备能够比采用 R134a 和 R410A 的冷链设备达到更低的蒸发温度；R507A 为共沸制冷剂，主要使用在大中型冷链设备中；R404A 为非共沸制冷剂，主要使用在中小型冷链设备中；由于 R507A、R404A、R134a 和 R410A 的 GWP 比较高，为了减少系统中这些含氟制冷剂的充注量，可以采用 R507A、R404A、R134a 和 R410A 与 CO_2 复叠或载冷方式。HFC-23 比 R507A 和 R404A 能达到更低的蒸发温度，可以用在医用低温储藏柜等冷链设备中。为了减少 HFC-23 的充注量，可以采用 R507A 和 R404A 与 HFC-23 复叠的方式。

HFCs 作为 CFCs 和 HCFCs 淘汰的成熟替代品，随着 CFCs 和 HCFCs 的淘汰，HFCs 生产和消费量近几年呈大幅上升的趋势，HFCs 的大量排放带来显著的全球变暖效应。所以根据 2016 年达成的《〈关于消耗臭氧层物质的蒙特利尔议定书〉基加利修正案》，18 种 HFCs 物质被纳入了管控清单。中国等大部分发展中国家已经在 2024 年启动了 HFCs 生产和消费的冻结，2029 年将削减基线水平的 10%，到 2045 年最终实现削减基线水平的 80%。

HFOs 属于不饱和 HFCs 类制冷剂，是专门为了应对 HFCs 削减开发出来的，其 GWP 值低，具有专利保护，所以现阶段 HFOs 制冷剂的价格昂贵，使应用此类制冷剂的制冷设备成本大幅升高。本文用 HFOs 指代含有 HFOs 物质的一类制冷剂，包括 HFOs 单工质、HFOs 混合物、HFOs 与 HFC 混合物等。目前在冷链设备中使用的 HFOs 制冷剂有 R452A、R448A 等，使用量还比较少，主要是在一些中小型冷链设备中作为替代制冷剂使用。

（4）天然工质

目前冷链设备使用的天然工质有 NH_3、CO_2、HC-290、HC-600a 等。NH_3 是唯一的从人工制冷开始一直到现在都比较广泛使用的制冷剂，传统上广泛应用于大中型冷冻冷藏设备中。在采用 NH_3 作为制冷剂的大中型冷库中，制冷系统中 NH_3 制冷剂的充注量可以达到几十吨，如果不规范的操作可能导致重大事故。由于 2013 年吉林宝源丰禽业公司等冷库发生重大安全事故，国家安全监管部门加强了对 NH_3 制冷剂使用的管理和监督。为了降低 NH_3 制冷剂的使用风险，中国工商制冷空调行业 HCFCs 淘汰管理计划中提出了采用 NH_3/CO_2 复叠式/载冷式制冷循环的解决方案，大大降低了系统中 NH_3 制冷剂的充注量，提升了系统的安全性，目前在全国取得了较多的市场化应用。HC 制冷剂在小型冷柜、小型制冰机、冰淇淋机、自动售货机等小型制冷产品中已经获得较多的应用。

2.2.5.2　冷链设备制冷剂替代趋势[9]

从全球范围内的技术发展趋势来看，目前还无法找到符合零 ODP、低 GWP、高效、安全的完全理想的替代制冷剂，未来的趋势是在各个不同的产品领域采用不同的替代品，但具体在每一产品领域使用何种替代技术路线，各方仍存在诸多争议。但是更低 GWP 的制冷剂的扩大推广应用将是必然趋势。未来在选择替代制冷剂时，需要综合考虑制冷剂本身的热物性、环保性、安全性、经济性、系统的节能性等各方面的性质，从制冷剂整个寿命期气候性能（LCCP）的角度出发选择对全球气候变化影响更低的替代物，这样才能实现环境效益和经济效益的最大化。《基加利修正案》第一次明确提出未来实施 HFCs 削减时要关注产品能效提升的协同效应。尽管目前全球替代技术的选择面临多种可能性，但是制冷空调作为全球高度一体化的产业，处在一个充分而激烈的全球市场竞争环境中，针对不同产品领域的替代技术未来将在全球逐步走向统一。

HFOs 存在双键，在大气中容易断裂，寿命比较短，因此 GWP 值低。部分 HFO 具有弱可燃性（A2L），部分 HFOs 的容积制冷量比较低。为了解决单工质 HFOs 的弱可燃性和容积制冷量比较低的问题，常采用单工质 HFO 跟部分 HFC 混合，改善了单工质 HFOs 的缺陷和性能，但是往往带来 HFOs 混合制冷剂的 GWP 值升高。部分 HFOs 制冷剂在美国、欧盟等发达国家和地区的冷链设备中获得了较多的市场化应用。但是由于欧盟的限制全氟和多氟烷基物质（per-and polyfluoroalkyl substances，PFAS）法规的提案和含氟温室气体（F-gas）法规的修订提案，HFOs 未来长期的应用前景有待进一步评估。

NH_3，GWP<1，有一定毒性、弱可燃（B2L）性和强烈的刺激性气味，国家标准 GB 18218—2018《危险化学品重大危险源辨识》中明确规定 NH_3 的临界量为 10t，系统 NH_3 充注量超过 10t 即被列入"重大危险源"管控范畴。由于法规标准的限制，NH_3 无法应用在人口密集的区域，因此研究集中在降低系统泄漏和 NH_3 的充注量、提升安全的措施方面。采用 NH_3/CO_2 复叠式/载冷式系统能显著降低系统中 NH_3 的充注量。相对

于全 NH_3 系统，NH_3/CO_2 复叠式/载冷式系统中 NH_3 充注量可以减少80%以上，甚至可以减少90%；同时 NH_3 仅存在于机房中，不进入冷库的操作间和存储间，排除了 NH_3 的泄漏给操作人员带来的风险和污染食品的可能性，大大提升了系统的安全性。NH_3/CO_2 复叠式/载冷式系统在全球已经有较多的应用。未来，NH_3/CO_2 复叠式/载冷式系统在冷冻冷藏设备有着进一步扩大应用的良好前景。在一些人口密集、安全要求高的场合，$HFOs/CO_2$ 复叠式/载冷式系统可能具有良好的应用前景。

CO_2，GWP=1，容积制冷量大，缺点是跨临界运行时系统的压力可超过10MPa，该压力是常用制冷剂工作压力的数倍，对系统的密封、制造、材料等都提出了更高的要求。CO_2 跨临界循环存在节流损失比较大的问题，因此提升系统的能效也是需要重点解决的问题。NH_3/CO_2 复叠式/载冷式系统、$HFOs/CO_2$ 复叠式/载冷式系统中，CO_2 为亚临界状态，运行压力大大降低，避免了 CO_2 跨临界运行的缺点。随着技术的进步，CO_2 将会有越来越多的应用前景。

HCs，GWP 低，无毒，理论制冷效率高，具有很好的环保特性和强可燃性（A3），安全标准中单台设备允许充注量小，应用场合受到严格限制。冷链中采用的 HC 制冷剂主要是 R290 和 R600a。与 R600a 相比，R290 具有更高的单位容积制冷量，能达到更低的蒸发温度，但是效率稍低一些，因此在允许的充注量范围内 R290 适合在制冷量稍大一些的冷链设备中，R600a 更适用在小冷量的冷链设备中。目前安全标准的修订方向是在采取严格的安全措施条件下进一步放宽对可燃性制冷剂充注量限值。IEC 60335-2-89：2019《家用和类似用途电器 安全 带嵌装或远程制冷剂冷凝装置或压缩机的商用制冷器具的特殊要求》与上一版本（2010 版）相比，打破了商用冷柜产品中可燃制冷剂充注量不超过 150g 的限制，但其仅放宽了对自携式系统的要求，分体系统仍要求每个单一制冷回路的可燃制冷剂充注量不超过 150g。对使用可燃制冷剂的自携式器具，制冷剂充注量不应超过制冷剂可燃限值（LFL）的 13 倍或任何制冷回路中制冷剂的充注量不得超过 1.2kg，取较小者；对于商用冷柜中常用的 R600a 制冷剂，充注量限值为 559g；对于 R290，充注量限值为 494g。中国国家标准 GB 4706.102—2010（等同采用 IEC 60335-2-89：2007）已依据 IEC 60335-2-89：2019 修订完成了 GB 4706.102—2024。安全标准和欧盟 F-gas 法规修订案的提出，将进一步推动 HCs 在小型冷链设备中的应用。

由于当前社会环境保护意识的增强，天然制冷剂因其得天独厚的环保性能再次获得冷链领域的关注和使用，但是大部分天然制冷剂都具有或多或少的可燃性、毒性，抑或是工作压力过高等问题，在使用过程中受到很多限制。天然制冷剂和环保人工合成制冷剂是冷链领域发展的方向。通过应用工况、制冷能力、能效提升、环保性、安全性能、系统可维护性和替换便利性等多方面的比较，零售企业可以结合自己的需求，做出最适合的选择。

表 2-1 列出了各种制冷剂的 ODP 和 GWP。

表 2-1 各种制冷剂的 ODP 和 GWP

名称	混合物成分	ODP	GWP	安全分类
CFC-12	—	1	10900	A1
R502	HCFC-22/CFC-115(48.8/51.2)	0.23	4657	A1
HCFC-22	—	0.055	1810	A1
R507A	HFC-125/HFC-143a(50/50)	0	3990	A1
R404A	HFC-125/HFC-143a/HFC-134a(44/52/4)	0	3900	A1
HFC-134a	—	0	1430	A1
R410A	HFC-32/HFC-125(50/50)	0	2088	A1
HFC-23	—	0	14800	A1
R448A	HFC-32/HFC-125/HFC-134a/HFO-1234ze(E)/HFO-1234yf(26/26/21/7/20)	0	1387	A1
R450A	HFC-134a/ HFO-1234ze(E)(42/58)	0	605	A1
R452A	HFC-32/HFC-125/HFO-1234yf(11/59/30)	0	2140	A1
R513A	HFO-1234yf/HFC-134a(56/44)	0	631	A1
R515B	HFO-1234ze(E)/HFC-227ea(91.1/8.9)	0	293	A1
HFO-1234yf	—	0	1	A2L
HFO-1234ze(E)	—	0	1	A2L
NH_3	—	0	0	B2L
CO_2	—	0	1	A1
HC-290	—	0	3	A3
HC-600a	—	0	3	A3

2.3 冷链设备介绍

2.3.1 冷加工设备分类

冷加工是冷链流通的第一个环节，负责将常温的易腐食品或者货物快速冷却到需要的冷藏温度，主要包括果蔬预冷、畜禽肉冷却、食品速冻等。

果蔬预冷是指将采收的新鲜果蔬从初始温度（30℃）迅速降至所需要的终点温度（0~15℃）的过程。水果、蔬菜采收后由于受环境温度的影响，一般表面温度比较高，加之其较强的呼吸作用，在成分不断发生变化的同时，释放的热量也不断地增大，温度会持续升高，而较高的温度又促使其呼吸加快连续释放热量，水分大量蒸发，自身的营养和水分持续消耗，迅速萎蔫，鲜度降低，使货架期大为缩短。为了延长水果、蔬菜的货架期，减少其干耗和流通中的各种损耗，使消费者获得高鲜度洁净的水果、蔬菜，则必须在工厂进行一系列采收后的加工处理，如挑选、去蒂根皮叶、清洗预冷、滤水、包

45

装等，因此果蔬预冷工艺更是必不可少的。常见的果蔬预冷方式按照冷却介质分为冷风预冷、真空预冷、冷水预冷和冰预冷，果蔬预冷方式的详细分类如图 2-16 所示。

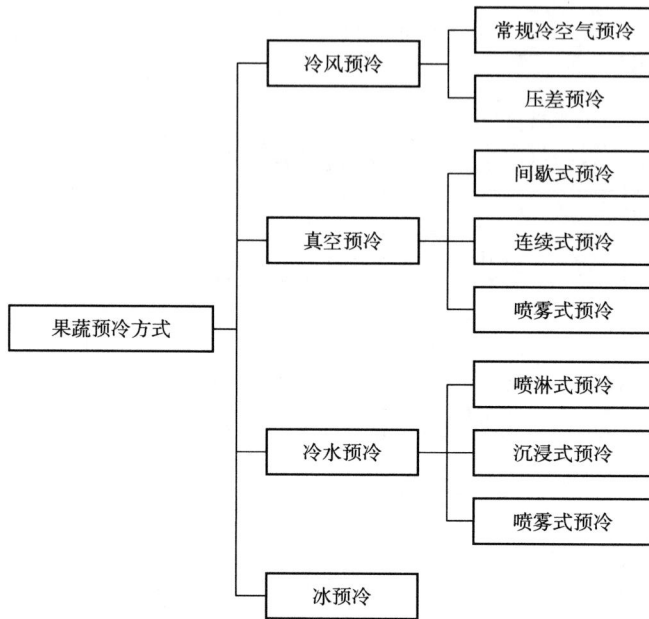

图 2-16　果蔬预冷方式的分类

　　畜禽肉冷却是将刚宰杀动物的肉类降温至冰点以上的温度，抑制外界微生物侵袭，减弱自身酶的催化反应，从而延长其保质期和提升肉禽品质，或者为下一步冷加工做准备。目前，一些肉类生产加工企业和零售商把冷却加工后的肉类俗称为"排酸肉"，而冷却过程实际是"产酸"与抑菌过程，更准确的说法应该是"冷鲜肉"。刚宰杀动物的肉类 pH 值在 7 左右，在冷却过程中，产生大量乳酸和氨基酸，使 pH 值下降，肉逐步由僵直变软，在组织固有酶的自溶作用下，肉变得更嫩、可口和容易吸收，pH 值降至 6 以内。畜禽肉冷却对象主要包括猪肉、牛肉、羊肉、鸡肉、鸭肉等，冷却方式有冷风冷却和冷水冷却，畜禽肉冷却方式的分类如图 2-17 所示。

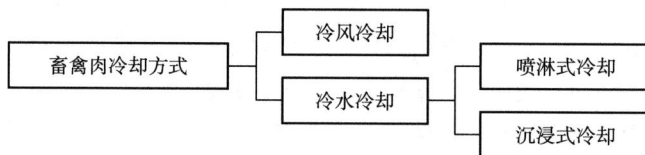

图 2-17　畜禽肉冷却方式的分类

　　食品速冻即食品快速冻结。根据 GB/T 18517—2012《制冷术语》定义，食品快速冻结是使食品迅速通过其最大冰晶生成区，当产品平均温度达到-18°C 时，冻结加工方告完成的冻结方法。保存和运输期限比较长的肉类、水产品、水饺、汤圆等需要采用速冻进行加工。随着预制菜的兴起，速冻的食品种类越来越多。速冻加工使得食品短时间越过冰晶层温度，降低对食品组织结构的破坏，从而减少食品营养成分的流失，保存食物的风味物质和营养成分，解冻后基本能保持原有的色香味，同时促使大部分微生物低温死亡，也有效保证了食品安全。食品速冻方式按照热交换方式可分为鼓风式速冻、间接接触式速冻和直接接触式速冻。鼓风式速冻又可称为冷风速冻，方法类似冷风预冷、冷风冷却；鼓风式速冻又包括冻结间速冻、隧道式速冻、螺旋式速冻和流态化速冻。间接接触式速冻分为平板式速冻、回转式速冻和钢带式速冻。直接接触式速冻包括喷淋式速冻和沉浸式速冻，速冻介质主要有盐水、丙三醇、液氮和液态二氧化碳等。食品速冻方式的分类如图 2-18 所示。

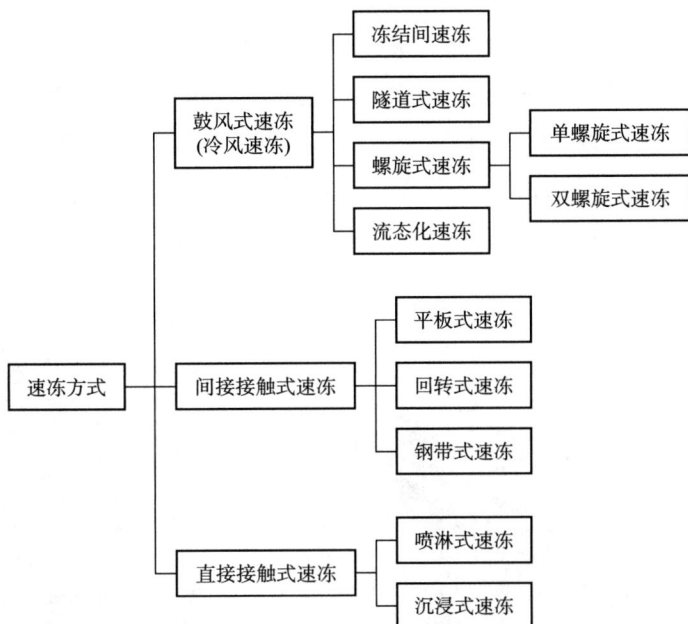

图 2-18　食品速冻方式的分类

　　本节主要以预冷设备和食品速冻设备为例，介绍冷加工设备的工作原理、典型结构和制冷剂的替代进展。

2.3.1.1　果蔬预冷设备

　　冷风预冷和真空预冷使用相对较多。冷风预冷的工作原理和结构比较简单，本节简单介绍一下冷风预冷的原理和典型结构，详细介绍真空预冷的工作原理和典型结构。

　　冷风预冷是利用风机将低温空气吹送至果蔬表面或者包装容器中，并在产品的缝隙间循环流动的冷却过程。冷风预冷主要包括常规冷空气预冷和压差预冷。常规冷空气预冷是将果蔬放入冷库中通风进行预冷，又可称为冷库通风预冷。压差预冷是强制冷空气预冷的一种，它以空气为冷却介质，通过机械加压在预冷果蔬包装容器两侧产生一定压力差，迫使冷空气通过果蔬充填层，增加冷空气与冷却物间的接触面积，从而使预冷食品被迅速冷却的方法。这种方法冷却速度快、降温均匀且适用性强。适用于水果和瓜果类蔬菜的预冷保鲜，对果蔬品种的适应性较广，可延长如香蕉、芒果、酸橙、苹果、

47

梨、桃、樱桃、草莓、番茄、莴苣、蘑菇、菠菜、芦笋等果蔬以及鱼、肉、禽产品的贮藏寿命。与常规冷空气预冷比较，压差预冷冷却速度快，冷却时间仅为常规冷空气预冷时间的1/3，且冷却均匀，耗能低。移动式压差预冷设备可车载移动，适应性强，广泛用于田间产地预冷，降低果蔬采后损失，提高产品鲜活度。

如图2-19所示，移动式压差预冷设备主要由隔热箱体、制冷系统、压差通风系统和控制系统等四部分组成，其中制冷系统中的冷风机和压差通风系统置于隔热箱体内部，而制冷机组和控制系统位于隔热箱体侧面。此外还包括自动卷帘、两面均匀开孔的果蔬箱和温度探头等辅助设施。隔热箱体在标准保温集装箱的基础上经过特殊设计，以满足果蔬压差预冷的需要。制冷系统为隔热箱体内的冷风机提供冷量用于果蔬预冷，该系统包括压缩机组、风冷冷凝器、冷风机、电子膨胀阀等部件。压差通风系统一般位于箱体侧壁，冷风机位于箱体顶板，自动卷帘覆盖于果蔬箱上部和前部。预冷过程中果蔬箱上部和前部形成正压区，使果蔬包装箱或筐两侧产生压力差，从而形成压差通风循环，如图2-20所示。控制系统可对压差预冷设备的各个重要参数进行测量、显示和精确控制，对故障状态实时报警并自动实施应急处理，保证压差预冷设备可靠运行，防止果蔬冻伤和干耗。

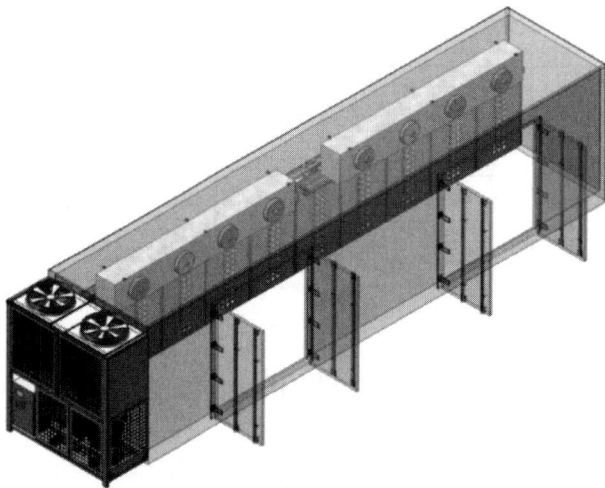

图2-19　移动式压差预冷设备示意图

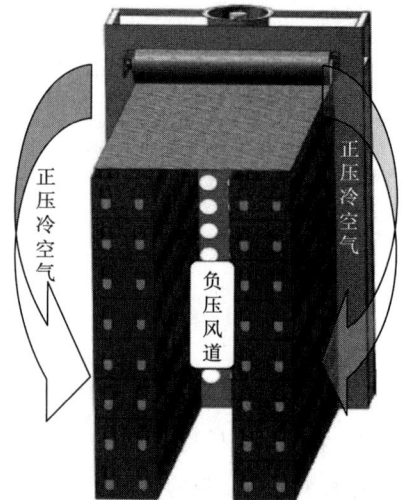

图2-20　压差通风循环示意图

2.3.1.1.1　真空预冷工作原理

（1）真空预冷方法

在常压下将水加热到100℃开始沸腾，温度降低到0℃时结冰。压力降低时水的沸点也降低。例如，当大气压力为2400Pa（18mmHg）时，其沸点为20℃；611Pa（4.6mmHg）时沸点为0℃。依据水随压力降低其沸点也降低的物理性质，将预冷食品置于真空槽中抽真空，当压力降到一定数值时，食品表面的水分开始蒸发，吸收汽化潜热，使食品自身被冷却的方法称为真空预冷方法。

如图 2-21 所示，将预冷食品置入真空槽 1 中密闭，开启真空泵 4 抽真空，使真空槽 1 压力逐渐降低。当压力降到 2400Pa（约 18mmHg）时，即闪发点（也叫作闪点）水分开始蒸发；压力继续下降到 800Pa（约 6mmHg），温度为 4℃时，蒸发潜热约 697.8W（600kcal/h），预冷食品自身冷却。

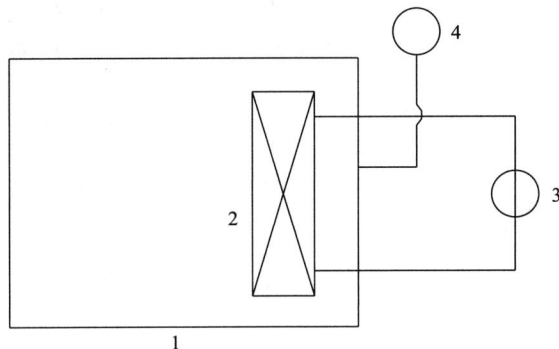

图 2-21　真空预冷原理示意图
1—真空槽　2—捕水器　3—制冷机组　4—真空泵

随着压力降低，水蒸气的体积膨胀。在大气压下的 1mL 水，在压力为 800Pa（约 6mmHg）时蒸发变成水蒸气的体积约为 15.7 万毫升。如此大量的水蒸气采用真空泵排出，一方面不经济，另一方面水蒸气进入真空泵内使润滑油乳化损坏真空泵。因此必须设置捕水器 2 使水蒸气在 -3℃ 以下凝结成水，然后排出槽体，其中空气由真空泵 4 抽出，制冷机组 3 保证捕水器 2 正常工作。

食品表面含有大量水分，其温度较高导致其水蒸气与压力也较高，随着温度的变化其水蒸气与压力也发生变化。在大气压力下水分蒸发比较缓慢，在真空状态下由于阻力减小蒸发速度加快，因此食品冷却速度加快，在 25min 内可冷却至 3℃，且冷却均匀、冷却效率高，清洁卫生。

预冷过程结束后使真空槽内的压力回升到大气压力，打开密封门，将预冷食品装入冷藏汽车运往超市或送入冷藏库贮存。

（2）影响真空预冷速度的主要因素

无论哪一种预冷方式，其热量的传递不外乎热传导和对流换热，所不同的是传递热量的介质不同，例如空气预冷是靠空气将热量带走，水预冷是靠水将热量带走，而真空预冷则是靠水的蒸发潜热带走食品的热量。

影响真空预冷速度的主要因素有食品种类、真空度、食品初温、含湿量及包装等。

①食品种类。不同食品预冷速度也不同。对于叶菜类蔬菜例如芹菜、菠菜、韭菜等预冷速度约 20min；果实类、根茎类蔬菜和水果预冷速度慢，为 30~40min，如西红柿、黄瓜、胡萝卜、草莓、豆角、芦笋、苹果、梨等。

②真空度。如前所述，当绝对压力达到 2400Pa（18mmHg）时水分开始蒸发，即闪点，此时大量热量排出，排气速度应控制在一定范围内，避免因排气速度过快、干耗增

大，影响食品质量。

从一个大气压降至 600Pa（4.5mmHg）所需要的时间约为 25min，即可满足实际操作要求。这一过程一般分三个阶段进行（图 2-22）。

第一阶段：101330Pa（760mmHg）——→2400Pa（18mmHg），5min。

第二阶段：2400Pa（18mmHg）——→1330Pa（10mmHg），10min。

第三阶段：1330Pa（10mmHg）——→600Pa（4.5mmHg），10min。

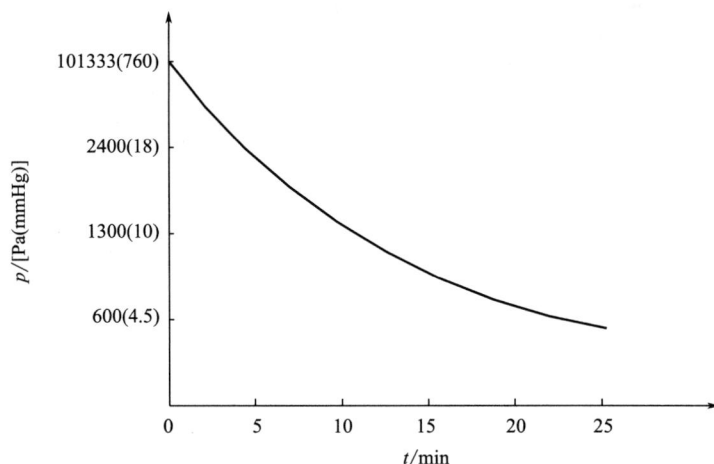

图 2-22　预冷过程中各阶段时间与真空绝对压力的关系

③食品初温及含湿量。食品初温越高，其预冷时间越长，干耗越大。根据实际操作测得的结果，温度每下降 5℃ 干耗大约增加 1%。

为了降低食品初温，采摘后的果蔬类食品应尽量避免阳光直接照射，采用较低温度的水进行清洗。表面水分较少、表面积较小的根茎类、果实类等果蔬类食品，预冷前一定要进行预湿，使其表面含湿量增大，有利于预冷。

预湿的方法有多种，一般采用浸入式、喷淋式等。

④包装。各类包装应有透气孔，以使水蒸气通过透气孔散发，从而达到预冷目的。相反，密闭的包装无法使食品冷却。

目前多采用带长孔的塑料箱，既具有较好的透气性，又比较坚固且周转方便。

开孔率及透气孔大小按食品规格大小确定。

2.3.1.1.2　真空预冷典型结构

真空预冷装置分间歇式、连续式和喷雾式。另外，按照设备是否可以移动使用，分为移动式和固定式。间歇式真空预冷装置用于小规模生产；连续式真空预冷装置用于大型加工厂；喷雾式真空预冷装置用于表面水分较小的果蔬类、根茎类等食品的预冷。移动式真空预冷装置由于其一体化组装在汽车上而具有机动灵活的特性，可以异地使用。

（1）间歇式真空预冷装置

间歇式真空预冷装置主要由真空槽、捕水器、真空泵、制冷机组、装卸机构、控制柜等部件组成。

被预冷的食品装入真空槽经 30min 冷却再搬出并进行包装冷藏，下一次再装入真空槽，按上述方法运行，以此循环操作，属于间歇式操作。这种方法的优点是设备简单、易于操作、无污染，特别适合小型企业采用，但存在搬运强度大、设备利用率低等缺点。

按装运方式可分为一次装入搬出和单一装入搬出，如图 2-23 和图 2-24 所示。

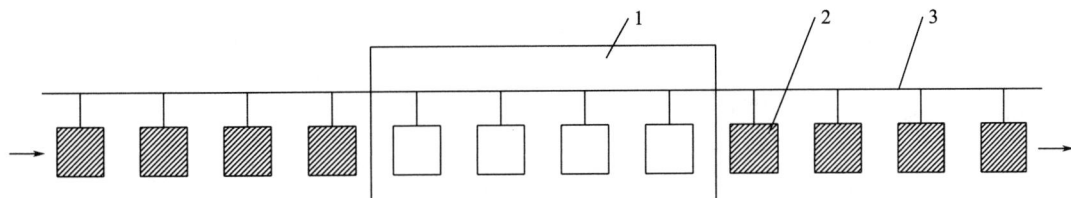

图 2-23 一次装入搬出操作方式

1—真空槽 2—吊笼 3—轨道

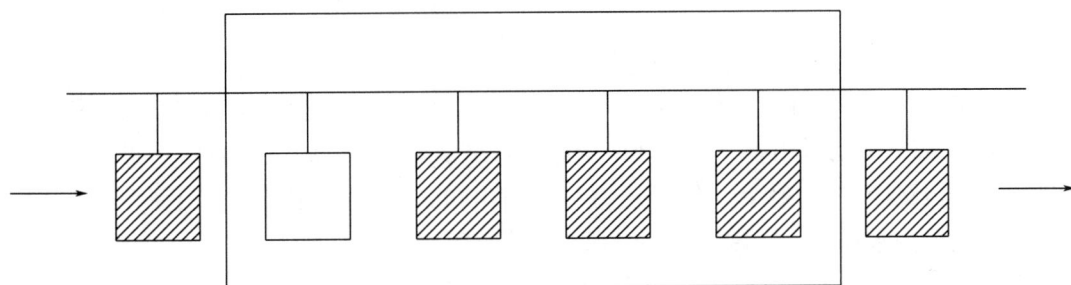

图 2-24 单一装入搬出操作方式

①真空槽。真空槽一般采用 Q235B 钢材或 1Cr18Ni9Ti 不锈钢制作，板厚 10mm，小型真空槽采用圆筒形，而大型真空槽则多采用方筒形，并加装加强筋以增强结构强度。所有焊口均采用坡口焊，并进行 X 光探伤检验。采用 Q235B 材质时，内侧应镀锌或镀塑，外侧喷涂高强度防锈漆。槽体门应采用电动或手动推拉门，以确保高加工精度和良好的密封性能。

真空槽设有排水装置和清洗系统，以保证清洁卫生。

由于在真空状态下，传热率极小，因而真空槽不需要进行隔热处理。

真空槽底部装有辊道机构，以便于装入搬出预冷物。

②捕水器。捕水器又称冷槽、冷阱，与真空冷冻干燥中捕水器具有相同的作用。即用于凝缩空气中的水分，以防止水分进入真空泵造成乳化润滑油损坏真空泵组件。

捕水器可以独立分设，也可以与真空槽组装在一起，捕水器罐体结构与真空槽相同。冷却排管采用无缝钢管、紫铜管、不锈合金铝管。工作介质采用盐水或制冷剂。

间歇式真空预冷装置的捕水器一般采用圆筒形结构。

③真空泵。真空泵是真空系统的关键部件，选用时应根据不同规格的真空预冷装置

及具体情况进行确定。常见的类型主要有旋片式真空泵、水循环泵、水蒸气喷射真空泵组等。

a. 旋片式真空泵分单级和双级。单级旋片式真空泵只有一个工作室，双级旋片式真空泵有两个工作室。目前国产 2X 型系列旋片式真空泵均为双级，抽气速率 0.5~70L/s 不等。图 2-25 为采用旋片式真空泵真空预冷装置示意图。

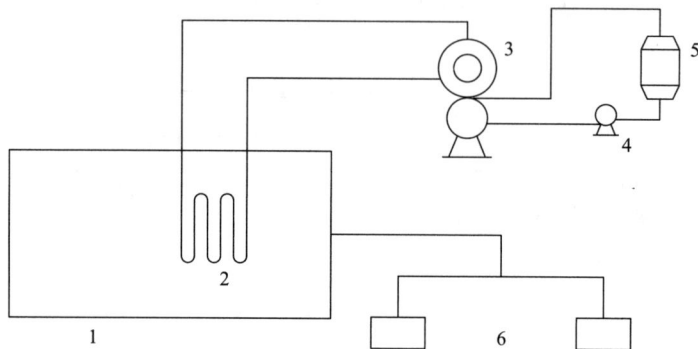

图 2-25　采用旋片式真空泵真空预冷装置示意图
1—真空槽　2—捕水器　3—制冷机组　4—水泵　5—冷却水管　6—旋片真空泵

b. 水循环泵具有结构简单、运行可靠、操作维护方便、耐用、可以抽含有水蒸气的空气等特点。但是采用单一水循环泵不能使真空预冷装置达到预定的真空度，必须配以机械增压泵或大气喷射泵（绝对压力可达到 100Pa），来满足真空预冷装置的要求。图 2-26 为采用水环泵—机械增压泵组真空预冷装置示意图。

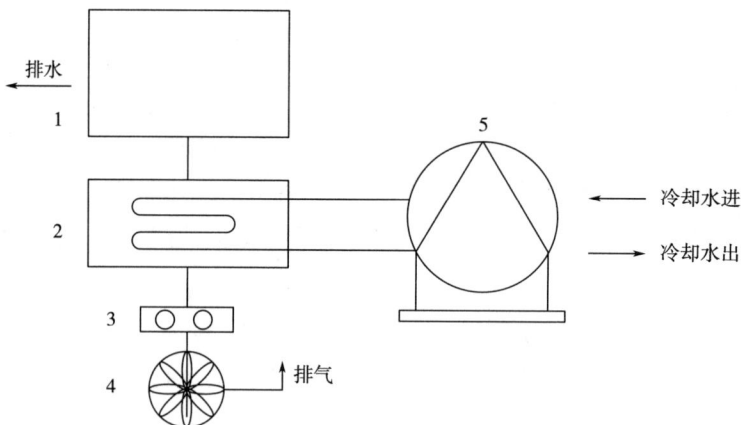

图 2-26　采用水环泵—机械增压泵组真空预冷装置示意图
1—真空槽　2—捕水器　3—机械增压泵　4—水环泵　5—制冷机组

c. 水蒸气喷射真空泵组是一种应用高速水蒸气与被抽气体混合进行热量交换的原理而获得真空的装置。主要由冷凝器、喷射器（包括喷嘴、吸入室和扩压器）、消音器组成。水蒸气喷射真空泵组具有工作范围宽（绝对压力 $1\times10^{-2}\sim1\times10^{5}$ Pa），抽气量大，对被抽空气的纯度、温度、含量等无严格要求，运行可靠，操作维护方便，价格低廉等特点，因此特别适用于食品真空预冷、真空冷冻干燥，有利于大型化生产，对于小规模生产成本较高。图 2-27 为采用水蒸气喷射真空泵组真空预冷装置示意图。

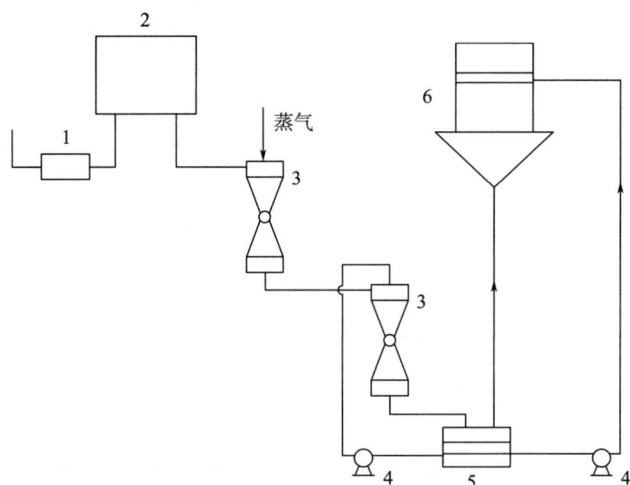

图 2-27　采用水蒸气喷射真空泵组真空预冷装置示意图
1—辅助真空泵　2—真空槽　3—蒸气喷射器　4—水泵　5—集水器　6—凉水塔

④制冷机组。对于小型闪歇式或连续式真空预冷装置，制冷机组应选择水冷或风冷含氟制冷剂冷凝机组。大型装置则采用氨制冷系统。在高温环境下一般选择含氟制冷剂系统的水冷机组，压缩机采用半封闭机型。

制冷机组与真空泵组及控制柜等组装在一个共用底盘上。

采用制冷剂直接蒸发制冷时，由于热负荷波动较大，不宜控制，往往会因温度过低造成蔬菜冻伤。为了避免这种现象发生，采用盐水间接冷却，盐水温度与制冷剂蒸发温度的温差为 5℃，而盐水与捕水器温差应控制在 3℃ 左右为宜。

⑤装卸机构。装卸机构应视用户的装卸方式确定。单个包装装卸应采用传送带或辊道，整体装卸采用电瓶叉车或液压推进器。采用叉车装卸时，需要使用托盘，每一托盘装货约 500kg。

⑥控制系统。控制系统分手动和自动。手动控制的操作台包括配电盘、电压表、电流表、数字式温度计、记录仪以及按钮、继电器、热保护器、真空计等。自动控制系统目前均采用微机控制。图 2-28 为真空预冷装置微机控制示意图。

（2）连续式真空预冷装置

连续式真空预冷装置实际上是两套间歇式真空预冷装置的组合，即由两个真空槽、两个捕水器、一套真空系统、一套制冷系统、两套装卸机构和一个控制柜组成，如图 2-29 所示。

当真空槽 1 预冷结束后在搬出和装入食品这段时间内，制冷机组 3 和真空泵组 4 全部对真空槽 2 进行工作，使其压力降至 2400Pa（18mmHg），此后真空泵组 4 中的两台真空泵转向已经装完食品的真空槽 1 工作，使其压力降至约 2400Pa（18mmHg）。同时真空槽 2 预冷结束，将预冷食品搬出并装入待预冷食品，这一操作过程结束后，真空槽 1 预冷结束，真空泵又对真空槽 2 工作，这样循环操作构成连续作业。

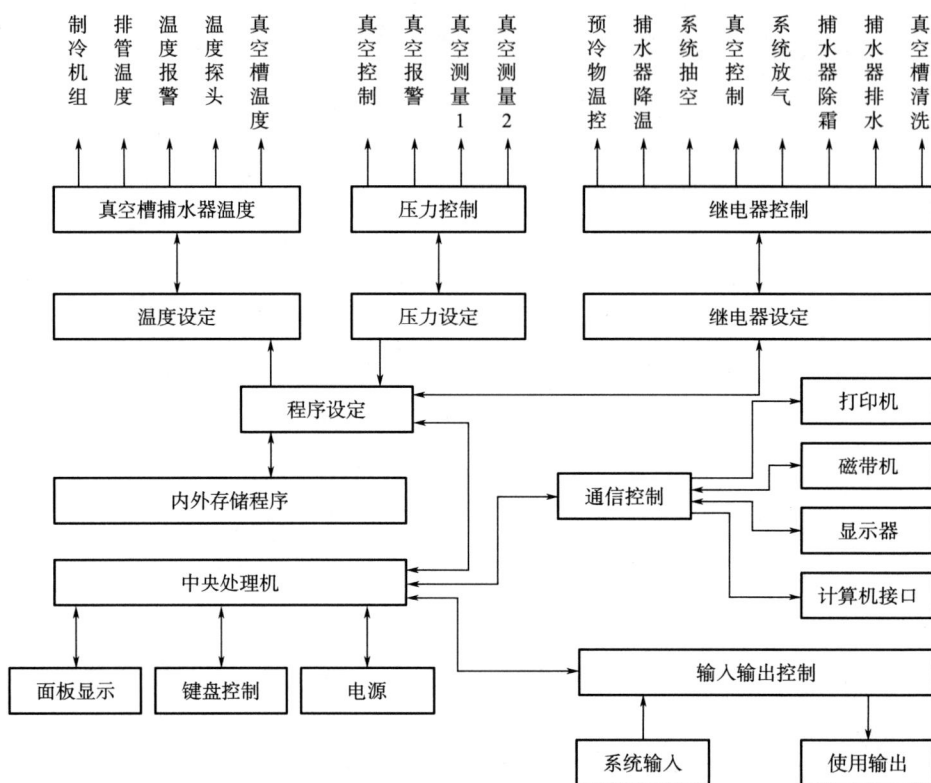

图 2-28　真空预冷装置微机控制示意图

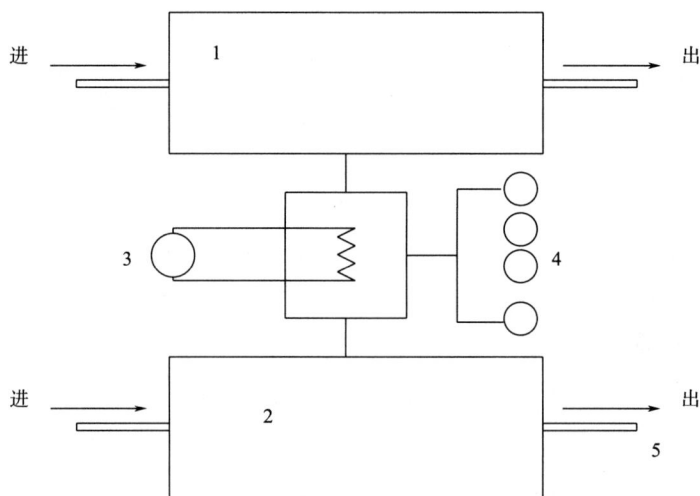

图 2-29　连续式真空预冷装置示意图

1，2—真空槽　3—制冷机组　4—真空泵组　5—吊轨连续式真空预冷方法是目前广泛采用的一种预冷方法，适用于大型企业连续生产，其优点是：

①可以使制冷机、真空泵连续运行，提高其工作效率。

②提高预冷能力，可以使产量提高一倍或更多。

③在预冷过程中可以有效地控制水分蒸发，因而可以保证预冷食品预冷均匀。

④有利于实现自动控制，降低搬运强度。

⑤可以实现一体化组装，在工厂内调试完毕，便于运输。

（3）喷雾式真空预冷装置

采用常规真空预冷装置冷却果蔬类食品存在以下缺点：

①由于预冷需要达到一定真空度（即闪发点），蔬菜表面水分蒸发而使蔬菜本身冷却至所需温度，因而干耗大。如前所述，食品温度每下降5℃，干耗增加大约1%。

②对表面积小、表面水分较小的根茎类、果实类、果菜类蔬菜冷却时间长。

③捕水器必须设置冷凝水收集器，并由水泵排出，因而设备复杂。

为了克服常规真空预冷装置的缺点，应用在闪发点前向预冷食品喷雾状水预湿其表面达到自身冷却的原理，设计了喷雾式真空预冷装置，如图2-30所示。

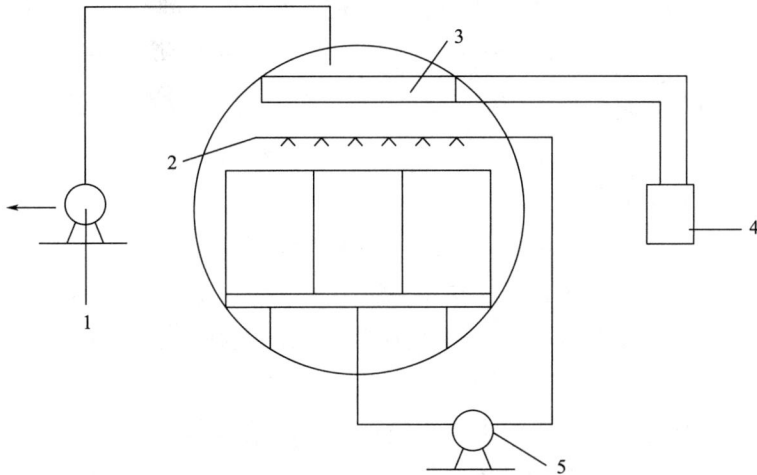

图 2-30　喷雾式真空预冷装置

1—真空泵　2—喷嘴　3—捕水器　4—制冷压缩机　5—水泵

雾状水喷射量及喷射时间应视食品表面预湿程度确定。实际经验表明，喷射时间2~6min，喷嘴直径0.2~2mm，喷射压力0.2~0.3MPa为宜。喷雾式真空预冷方式对水质要求高。采用循环水时，水泵前必须装过滤网，防止杂质堵塞喷嘴。

（4）移动式真空预冷装置

为实现在田间、果园现场直接预冷加工，真空预冷装置可以设计成移动式装置。

对于小型真空预冷装置，其真空槽、捕水器、真空泵组、制冷机组及控制柜置于一个共用底盘上，底盘带有液压升降机构，因而可以装设在一辆汽车上。对于大型真空预冷装置，真空槽、真空泵组、制冷机组可以分设在三辆汽车上，装置设有液压升降机构可以自装自卸。

移动式真空预冷装置的电源可以现场接通；也可以自备柴油发电机组，但运行成本较高。目前生产的移动式真空预冷装置最大装机功率可达 200kW。

2.3.1.2　食品速冻设备

2.3.1.2.1　速冻工作原理

（1）速冻方法

所谓速冻（即快速冻结），是指食品快速通过其最大冻晶生成区（平均温度达到 $-18℃$）时而迅速冻结的方法。食品在冻结过程中会发生各种各样的变化，如物理变化（体积、导热性、比热、干耗变化等）、化学变化（蛋白质变性、变色等）、细胞组织变化以及生物和微生物的变化等。快速冻结食品的特点是最大限度地保持了食品原有的营养价值和色香味。也就是说，在冻结过程中必须保证食品所发生的上述各种变化达到最大可逆性。

研究表明，冻结过程中生成冰结晶的数量和大小对于冻结过程的可逆性程度具有很大的意义。冻结速度越快形成的冰结晶就越细小、均匀，而不至于刺伤细胞造成机械损伤。因为有机体内的液汁都是非饱和的有机溶液，在低于冰点时，首先是自由水冻结，随着温度的下降，非饱和的有机溶液继续浓缩，最后剩余的部分以低共熔混合物的形式均匀冻结。由于食品细胞组织未被破坏，所以快速冻结具有保持食品原有的营养价值和色香味等优点。相反，缓慢冻结形成的较大冰结晶会刺伤细胞，破坏组织结构，解冻后汁液流失严重，以致不能食用。

在快速冻结装置中，快速冻结一般分为三个阶段。

第一阶段：快速冻结。使食品从初始温度迅速冷却到冰点温度。此阶段主要是避免食品质量下降，缩短冻结时间。为了减轻速冻装置的负荷，还常常在冻结前进行预冷处理。

第二阶段：壳体冻结。对于肉类、鱼类食品应冻结至 $-15℃$。对于果蔬类颗粒状食品严格地讲应称表层冻结，即食品冻结厚度 $1\sim2mm$。此阶段冻结速度对整个冻结过程极为重要。

第三阶段：深温冻结。食品从 $-15℃$ 或 $-5℃$ 冻结到 $-18℃$（中心温度）或更低的贮藏温度。

（2）食品速冻的相关因素

①结冰率。在冻结过程中，食品的表层首先结冰，随着环境温度的不断下降，食品内部开始结冰。当大部分水分结冰时，整个食品被冻硬。这种在冻结过程食品内部水分的结冰百分比叫作结冰率，结冰率与冻结终止温度有关，与冻结速度无关。但是，为了保证食品的冻结质量，应以最快的冻结速度通过最大冰晶生成区。

根据试验，对于含水量为 76% 的肉类，其结冰率在 $-10℃$ 时为 84%，$-20℃$ 时为

90%，-30℃时为92%，-60℃时为100%，即全部水量冻结，达到低共熔冰晶点。

②冻结速度。如前所述，影响速冻食品质量的关键因素是冻结速度，根据国际制冷学会（IIR）对食品冷冻速度作的定义如下：食品表面与温度中心间的最短距离（L）与食品表面温度达到0℃后，食品温度中心点降至比冻结点低10℃所需时间（t）之比，为食品的冻结速度。

所以影响冻结速度的主要因素有冷却介质温度、食品对流表面传热系数、食品成分、食品规格尺寸、食品冻结终点温度、机械传送装置等。

2.3.1.2.2 速冻设备典型结构

（1）鼓风式速冻设备

鼓风式速冻设备包括冻结间、隧道式、螺旋式、流态化式等。冻结间速冻需要现场施工组装或在工厂做成整体式设备，本节不做介绍。本节主要介绍隧道式、螺旋式、流态化式。

①隧道式速冻设备。隧道式冻结方法是指在食品由输送带输送通过隔热的隧道箱体，食品在被连续输送的同时被逐渐冻结的方法。隧道式鼓风冻结方法的空气温度一般低于-35℃，风速为4~6m/s。吹风方式分侧吹、上吹或循环吹。这种冻结方法特别适用于调理食品如饺子、包子、春卷、烧麦、油炸食品及分割肉、水产品等食品的冻结加工。为了保证冻结质量，必须提高冻结速度。而冻结速度与温度、风速、食品的厚度、含水量以及食品在隧道内的运行方式等因素有关。

无论侧吹、上吹还是循环吹，必须获得均匀的气流组织，以保证均匀冻结，使气流绕流食品的各个面。隧道式鼓风冻结方法的换热过程是一个复杂的过程。食品的热量主要包括：食品的初温降至冰点温度散发的热量、水的冻结潜热、冰点温度到冻结终温所消耗的热量、未冻结水分降温释放的热量、干物质降至终点温度所释放的热量。上述五种热量不外乎是冷却显热和冻结潜热，而冻结潜热取决于食品含水量。此外，根据操作方法和冻结装置类型还要考虑其他热损失，如装物料盘、小车、风机电机、开门及围护结构的热渗透等。

根据输送带不同分为网带式隧道速冻设备和板带式隧道速冻设备两种。

对于网带式隧道速冻设备，以某公司研发的MTN型网带式连续快速冻结装置为例进行介绍，其主要技术参数见表2-2。该网带式单体速冻装置主要用于如包子、水饺、汤圆等调理食品的单体或盘装冻结，也可用于单体或盘装水产品、肉类和部分果蔬类食品的快速冻结。冻品均匀排布后，从进料口经传送带按设定速度匀速前进至冻结间，受到空气冷却器和导风口缝隙的高速冷风冷却。形成冷气流与冻品表面及冻品表面与冻品内部快速连续地传热，冻品温度迅速降低。当冻品中心温度达到要求温度时，到达设备出料口，完成冻结过程，从而实现冻品的连续快速单体冻结。对于板带式隧道速冻设备，以某公司研发的MTS型板带式隧道速冻设备为例进行介绍，其主要性能参数见表2-3。

表 2-2　网带式连续快速冻结装置主要技术参数

型号	MTN-250	MTN-500	MTN-1000	MTN-1500	MTN-2000
冻结能力/（kg/h）	250	500	750	1000	2000
通过高度/mm	100	100	100	100	100
耗冷量/kW	45	95	175	240	320
装机功率/kW	6.65	11	20.2	27	29.02
蒸发面积/m²	450	900	1300	1600	2000
风机台数	2	4	6	8	10
单台风量/（m³/h）	20327	20327	20000	20000	20000
单台风压/Pa	250	250	320	320	320
库体长度/mm	6300	7200	22500	15300	18900
外型尺寸/m	9.03×2.3×2.79	9.93×3.2×2.79	16.83×3.2×2.79	16.83×4.2×2.79	21.63×4.2×2.73
网带宽度/m	1.2	2.4	2.4	3.4	3.4
减速机	XWEDX42-841	XWEDX85-595	XWEDX85-473	XWEDX85-473	XWEDX85-473

注　冻结能力以生饺子为准，上料密度为10kg/m²。

表 2-3　MTS型板带式隧道速冻设备主要性能参数

型号	MTS-250	MTS-500	MTS-750	MTS-1000
冻结能力/（kg/h）	250	500	750	1000
通过高度/mm	70	70	70	70
耗冷量/kW	55	100	140	180
装机功率/kW	7.6	13.8	20.2	27
蒸发面积/m²	500	1000	1300	1600
风机台数	2	4	6	8
单台风量/（m³/h）	20000	20000	20000	20000
单台风压/Pa	320	320	320	320
库体长度/mm	8100	15300	22500	15300
外型尺寸/m	10.77×2.3×2.86	17.97×2.3×2.86	25.17×2.3×2.86	17.97×4.4×2.86
减速机	XWEDX95-1225	XWEDX95-841	XWEDX95-595	XWEDX95-841

注　冻结能力以扇贝柱为准，上料密度为5kg/m²。

②螺旋式速冻设备。为了克服隧道式冻结设备占地面积大的缺点，可将输送带做成螺旋式结构，称为螺旋式冻结。螺旋式速冻设备分单螺旋式和双螺旋式。

A. 单螺旋连续快速冻结装置。由某公司研制开发的单螺旋冻结装置DLS6624型主要由伸缩式传送带、主传动轴及支架、带尼龙条的转筒、传送带返回装置、调速系统、电控、蒸发器、风机、维护结构等部分组成，具体参数见表2-4。运行时，传送带绕旋转的圆筒螺旋式向上移动，对于不同食品可以通过传送带无级调速选择最佳冻结时间。在出料食品卸下后，空传送带经张紧回转装置返回进料侧。

表 2-4　单螺旋装置的主要技术参数

项目	冻结能力/（kg/h）	冻结时间/min	进料温度/℃	出料温度/℃	冻结温度/℃	耗冷量/kW	制冷剂	装机功率/kW	外型尺寸/（m×m×m）
单螺旋	500	15~75	50	-18	-35	130	R717/R22	20	6.3×4.5×3
单螺旋	1000					185		38	9×6.8×3.4

传送带由不锈钢制造，采用 Φ1.4mm 的不锈钢丝编织而成或采用 Φ6mm 不锈钢辊组成。传送带宽度为 450mm、600mm 或 900mm。

运行中必须保证转筒的线速度与传送带线速度相等，否则任何一个线速度滞后都会使螺旋传送带发生故障。

标准结构的螺旋式连续快速冻结装置的气流组织采用水平吹风系统和垂直空气引导系统。无论何种吹风方式，各层气流速度必须均匀，以保证食品均匀冻结。

B. 双螺旋连续快速冻结装置。双螺旋连续快速冻结装置的特点是：

a. 结构新颖紧凑，占地面积小。

b. 冻结能力比单螺旋大，适用品种广。

c. 低位进出料，便于操作维修。

d. 气流组织均匀，冻结速度快。

双螺旋连续速冻装置的主要技术参数见表 2-5。

表 2-5　某型号双螺旋连续速冻装置的主要技术参数

项目	冻结能力/（kg/h）	冻结时间/min	进料温度/℃	出料温度/℃	冻结温度/℃	耗冷量/kW	制冷剂	装机功率/kW	外型尺寸/（m×m×m）
双螺旋	500	15~75	+50	-18	-35	140	R717/R22	22	7.2×5.4×2.69
双螺旋	1000					190		38	10.8×7.2×3
双螺旋	1500	25~90				280		42	10.8×7.2×3.93
双螺旋	2000					380		45	12.6×8.1×3.62

③流态化速冻设备。流态化速冻设备是实现食品单体速冻（individually quick freezing，IQF）的理想设备。单体速冻指的是对每一块食物进行单独冻结，与其他同时被冻结的食物不粘连，且通常没有预先包装。流态化速冻设备也可称为流态化单体速冻设备。流态化速冻设备主要适用于冻结颗粒状、片状、圆柱状、块状等食品，尤其适于果蔬类食品的冻结加工。其冻结产品具有冻结速度快、质量好、包装和食用方便等优点。20 世纪 60 年代初，国外开始研究用这种方法冻结食品，并获得成功。此后流态化速冻方法及速冻设备的研究取得了较大的进展，在食品冻结工艺中的应用范围也越来越广泛。表 2-6 列出了 MVL 型流态化快速冻结设备的主要技术参数。

表 2-6　MVL 型流态化快速冻结设备的主要技术参数

型号	MVL1000	MVL1500	MVL2000
冻结能力/(kg/h)	1000	1500	2000
冻结时间/min	6~60 可调		
进料温度/℃	15		
出料温度/℃	-18		
冻结温度/℃	-40~-35		
制冷剂	R717/R22		
耗冷量/kW	165	248	300
装机功率/kW	31.84	37.34	42.84
冲霜水量/(t/h)	22	25	30
外型尺寸/m	8520×4000×3000	10320×4200×3000	13020×4200×3000
库体长度/mm	6300	8100	10800
网带宽度/mm	1000	1200	1200

　　流态化速冻是使置于筛网上的颗粒状、片状或块状食品，在一定流速的低温空气自下而上的作用下形成类似沸腾状态，像流体一样运动，并在运动中被快速冻结的过程。当冷气流自下而上地穿过食品床层且流速较低时，食品颗粒处于静止状态，称为固定床。随着气流速度的增加，食品床层两侧的气流压力降也将增加，食品层开始松动。当压力降达到一定数值时，食品颗粒不再保持静止状态，部分颗粒悬浮向上，造成床层膨胀，空隙率增大，即开始进入流化状态。这种状态是区别固定床和流化床的分界点，称为临界状态。对应的最大压力降 ΔP_k 叫作临界压力，对应的风速 V_k 叫作临界风速。临界压力和临界风速是形成流态化的必要条件。当气流速度进一步提高，床层的均匀和平稳状态受到破坏，流化层中形成沟道，一部分空气沿沟道流动，使床层两侧的压力降低到流态化开始阶段，并在食品层中形成气泡，产生激烈的流态化。这种强烈的冷气流与食品颗粒相互作用，使食品颗粒呈时上时下、无规则地运动，因此食品层内的传质与传热十分迅速，从而实现食品单体快速冻结。

　　流态化速冻设备按其机械传动方式可分为网带式流态化速冻设备、振动流态化速冻设备、斜槽式流态化速冻设备。这里以网带式流态化速冻设备为例进行介绍。

　　网带式流态化速冻设备包括一段式网带流态化速冻设备和两段式网带流态化速冻设备。一段式网带流态化速冻设备冷冻食品时，冷冻食品一直处于一个网带上，因此适用于容易破碎的食品速冻。两段式网带流态化速冻设备食品分成两区段冻结，第一区段为表层冻结区，第二区段为深温冻结区。两段输送带间有一高度差，当冷冻食品由第一段落到第二段时，因相互冲撞而有助于避免彼此黏结。颗粒状食品进入冻结室后，首先进行快速冷却，即表层冷却至冰点温度，表层冻结使颗粒间或颗粒与传送带不锈钢网间呈离散状态，彼此互不黏结，然后进入第二区段深温冻结至中心点（-18℃），此时冻结加工完成。装置的每一区段由一条传送带组成。传送带结构由不锈钢丝带组成。传动机构采用变频调速，运行速度可以无级调速。蒸发器采用铝管铝片变片距冷风机，传热效率高，重量轻，卫生好。库内外为不锈钢板，中间填充聚氨酯发泡材料，保温性好。可按用户要求设振动装置。改变预冷带和冻结带的运转速度将限定食品层的厚度及滞留时间，从而满足各种食品的不同要求。

（2）间接接触式速冻设备

间接接触式速冻方法早在 1924 年就应用于食品的冻结加工，其原理是将食品置于金属板一侧，而另一侧流动着制冷剂或低温载冷剂，即把金属板直接作为蒸发器，通过金属板传递热量，从而完成食品快速冻结。这种方法特别适用于有规则外形的食品或糊状食品。对于不规则、较厚、不能挤压或颗粒状食品不宜采用这种方法。

接触式冻结方法的优点有：传热效率高。传热系数为 93.04~139.56W/（m²·K），因而冻结时间短，冻结速度快；由于无须装设风机，可以节省能耗；设备体积小，占地面积少；食品干耗小。

制冷温度、载冷剂流速、金属板材质、表面光洁度及接触程度等是影响冻结效果的主要因素。采用氨作制冷剂，蒸发温度应为-45~-40℃或载冷剂温度应为-40~-35℃。铝合金板的传热效果比普通钢材好，冻结时间缩短大约30%。食品与金属板间的接触程度越紧密，传热效果也越好；若存在孔隙将大大影响冻结速度。实验表明，食品与金属板间存在 1mm 孔隙，食品冻结时间将增加 40%。这种方法对于冻结 50~110mm 厚的食品最有利。

根据接触式速冻装置原理，接触式速冻装置按结构可分为平板式速冻装置、回转式速冻装置、钢带式速冻装置；按工作方式可分为间歇接触式速冻装置和连续接触式速冻装置。下面介绍两种常用速冻设备。

①平板式速冻设备。平板式速冻设备是对食品进行快速冻结的成套装置，包括独立的平板速冻机和自带冷源的平板速冻机。主要用于盘装的水产类和肉制品、各类副产品、蔬菜、水果等不怕挤压或易于成形的食品的快速冻结。

A. 平板速冻设备工作原理。

a. 运行液压站油泵，通过上升、下降按钮，控制油路卸载、加载，由液压缸内压力变化，调节冷冻板在入货时上升，出货时下降。

b. 盘装食品均匀排布在各层冷冻板上后，将冷冻板下降压紧，通过冷冻板内部制冷剂蒸发，吸收食品的热量将其冻结。待食品达到冻结温度或冻结时间后，将冷冻板上升，即可出库。

c. 制冷压缩冷凝机组或制冷系统将低温低压的制冷剂供入冷冻板内，吸收食品热量后的蒸汽被吸入压缩机，压缩后的高温高压制冷剂进入冷凝器冷凝成液体，制冷剂液体经节流装置节流后，供入冷冻板内再循环。

B. 平板速冻设备特点。

a. 独立的平板速冻机主要由铝合金冷冻板、牵引螺栓、牵引架、供液集管、回气集管、不锈钢金属软管、液压缸、液压站、保温箱体及电控箱等组成。

b. 独立的平板速冻机安装完成后，制冷剂外接管路须与制冷系统连接，并进行电气管线连接，即可投入使用。

c. 自带冷源的平板速冻机将独立的平板速冻机与制冷压缩冷凝机组整体组装在一个公共底座上，为整体结构，简称"一体机"。制冷压缩冷凝机组包括风冷式冷凝机组和水冷式冷凝机组等。

d. 采用全封闭式的保温结构，最大程度地减少了冷量损失，达到节能、卫生的要求。

e. 控制柜防水结构设计，控制系统操作简便、可靠。

f. 整个设备运行平稳，振动小、噪声低、效率高，安全可靠。

C. 平板速冻设备使用环境。

a. 室内用，需通风良好。

b. 周围空气最高温度不超过35℃，且在24h周期内的平均温度不超过30℃。周围空气温度的下限为10℃。

c. 安装区域内无爆炸危险的介质，且介质中无腐蚀和破坏绝缘的气体、液体及导电尘埃。

d. 空气相对湿度在最高温度为35℃时不超过50%；最湿月平均最大相对湿度为90%，同时该月的平均最低温度不超过25℃。由于温度变化发生在电器上的凝露情况必须采取措施。

②回转式速冻设备。回转式平板连续快速冻结设备与卧式或立式平板冻结设备不同。它是一种连续操作的平板冻结设备，其工艺原理如下：

原料→挑选分级→清洗→整理（去内脏等）→称重→装盘→预压成型→装入回转平板内冻结→出料→包装→入库

该装置主要由围护结构、回转式平板、轴封、装料平台、卸料机构、传送机构等组成。制冷系统采用强制供液，循环量为10~12倍，采用铝合金板制制成梯形平板盒。平板盒上口为敞开式，用于装料。下口为封闭式，直接与制冷剂分配环连接。制冷剂通过轴封经空心轴分配环直接进入平板内蒸发制冷。

选用平板冻结装置首先应考虑食品厚度，因为不同厚度的食品其冻结时间不同，选择最佳厚度对降低成本十分有利，平板冻结最佳厚度选择在50~100mm，超过150mm即失去优越性。

回转式平板连续快速冻结设备因其占地面积小、冻结速度快，而特别适用于船上冻结鱼类等水产品。但对产品形状要求严格，需首先在成形设备中成形，然后再装入平板中，或直接采用冻结盒装入平板内冻结，要求盒与平板间的间隙极小，以提高传热效果。

(3) 直接接触式速冻设备

直接接触式速冻方法即食品与速冻介质直接接触进行热交换。食品完全浸入在速冻介质中的方法称为沉浸式冻结方法，而速冻介质直接喷淋在食品上的冻结方法称为喷淋式冻结方法。由于速冻介质与冷冻食品直接接触，因此要求速冻介质无毒、卫生、无异味、不易燃易爆等。速冻介质包括非相变介质和相变介质。非相变介质主要有盐水、丙三醇等载冷剂。相变介质主要有液氮、液态二氧化碳等。由于食品与冻结剂直接接触，传热效率高，因而冻结速度快、产品色泽鲜艳、质量好；装置结构简单，易于操作；食品干耗小。

①沉浸式速冻设备。沉浸式快速冻结设备所采用的冻结剂有液氮、液态二氧化碳和液态二氯二氟甲烷 (R12)。由于 R12 已被国际禁用，这里只介绍液氮沉浸式快速冻结设备。

液氮沉浸式冻结方法的冻结速度最快，比采用氮气或二氧化碳的隧道式冻结速度要快 10~20 倍，冻结汉堡包只需 10~15s。采用这种超快速冻结方法可以最大程度地保证产品质量，尤其是冻结水产品，其鲜度与新鲜品几乎没有区别。

这种装置特别适用于食品的单体快速冻结。食品进入液氮槽中表层迅速冻结后，沸腾的液氮可以使食品互相分离，因此不会冻结在传送带上。采用液氮沉浸式冻结装置冻结只需表层冻结的产品如芋头等食品其优越性更加明显。产品浸入液体后表层瞬间被冻结，冻结能力成倍增加，产品无干耗，液氮消耗量为 0.2~0.3kg/kg。因而成本大大降低。

沉浸式快速冻结装置的维修量小，占地面积小，冻结能力大 (0.25~0.3t/h)。操作简单，只需调整传送带运行速度和液氮的液面位置。

装置结构均采用不锈钢制作，分为上下两个部分。上部装有给料装置、传送装置和隔热结构。下部设排气管道，以排出大量蒸发气体。装置底部采用高强度不锈钢，并带有调节螺栓，调节十分方便。传动轴等部件均采用绝热处理或镀聚四氟乙烯。

传送带不锈钢丝中心距为 8.5mm，冻结较小产品时应采用间距较小的传送带。围护结构进出口设置三道，以防止跑冷。液氮的液面控制采用液位计控制。传送带采用变频调速，可以按不同产品调整不同运行速度。装置还配备了报警系统，主要用于装置的正常运行监视。当装置主要部件发生故障时能及时通知管理人员。当运行不正常或液位过高过低时，可立即报警。

沉浸式快速冻结装置主要适用于下列食品：

a. 肉类食品：肉片、肉丸、香肠、肉丁及各种肉制品。

b. 家禽：分割或整件去内脏的鸡、鸭、鹅等。

c. 水产品：虾、鱼、扇贝、蟹、鱼片及各种制品。

d. 果蔬：各种浆果、樱桃、草莓、青刀豆、玉米、辣椒及各种油炸蔬菜等。

e. 调理食品：米饭、饺子、春卷、包子等。

②喷淋式速冻设备。这是一种高效低温冻结装置，主要分三个区段，即预冷区、喷氮区、冻结区。产品首先进入预冷区，在高速氮气流吹冲下表层迅速冻结；而后进入喷氮区，液氮直接喷淋在产品上汽化蒸发吸收大量热量；再进入冻结区迅速冻结到温度中心点（-18℃）。

喷淋式快速冻结装置的传送机构一般设置单流程或三流程，即一条传送带或三条传送带。当装置长度相同时三流程的冻结能力是单流程的三倍。传送带采用无级调速，可以任意选择传送速度，装置结构均采用不锈钢，风机采用高强度轴，以保证低温工况下的正常运行，并装设常效单列滚珠轴承。

这种装置特别适用于颗粒状食品或调理食品如草莓、汉堡包、虾仁、小馅饼、水煎包、香肠、腊肠等。

目前研制的一种新型冻结装置是将喷淋冻结装置与普通机械冻结装置组合为一体。即产品首先在喷淋冻结装置中进行表层冻结，然后进入普通机械冻结装置中冻结至-18℃，这种装置的主要优点有：

a. 产品质量好，干耗小。

b. 冻结能力可以增加 25%～40%。

c. 装置冲霜周期延长，利用率提高。

d. 液氮消耗量减少。

用于表层冻结的液氮喷淋装置总长为 2675mm，内置一台风机将喷淋后的氮气送入冻结隧道内，然后排出。表层冻结时间占全部冻结时间的 15%～20%，冻结能力为 1.5～7.5t/h。

2.3.1.3 制冷剂替代进展

冷加工包括果蔬预冷、肉禽冷却、食品速冻等，采用的制冷方式和制冷设备种类较多。对于采用液氮等介质方式进行的冷加工设备，液氮主要用压缩空气分馏的方法获得，不使用含氟制冷剂，不存在制冷剂替代问题。

对于普遍采用含氟制冷剂的冷加工设备，由于冷加工是将常温的易腐食品或者货物快速冷却到需要的冷藏温度，一般制冷功率都比较大，采用的制冷剂包括 R22、R134a、R404A、R507A、R717、CO_2、HFOs 等，或采用 R134a/CO_2、R404A/CO_2、R507A/CO_2、R717/CO_2、HFOs/CO_2 复叠/载冷的方式。

R22 属于 HCFCs，自 2030 年开始新生产的设备中将禁止使用。R134a、R404A、R507A 制冷剂属于 HFCs，这些制冷剂的 GWP 比较高，特别是 R404A、R507A 的 GWP 接近 4000，按照《基加利修正案》属于优先削减的物质。采用 R134a/CO_2、R404A/CO_2、R507A/CO_2 复叠/载冷的方式可以大幅度减少含氟制冷剂的使用。采用 R717、R717/CO_2 复叠/载冷方式等是最环保的制冷剂替代方式，采用 R717/CO_2 复叠/载冷方式大幅度减少了 R717 的使用量，提升了系统的安全性。在一些人口密集和安全性要求更高的场合，也可以采用 HFOs/CO_2 复叠/载冷方式或 HFOs 制冷剂，不使用 NH_3 制冷剂，但是采用这种制冷剂替代方式面临 HFOs 容积制冷量低、价格昂贵等缺点。

2.3.2　冷库制冷设备

冷库是在特定的温度和相对湿度条件下，加工和储藏食品等物品的专用建筑，图 2-31 为一种冷库示意图。与一般的仓库不同，冷库需要通过人工制冷保持库内一定的温度和湿度，冷库还需要控制氧气和二氧化碳气体的浓度，从而保证食品等物品的储藏质量。冷库的固定资产投资比例较大，结构复杂，专业技术性强，是加工和储藏鱼肉、蛋奶、果蔬、粮油类食品不可或缺的重要设施。一个国家冷藏业的发展状况，在一定程度上可以反映出人民生活水平的高低。

图 2-31　冷库

2.3.2.1　冷库的分类

2.3.2.1.1　按冷库要求温度分类

按冷库要求温度可分为高温、中温、低温和超低温四类冷库。

①高温冷库又称为冷却库，主要用于贮藏新鲜食品、药材、花卉和高档家具等。库温通常保持温度在-5~5℃，并借助冷风机进行吹风冷却。

②中温冷库又称为冷藏库，主要用于储藏冷却或冷冻后的食品，如肉类和水产品。库温通常在-20~-10℃，常用排管直接冷却和冷风机吹风冷却。

③低温冷库又称为冻结库，经过冷风机或专用冻结装置来实现对冷库物品的冻结。库温通常在-30~-20℃，通过冷风机或专用冻结装置实现冻结。

④超低温冷库又称为深冷库，主要用于医学或研究领域。冷库温度一般在-80~-30℃。

2.3.2.1.2　按冷库容量分类

按冷库容量的可分为大、中、小型冷库。按照 GB 50072—2021《冷库设计标准》3.0.1 的定义，公称容积大于 20000m³ 的为大型冷库，公称容积为 5000~20000m³ 的为中型冷库，公称容积小于 5000m³ 的为小型冷库。公称容积应按冷藏间或冰库净面积乘以房间净高确定（表 2-7）。

表 2-7　冷库按容量分类

分类	公称容积/m³
大型冷库	>20000
中型冷库	5000~20000
小型冷库	<5000

2.3.2.1.3　按冷库使用性质分类

根据冷库使用性质，一般划分为生产性冷库、物流冷库和零售型冷库。

（1）生产性冷库

生产性冷库与预冷、冷却、冻结和制冰等生产设施是肉类联合加工厂、水产加工厂、果蔬加工厂、速冻食品厂和奶制品加工厂等食品生产加工企业生产设施的一个组成部分，其中生产性冷库、冷却间、冻结间在 GB/T 18517—2012《制冷术语》中有明确的定义，例如，生产性冷库定义为"配置在食品产地、加工企业或渔业加工基地的冷库"，总之，这一类冷冻冷藏设施是冷链的"第一公里"。

①肉类加工行业。对于国内食品行业，目前肉类加工行业对冷冻冷藏设施的需求最多，我国畜禽肉 2022 年超过了 9000 万吨，成为世界第一生产和消费大国，实际上目前国内符合标准的肉禽冷却总量远低于畜禽年产总量，因此这个行业还存在巨大的发展空间。

现代肉类联合加工厂能够完成从活体畜禽到商品肉禽的所有加工过程，一般包括屠宰、放血、去除毛（羽）、去除及处理头蹄（爪）和内脏、胴体冷却、低温分割及去骨、分割肉和副产品冻结、低温包装、入库冷藏等工序。生产设施明显分成前后两段，前段是屠宰，后段是冷却、冷冻和冷藏。部分工厂还包括肉类制品加工，即把生产的肉禽作为原料，直接生产香肠等肉制品，其中低温肉制品同样需要冷却、冷冻和冷藏，部分肉禽及制品的生产过程中还需要制冰，因此生产性冷库与冷却、冻结和制冰等生产设施是现代肉类联合加工厂满足全程冷链要求的物质基础，没有这一类设施，或这一类设施的产能不足，其相应的肉禽产品和制品将不可能满足全程冷链标准，并且是从源头上就不合标，根据冷链原理，其后续工作做得再好也没用。

②水产加工行业。对于不适合鲜活流通及需要出口的水产品，目前在国内已进入冷链流通体系，例如对虾、带鱼、鱼片等，需要通过水产品加工厂加工。对于其中需要保持原始形态的品种，加工过程一般包括原料整理、清洗、分级拣选、冻结、低温包装、入库冷藏等工序，对于水产制品还需要清理鳞（壳）和内脏、去皮挑刺、切片等深加工工序。生产设施明显分前后两段，前段是物料处理，后段是冷冻和冷藏，由于水产品易变质，生产过程需要制冰，用冰或冰水持续保持加工过程处于低温状态。因此生产性冷库与冷却、冻结和制冰等生产设施是水产加工厂满足全程冷链要求的物质基础，同肉类产品一样，如果没有这一类设施，或这一类设施的产能不足，相应的水产产品和制品将不可能满足全程冷链标准。

即使采用鲜活流通的水产品，国内在生产实践过程中发现降低温度能够减少其在终端市场的死亡率，因此这种比较特别的"鲜活水产冷链"技术在近年得到发展，例如大闸蟹，以往捕捞后直接分级装箱运输、销售，目前有的养殖企业（农户）在捕捞后用冰水降温，再用配置冰瓶或冰袋的保温箱运输、销售，在一定时间内能够保持相对的低温，这种模式虽然并不规范，但是其对冷链设施和装备的要求不高，能够与电商和快递在目前的运营模式契合，可能是一条"中国特色"的水产冷链产业发展道路。

③果蔬加工行业。对于进入冷链流通的果蔬产品，首先要进入果蔬加工厂，果蔬加工分鲜销加工和深加工两类。鲜销加工过程一般包括原料整理、分级拣选、包装、入库预冷和冷藏等工序，深加工主要包括速冻和净菜，其中速冻生产在物料速冻前还需要清洗、漂烫、冷却等工序，净菜生产还需要清理、清洗甚至消毒和鲜切等工序。

鲜销类的果蔬加工厂主要包括预冷和冷藏两种模式。预冷模式用于短期暂存品种，主要是应季果蔬在采摘后快速冷却，或提供采用冰瓶、冰袋的保温包装，以便在随后的运输过程中减少损耗，由于部分业务非常分散，导致部分预冷采用"简陋型"冷库，设施简陋、单体规模不大（图 2-32，图 2-33）；冷藏模式主要用于长期贮存品种，例如苹果、梨等水果和大蒜、蒜薹等蔬菜，为延长存储时间、提高存储品质，气调技术也得到了大量应用，由于这类业务的资金需求和市场风险都比较大，目前的行业主体是企业，其冷藏设施相对合规合标，甚至与国际先进水平同步，冷藏设施以生产性冷库为主体，一般采用直接入库预冷并冷藏。

图 2-32　"简陋型"冷库　　　　　　图 2-33　"简陋型"制冷系统

果蔬深加工企业直到目前为止还是以出口、满足国内"高标准"餐饮企业的采购为主，随着国家工业化和城市化的快速发展，内销量也越来越多，与发达国家的发展经验吻合。由于这类业务对资金、技术和管理的要求都比较高，目前的行业主体是企业，其冷冻冷藏设施与肉类联合加工厂类似，除了冷库外还有比较完善的预冷设备和速冻设备。

④其他食品加工行业。生产性冷库与预冷、冷却、冻结和制冰等生产设施不仅是肉类、水产和果蔬加工行业的主要生产设施，在其他食品加工行业也得到广泛应用。有的

使用情况与上述三个行业基本相同，是物料处理后进入冷链流通的主要生产工序，例如速冻食品行业和奶制品加工行业，有的使用情况是作为辅助生产工序，例如低温发酵、低温解冻等。

（2）物流冷库

物流冷库是指建在批发市场、物流园区内，用作食品配送前集中储存的冷库（图2-34）。物流冷库是随物流行业快速发展而产生的一个概念，其实质是计划经济时期"分配性冷库"概念的扩展。国标 GB/T 18517—2012《制冷术语》对"分配性冷库"的定义为：建在消费中心区或其附近，用作配送前食品暂存的冷库。目前的物流冷库不仅用于暂存和配送，而且具备储备和转运等功能，是冷冻冷藏设施最主要的业态。冷链物流中心是以物流冷库为核心（图2-35），配套加工与交易（批发和拍卖）、检验检疫、信息发布、质押融资等单项或多项服务功能场所的综合性物流园区或市场，是冷链领域物流、商流、信息流，甚至资金流的汇聚中心。如果把生产性冷库与冷却、冻结和制冰等生产设施称为冷链的"第一公里"，物流冷库与冷链物流中心则可称作冷链的"核心"。

图2-34　物流冷库

图2-35　冷链物流中心

（3）零售型冷库

零售型冷库是指配置在超市、餐饮等商业设施内，用作食品零售或消费前暂存的冷库。如果把生产性冷库与冷却、冻结和制冰等生产设施称为冷链的"第一公里"，把物流冷库与冷链物流中心称为冷链的"核心"，商用冷库则可称作冷链的"最后一公里"，它们与各段冷藏运输一起形成一条完整的冷链。

一般情况下超市、餐饮等商业设施所在的土地价格较高，交通相对发达，因此商用冷库保存几天的商品周转量，销售或消费期间不断货即可，单体规模一般很小。通常就近设置在超市、餐饮等商业设施的工作区内，多采用室内装配式冷库。室内装配式冷库大体分两类，一类是定型产品，另一类是非标定制产品，需要现场组装后才能使用。与生产性冷库和物流冷库不同，由于规模小和布局分散等原因，绝大多数商用冷库不配置专业操作人员，因此很难达到良好的运行状态，与其他类型冷库相比，存在能效偏低、制冷剂泄漏率和故障率偏高等问题。

生鲜电商和生鲜快递的出现使冷链"最后一公里"延伸到居民家庭,提出"前置仓"的概念,其实质仍是商用冷库,用途上有些变化而已。受冷藏运输体系的限制,生鲜食品不可能从物流冷库直接配送到居民家庭,还是需要商用冷库中转,客观上为商用冷库的发展开辟了新的空间。如果从商用冷库到居民家庭能够采用符合冷链标准的冷藏运输,则传统冷链的品质将获得进一步提升,否则可能会降低。目前的实际情况并不乐观,虽然各方都在积极探索解决方案,但实际上运营中能够达到标准的却寥寥无几。

2.3.2.1.4　按冷库建筑结构特点分类

按建筑结构特点,冷库可分为土建式冷库、装配式冷库、洞体式冷库和移动冷库。

①土建式冷库的主体结构(库房的支撑柱、梁、楼板、屋顶)和地下荷重结构(图 2-36)都用钢筋混凝土,其围护结构的墙体都采用砖砌而成,属重体性结构,热惰性较大。传统式冷库中的隔热材料以稻壳、软木等土木结构为主,具有良好的隔热、隔水汽防潮性能和地坪强度。

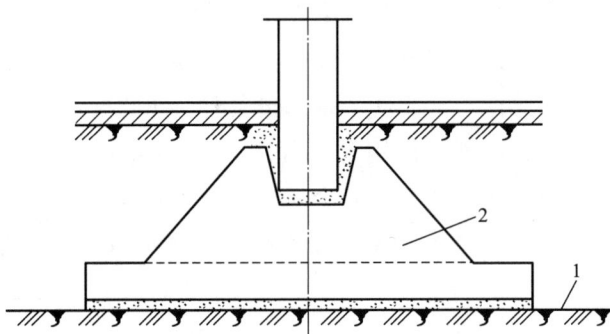

图 2-36　土建式冷库的地基结构

1—地基　2—基础

②装配式冷库多为单层形式,其主体结构(柱、梁、屋顶)都采用轻钢结构,其围护结构的墙体使用预制的复合隔热板组装而成。隔热材料常采用硬质聚氨酯泡沫板或硬质聚苯乙烯泡沫板等。此类冷库还可称为组合式冷库、组合冷库、拼装式冷库、装配式活动冷库,组合灵活,可以在工地现场组装,施工速度快。

③洞体式冷库可分为覆土冷库和山洞冷库。覆土冷库洞体大多为拱形结构,有单拱和连续拱形式,用一定厚度的黄土层作为隔热层,建造在非冻胀沙石层或者岩基上。用作低温储藏时应建造在地基稳定的沙石层上。山洞冷库一般建造在石质较为坚固的岩层内,洞体内侧一般作衬砌或喷锚处理,分为浅埋式和深埋式。由于岩石层较厚,有较大的热惰性,深埋式山洞冷库在设备停止运行后,很长时间内回热很少。温度变化太剧烈会对岩层造成破坏,因此须缓慢降温。也有一些山洞冷库以天然洞体为库房,称为天然洞体冷库,以岩石、黄土等作为天然隔热材料,具有因地制宜、就地取材、施工简单、造价低廉、坚固耐用等优点。

④移动冷库是装备有机械式制冷装置或加热装置,或机械制冷和加热通用装置的,

具有独立制冷（或制热）、恒温、可作为独立单元能整体装载在公路或铁路运输车辆上，通过运载工具，一体化改换使用位置的装置（冷藏箱和冷冻箱）。该装置无论在地面和运输途中均能正常运行，该装置在机械性能、气密性能、电气性能和防护等级上能满足公路或铁路运输和地面露天使用的要求[25]。

2.3.2.1.5　按冷库使用储藏特点分类

冷库按使用储藏特点可分为超市冷库、恒温冷库、气调冷库等。

超市冷库是用在超市储藏零售食品的小型冷库。恒温冷库是对储藏物品的温度、湿度有精确要求的冷库，包括恒温恒湿冷库。气调冷库用于果蔬保鲜，既能调节库内的温度又能调节库内的气体成分。所谓气调保鲜就是通过调节气体成分（如控制库内氧气、二氧化碳等气体的含量）达到保鲜的效果。

2.3.2.1.6　其他分类方法

冷库还可按照制冷设备使用的制冷剂分为氨冷库、含氟制冷剂冷库。按照储藏物品分为药品冷库、食品冷库、水果冷库、蔬菜冷库、茶叶冷库等。

冷库的使用非常广泛，比如肉类、瓜果类、蔬菜类、医药类、化工类、实验用品类都会运用到冷库。冷库的操作非常方便，维修也会有专业的技术人员维修，配套技术经济实用，一次性投入建成的冷库，使用时间可以达到20年左右。冷库的墙壁、地板及平顶都敷设有一定厚度的隔热材料，以减少外界热量的传入。为了减少吸收太阳的辐射能，冷库外墙表面一般涂成白色或浅颜色。因而冷库建筑与一般工业和民用建筑不同，有它独特的结构。

2.3.2.1.7　冷库分类小结

冷库的主要分类如图2-37所示。

2.3.2.2　冷库工作原理

冷库利用一套完整的制冷系统降低温度（一般-25~5℃）来减缓和抑制病原菌的繁殖和食品的腐烂，减缓和抑制果蔬（活体）的呼吸代谢过程达到阻止衰败、延长贮藏期的目的。适用于我国南、北方各种蔬菜、冷冻食品（冻鱼、冻肉、冷饮等）、医药等贮藏，具有贮藏保鲜期长、经济效益高的特点，如葡萄保鲜7个月、苹果6个月、蒜苔7个月后品质鲜嫩如初，总损耗不到5%。

冷库制冷系统通常采用蒸气压缩式系统，主要用于提供冷库冷量，保证库内温度和湿度。根据冷库温度的不同，制冷系统也不同，但是制冷系统的四大组成部分一般不会改变，即压缩机、冷凝器、蒸发器、节流装置。

2.3.2.2.1　压缩机

压缩机是制冷装置中最重要的设备，通常称为制冷装置主机。它吸收蒸发器中的制冷剂，压缩制冷剂，形成高温高压气体，并推动制冷剂进入冷凝器，经过冷凝器的冷凝，制冷剂转变成低温高压的液体，此时制冷剂再经过节流装置，调节压力，进一步转变成低温低压液体，进入蒸发器，在蒸发器内与冷库储藏物进行换热，转变为低温低压

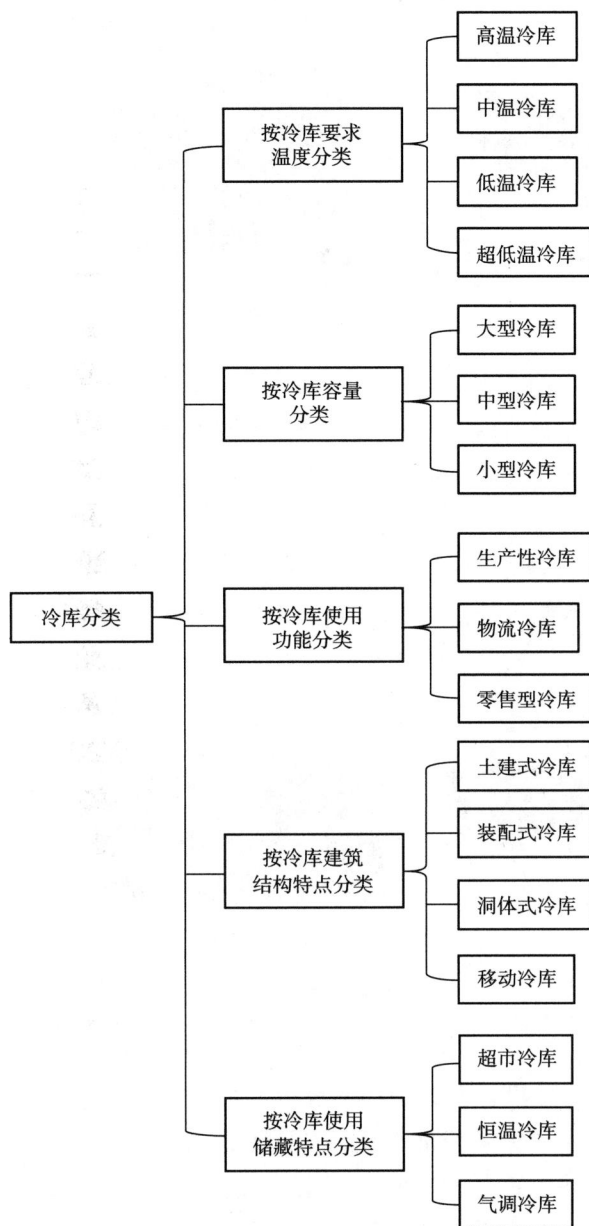

图 2-37　冷库的主要分类

气体，重新进入压缩机，循环往复。目前主流压缩机有三种类型：活塞式、螺杆式和涡旋式（图 2-38）。

2.3.2.2.2　冷凝器

冷凝器作为制冷装置中的主要换热设备之一，按照冷却介质和冷却方式的不同，分为水冷式、空气冷却式和蒸发式三类（图 2-39）。水冷式的冷凝器用水作为冷却介质，带走制冷剂冷凝时的热量，冷却水可以一次性使用，也可以循环使用。用循环水时，必须配有冷却塔或冷水池，保证水不断得到冷却，水冷式冷凝器按结构分为壳管式和套管

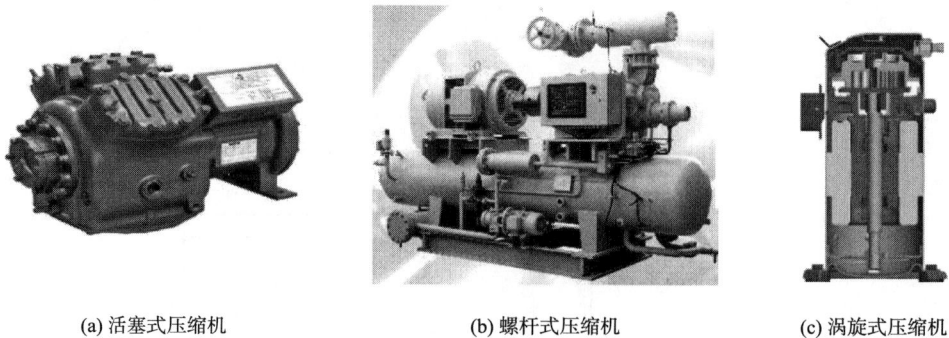

(a) 活塞式压缩机　　　　　　(b) 螺杆式压缩机　　　　　　(c) 涡旋式压缩机

图 2-38　压缩机

式两类。空气冷却式冷凝器以空气为冷却介质，制冷剂在管内冷凝，空气在管外流动，吸收管内制冷剂蒸气放出的热流量。由于空气的换热系数较小，管外空气侧常常要设置肋片，以强化管外换热，空气冷却式冷凝器分为自然对流式和强迫对流式两种。蒸发式冷凝器（简称蒸发冷）以水和空气作为冷却介质，利用水蒸发吸收热量，使管内制冷剂蒸气凝结，水经过水泵提升再由喷嘴喷淋到传热管的表面形成水膜，一部分吸热蒸发被空气带走，另一部分未被蒸发的滴落到蒸发冷水盘内。

(a) 水冷式冷凝器　　　　　　(b) 空气冷却式冷凝器　　　　　　(c) 蒸发式冷凝器

图 2-39　冷凝器

2.3.2.2.3　蒸发器

蒸发器也是一种换热设备，在制冷系统中与冷凝器不同的是，蒸发器是吸热设备，在蒸发器中，由于低压液体制冷剂汽化，从需要冷却的物体或空间（冷库）吸热，从而使被冷却的物体或空间的温度降低，达到制冷的目的，因此，蒸发器是制冷装置中生产和输出冷量的设备。根据冷却的介质种类不同，蒸发器包括冷却液体载冷剂的蒸发器和冷却空气的蒸发器两大类。

①冷却液体载冷剂的蒸发器。载冷剂一般为水、盐水或乙二醇水溶液等，这类蒸发器常用的有卧式蒸发器，立管式蒸发器和螺旋管蒸发器等。

②冷却空气的蒸发器。有两种型式，一种是仅使用蒸发盘管，另一种是有蒸发盘管的冷风机（简称冷风机）（图 2-40）。蒸发盘管利用空气自然对流循环，管内的制冷剂蒸发带走冻结物热量。优点是能耗低，干耗少，缺点是传热慢，材料用量大，制冷剂用量大。冷风机分为干式和湿式两种，其中干式冷风机是现代冷库中的主要蒸发器，优点是散热快，制冷均匀，材料用量少，制冷剂用量少，缺点是能耗高，控制系统复杂。

图 2-40　冷库冷风机

2.3.2.2.4　节流装置

节流装置的作用对高压液态制冷剂节流降压，保证冷凝器和蒸发器之间的压力差，使蒸发器内的液态制冷剂在要求的低压下蒸发，达到制冷的目的；调节供入蒸发器的制冷剂流量，以适应蒸发器的热负荷变化（图 2-41）。

图 2-41　节流装置

节流装置类型可分为六类：

①手动膨胀阀。仅用于氨制冷系统、实验装置、旁路备用等。

②浮球膨胀阀。除了节流降压、调节流量外，还可保持蒸发器内一定的液位。适用于具有自由液面的蒸发器。其特点是：构造简单，浮球室液面波动大，浮球传递给阀芯的冲击力也大，易损坏。

③热力膨胀阀。其工作原理是通过蒸发器出口处气态制冷剂的过热度控制阀的开度，用于非满液式蒸发器。按照平衡方式不同分为外平衡式、内平衡式。外平衡式热力膨胀阀采集的压力为蒸发器出口压力，主要用于蒸发压力损失或压力降较大，流动阻力大，蒸发盘管长，温度波动大，节流后蒸发压力比蒸发器出口端压力高出较多的系统；内平衡式热力膨胀阀采集的压力为膨胀阀出口压力。热力膨胀阀选配时需考虑制冷剂种

类、蒸发温度范围、阀后蒸发器的最大制冷量及阀前后压差。

④电子膨胀阀。电子膨胀阀利用被调节参数产生的电信号，控制施加于膨胀阀上的电压或电流，达到调节供液量目的。其具有供液量调节范围宽、调节反应快的特点。

⑤毛细管。直径0.7~2.5mm、长度0.6~6m的细长紫铜管，广泛用于小型全封闭制冷装置。供液能力取决于毛细管入口处制冷剂的状态（压力、温度）和毛细管的几何尺寸（长度、内径）。

⑥节流短管。节流短管是一种定截面节流孔口的节流装置，已被应用于部分汽车空调、冷水机组和热泵机组中。主要优点是价格低廉、制造简单、可靠性好、便于安装，取消了热力膨胀阀系统中用于判别制冷负荷大小所增加的感温包等，具有良好的互换性和自平衡能力。

2.3.2.3 冷库典型结构

2.3.2.3.1 冷库设备组成

冷库由库体建筑和制冷控制系统两大部分构成。按照构成建筑的用途不同，可分为冷却间及冷藏间、生产辅助用房、生产附属用房和生活辅助用房四大部分。

（1）冷却间及冷藏间

①冷却间。用于对需进库冷藏或需冷冻的常温食品进行冷却或预冷的工作场所，防止货物因温度较高，湿度较大，直接进入冷藏或冷冻库产生雾气，影响冷库结构。加工周期一般为5~24h，产品预冷后温度一般为0~13℃。

水果、蔬菜在进行冷藏前，为除热及防止某些生理病害，应及时逐步降温冷却。冷却间的室温为0~2℃，当食品达到冷却要求的温度后称为"冷却物"，即可转入冷却物冷藏间。图2-42为肉类冷却间。

图2-42　肉类冷却间

②冻结间。用来将食品由常温或冷却状态按工艺要求快速降至-15℃（中心温度）以下冷冻的工作场所。加工周期一般为8~48h。对于需长期储藏，由常温或冷却状态迅速降至-18~-15℃的冻结状态，达到冻结终温的食品称为"冻结物"。冻结间是借助冷风机或专用速冻设备用以冻结食品的冷间，它的室温一般为-30~-23℃。冻结间也可移

出主库而单独建造。

③冷却物冷藏间。也称高温冷藏间，主要用于储藏鲜蛋、水果、蔬菜等怕冻食品或物品的库房，温度一般在 0℃ 左右，采用风冷式制冷对货物进行持续的冷处理。

④冻结物冷藏间。也称低温冷藏间，主要用于储藏需低温保存的冷冻食品或其他物品的库房，温度一般在 -18℃ 左右，能较长时间保存经过预冷的货物。

⑤储冰间。储藏人造冰。

（2）生产辅助用房

①装卸站台。供装卸货物用，分公路站台和铁路站台两种。公路站台高出回车场地面 1.0~1.2m，铁路站台高出钢轨面 1.1m。

②传输设备。用于货物在冷库内的传输，垂直传输主要用电梯，水平传输主要用皮带传送机。

③过磅间。是专供货物进出库时工作人员司磅计数（量）使用的房间。

（3）生产附属用房

主要指与冷库主体建筑有着密切联系的生产用房。

①制冷机房。是冷库的制冷动力中心，机房内温度较高，应选在自然通风较好的位置。

②变配电间。装有变压器和高、低压配电。

③水泵房。为了节约用水，冷库多采用循环冷却水。冲霜用水也予以回收利用。故一般专设水泵房，用来安装冷却水水泵和冲霜水水泵。

④制冰间。包含制冰池、溶冰池等制冰设备并进行生产冰的操作空间。图 2-43 为制冰池。

图 2-43　制冰池

（4）生活辅助用房

主要包括生产管理人员的办公室或管理室、生产人员的休息室和更衣室以及卫生间等。

冷库的设施随生产性质、建设规模、所储藏的食品品种以及对生产加工工艺的要求不同而有所区别。

2.3.2.3.2　典型冷库制冷系统

（1）含氟制冷剂冷库制冷系统

在一些小型冷库中采用直接供液方式，通过热力膨胀阀与电磁阀配合来调节控制制冷剂流量，使制冷系统简化，操作方便，所以含氟制冷剂冷库制冷系统在小型冷库中应用广泛（图2-44）。含氟制冷剂有R22、R507A、R404A和R134a等型号。

图2-44　含氟制冷剂冷库

①含氟制冷剂的溶油性。R22能够部分地与矿物油相互溶解，其溶解度随矿物油的种类而变化，随温度的降低而减少。R134a与传统的矿物油不相溶，但易溶解于多元醇酯类合成润滑油，特别是液体氟利昂的溶油性更强，因此可以说冷库制冷系统中凡是有含氟制冷剂的地方就有润滑油。随着含氟制冷剂的流动，润滑油遍及所有设备和管道，系统中的含油量增加。润滑油是遇高温蒸发的液体，和含氟制冷剂混合后，使含氟制冷剂液体黏度增大，在相同蒸发压力下蒸发温度上升，或在定温下蒸发压力下降。因此，随着蒸发器内润滑油浓度增加，蒸发压力也要随之降低，才能保持给定的蒸发温度不变，否则会造成压缩机单位制冷量的功率消耗上升或造成压缩机本身失油等事故。所以，含氟制冷剂制冷系统中的回油问题很关键，应从设备布置、管道配置及供液方式等方面采取相应的措施。

②含氟制冷剂的溶水性。含氟制冷剂几乎不溶于水，在蒸发温度低于0℃的制冷系统中，存在的水分将在膨胀阀节流阀孔结冰，使阀孔堵塞，导致供液停止，蒸发器不能制冷。同时由于水的存在，其分解作用有可能会使设备、管道腐蚀，尤其是铝镁合金。因此，在含氟制冷剂制冷系统中膨胀阀须加装干燥器，以保证膨胀阀正常运行。

③供液形式。从供液形式来看，含氟制冷剂制冷系统有直接膨胀供液、重力供液和液泵供液三种（图2-45）。其中，应用最多的是利用热力膨胀阀控制的直接膨胀供液，其主要原因如下。

a. 直接膨胀供液系统比较简单，分离设备少，系统充液量也少。

b. 用热力膨胀阀供液并配有热交换器的含氟制冷剂制冷系统，可自动调节供液量且使回气有较大的过热度。高压液体有较大的过冷度，节流时闪发成气体的机会减少，改善了直接膨胀供液系统中调节供液困难及易湿行程等不足。

含氟制冷剂制冷系统在直接膨胀供液中，首先应满足回油要求，其次才考虑供液均匀的问题，因此一般都采用有利于系统回油的上进下出式供液方式，并辅以分液器或在配管上采取措施使其均匀供液。

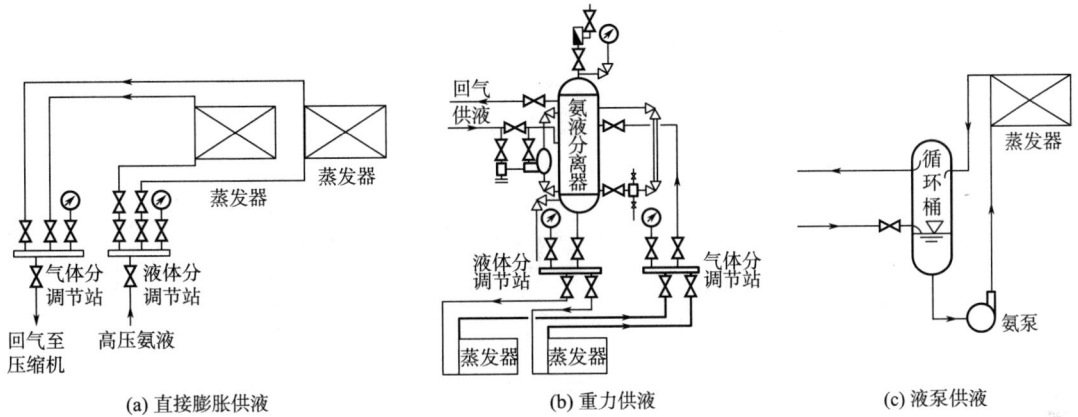

图 2-45　三种供液方式

④回热循环。回热循环在含氟制冷剂制冷系统中应用普遍，这是因为采用了回热循环后，首先能使膨胀前的制冷剂具有较大过冷度，膨胀阀前后生成的闪发气体多少与阀前后的温差有关，温差越小，则节流损失也越少，闪发气体也越少。其次，闪发气体多少也影响库温的稳定性，闪发气体多，流经膨胀阀的制冷剂流量时多时少不稳定，阀后分液器内配液也难以均匀，将使蒸发温度不稳定，造成库温的波动。最后，采用热力膨胀阀直接供液的系统中，一般不装气液分离器，在系统负荷变化时，由于膨胀阀调节受到限制，容易使制冷剂液体来不及完全蒸发，被压缩机吸入而产生液击。采用回热器后，未蒸发的制冷剂液体在回热器中同液体进行热交换，得到完全蒸发并形成一定的过热度，可避免压缩机的液击（图 2-46）。

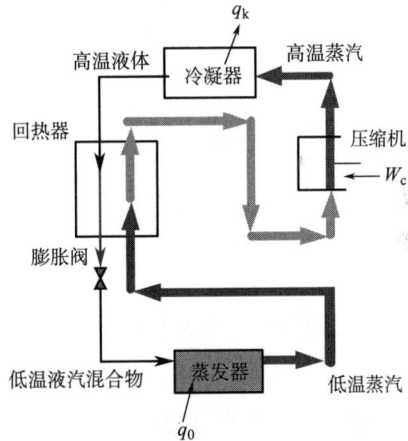

图 2-46　回热循环

⑤含氟制冷剂冷库制冷系统的组成。含氟制冷剂冷库制冷系统以热力膨胀阀为高低压的分界线，把系统分为高压系统和低压系统。高压系统是指由压缩机排气口、油分离器、冷凝器、储液器、干燥过滤器、热力膨胀阀进液口等组成的系统。低压系统是指由热力膨胀阀出液口、蒸发器、压缩机吸气口所组成的系统（图 2-47）。含氟制冷剂冷库制冷系统中，被油分离器分离下来的润滑油，经浮球阀自动控制或通过手动阀放回压缩机曲轴箱。干燥过滤器设在蒸发器和回热器之间的液体管道上，也可设在储液器和回热

器之间的液体管道上。对于小型制冷装置，为减少制冷剂充注量，也可用冷凝储液器代替冷凝器和储液器。在压缩机停机后，电磁阀用以切断冷分配设备的供液，防止制冷剂液体流入蒸发器等低压系统，避免压缩机启动时发生液击。在小型制冷装置中，为简化系统，也有将供液管与回气管捆在一起的情况，同样能起到热交换器的作用。

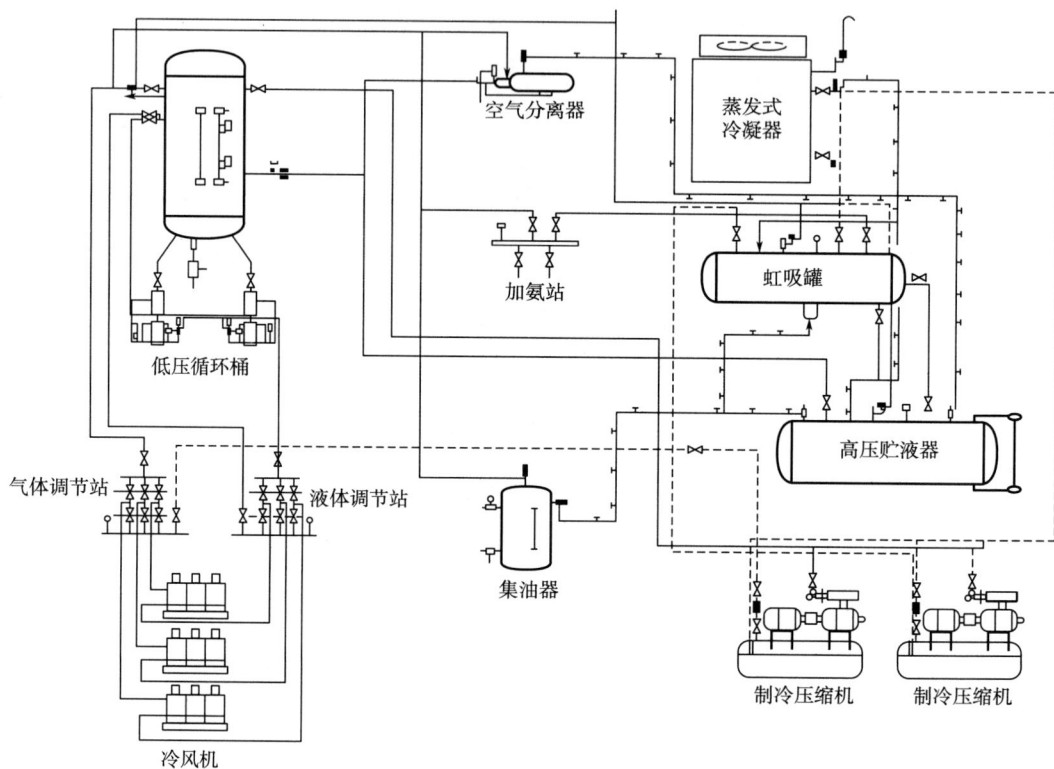

图 2-47　含氟制冷剂制冷系统

（2）氨冷库制冷系统

目前氨（NH_3，代号 R717）制冷剂合成工艺成熟，制取容易，价格低廉，因而氨制冷系统在大、中型冷库中得到了广泛的应用。氨制冷剂在冷凝器和蒸发器中的压力适中（冷凝压力一般为 0.981MPa，蒸发压力一般为 0.098～0.49MPa）；其单位容积制冷量比 HCFC-22 大；制冷系数高，表面传热系数大，故相同温度及相同制冷量时，氨压缩机尺寸最小，图 2-48 为氨制冷系统。

①氨冷库制冷系统的特点。与含氟制冷剂制冷系统相比较，氨制冷系统具有以下特点。

A. 氨的溶水性。在常用制冷剂中，氨是唯一在常压下蒸气密度小于空气的制冷剂，且极易溶于水，溶液呈碱性，遇到大量泄漏的情况，可用水吸收，排除比较容易。

B. 氨的非溶油性。通常的矿物油与氨不能互溶，因此，氨制冷系统一般配备高效油分离器。尽管如此，仍有相当数量的润滑油进入管路和换热器，因而系统中需设置集油器，并不定期排油。

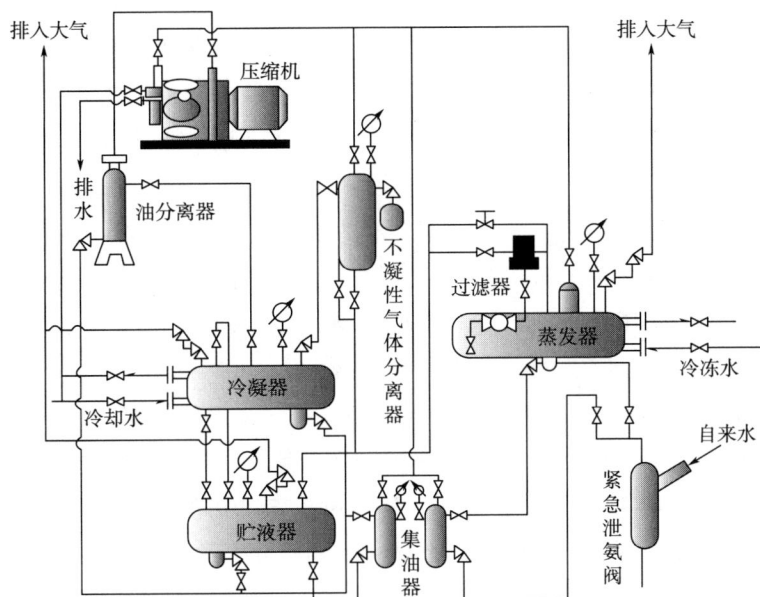

图 2-48 氨制冷系统

C. 氨的安全性。氨制冷剂的缺点是易燃、有毒（B2L）；有强烈的刺激性气味，对眼、鼻、喉、肺及皮肤均有强烈刺激及中毒危险；氨遇水后对锌、铜、青铜合金（磷青铜除外）具有腐蚀作用。所以采用氨作为制冷剂的制冷系统要具备两个特点：其一是安全性，在氨制冷系统中设置紧急泄氨阀，要有完善的密封系统、检漏系统以及报警系统；其二是耐蚀性，在氨制冷装置中，其管道、仪表、阀门等均不能采用铜和铜合金材料。

D. 供液形式和方式。在氨制冷系统中广泛采用氨泵供液形式，对蒸发系统实行强制供液，因供液量是蒸发量的数倍，蒸发器内制冷剂处于两相流动，所以冷却设备采用满液式蒸发器，从蒸发系统返回的制冷剂先回到低压循环储液器内进行气液分离。

当前，在食品冷藏库的制冷系统中，氨泵供液系统对蒸发器的供液采用下进上出方式，这种方式的特点如下：

a. 蒸发器与低压循环储液器的相对位置不受限制，适用性较强。

b. 对蒸发器供液量的分配比较易于均匀，因而采用带集管的多通路式研发可以简化分液装置，节省调节流量的阀门。

c. 低压循环储液器的容积、氨液再循环倍率和氨泵也可以小些。

d. 融霜、排液和放油都比上进下出式要麻烦些。

e. 停止向蒸发器供液后，蒸发管内的氨液仍能继续蒸发，所以有一定的"冷惰性"作用。这种"冷惰性"对库房温度的影响，一般均在允许的波动幅差以内，对维持库温的相对稳定有利，从而可以减少库温自控的动作频率。

E. 系统复杂性。由于一直无法找到合适的、与氨互溶的润滑油，需要大量的附件保证系统的回油和降低系统温度，导致系统结构复杂，需要大量现场安装工作，系统的质量很大程度上取决于安装队伍的素质。国内氨系统对库温的控制一般为全手动控制，根据操作人员对库温的观察来确定开启或停止压缩机的台数。因为操作人员手动操作，需要依赖于操作人员的技术水平和责任心，所以这项工作对操作人员的素质要求非常高。氨系统要求24h有人值班并调整。

②氨冷库制冷系统的种类。按照向蒸发器的供液方式不同，氨冷库制冷系统可分为重力供液系统和氨泵供液系统；按照压缩机的配置方式不同，氨冷库制冷系统可分为单级压缩供液系统和双级压缩供液系统；按照制冷剂的蒸发温度不同，氨冷库制冷系统可分为-28℃制冷系统、-15℃制冷系统和-3℃制冷系统等。

从工作原理上，氨冷库制冷系统包括供液系统、压缩系统、冷却水系统、融霜系统、排油系统、排除不凝性气体系统、安全泄氨系统等子系统，各子系统的作用简述如下。

a. 供液系统是制冷系统的组成部分，它通过一定的方式将制冷剂液体送进蒸发系统，使蒸发器有足够的制冷剂液体汽化吸热。按供液方式的不同，供液系统有直接膨胀供液、重力供液和氨泵供液三种系统。氨冷库广泛采用的是氨泵供液系统（图2-49）。

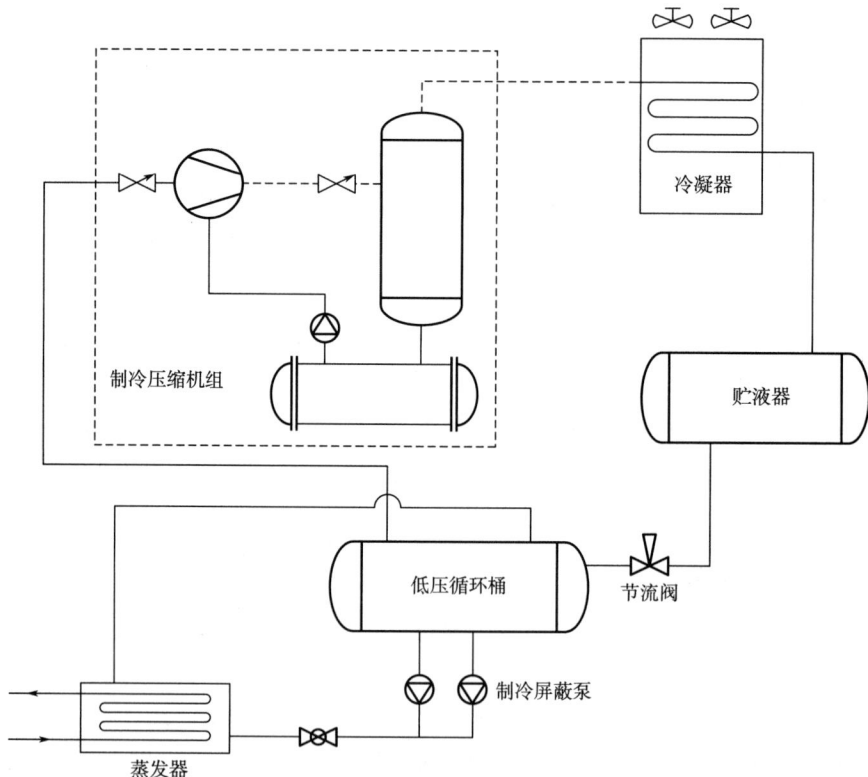

图2-49 氨泵供液制冷系统

b. 压缩系统的作用是将从蒸发器中出来的低压低温制冷剂蒸气压缩转化为高压高温气体，经冷凝器换热后变成高压液体以实现制冷循环。根据系统压缩级数的不同，压缩系统分为单级压缩系统和双级压缩系统。单级压缩系统指经过一次压缩从蒸发压力达到冷凝压力的系统，通常在制冷系统中有一台压缩机或几台压缩机并联使用。当冷库制冷系统经过一次压缩无法达到应有的冷凝压力时，就应考虑采用双级压缩形式。这样不仅能使制冷系统安全、经济地运行，还能延长压缩机的使用寿命。

c. 冷却水系统用于冷库制冷系统的水冷式冷凝器的散热，利用水来吸收冷凝器中制冷剂蒸气的热量。

d. 融霜系统用于融化蒸发器表面的霜层，保持蒸发器的热交换效率。氨冷库通常采用人工扫霜、热氨融霜或水融霜进行除霜。热氨融霜一般用于冷藏间的光滑排管除霜，将氨油分离器的热氨排气引进光滑排管中，利用热氨冷凝所放出的热量，将排管表面的霜层融化。水融霜一般用于冷风机融霜，通过淋水装置向蒸发器表面淋水，使霜层被水流带来的热量融化，霜水从排水管排出。

e. 排油系统的作用是把进入制冷系统中的润滑油送回压缩机曲轴箱或通过集油器排出系统外，保证制冷循环顺利进行。在氨冷库制冷系统中，由于压缩机的排气温度比较高，往往会使润滑油轻度炭化，而且会混入一定量的制冷剂成分及系统污物。所以各设备通过集油器放出的润滑油，需要经过抽除氨气、蒸发水分、过滤油污等处理才能重复使用。油分离器、冷凝器、高压储液器、中间冷却器等高压侧设备共用一个集油器排油，而低压循环储液器则通过低压集油器排油，不宜与高压侧放油共用集油器，以免由于操作失误或阀门关闭不严而引起"串压"。

f. 排除不凝性气体系统的作用是将安装时残留或操作时渗入的、并积聚在系统高压侧的不凝性气体（如空气）排出系统，以维持制冷系统的正常冷凝压力。在氨冷库制冷系统中设置空气分离器，把冷凝器、高压储液器中的不凝性气体与氨的混合物，由放空气管排入空气分离器处理后，不凝性气体从放空气阀排出。

g. 安全泄氨系统的安全设备有安全阀、紧急泄氨器。安全阀安装在冷凝器、储液器、中间冷却器等压力容器上，以便产生意外事故时安全阀能自动顶开，保护制冷设备和人员的安全。紧急泄氨器用于氨冷库制冷系统中，其功能是在遇到火警等事故时，迅速将储液器中的氨液排至安全处，以免发生重大事故。

2.3.2.4 制冷剂替代进展

冷库使用的制冷设备，一般制冷功率都比较大，采用的制冷剂与普通冷加工制冷设备采用的制冷剂类似，包括 R22、R134a、R410A、R404A、R507A、R717、CO_2、HFOs 等制冷剂，或采用 R134a/CO_2、R404A/CO_2、R507A/CO_2、R717/CO_2、HFOs/CO_2 复叠/载冷的方式。

R22 属于 HCFCs，自 2030 年开始新生产的设备中将禁止使用。R134a、R410A、R404A、R507A 制冷剂属于 HFCs，这些制冷剂的 GWP 比较高，特别是 R404A、R507A 的 GWP 接近 4000，按照《基加利修正案》属于优先削减的物质。采用 R134a/CO_2、R404A/CO_2、R507A/CO_2 复叠/载冷的方式可以大幅度减少含氟制冷剂的使用；采用

R717、R717/CO$_2$复叠/载冷方式等是最环保的制冷剂替代方式；采用 R717/CO$_2$复叠/载冷方式大幅度减少了 R717 的使用量，提高了系统的安全性。在一些人口密集和安全性要求更高的场合，也可以采用 HFOs/CO$_2$复叠/载冷方式或 HFOs 制冷剂，不使用 NH$_3$制冷剂，但是采用这种制冷剂替代方式具有 HFOs 容积制冷量低、价格昂贵等缺点。

2.3.3 冷藏运输制冷设备

冷藏运输制冷设备是指用于控制运输途中货物温度的一种机械制冷设备。主要包括压缩机、动力系统、风冷冷凝器组件、风冷蒸发器组件、制冷机管路及电气、控制系统等[26]。其通过机械制冷和加热的方式，将冷藏车厢体内部温度控制在规定范围之内，从而维持货物在运输过程中的温度。

2.3.3.1 冷链运输方式分类

目前我国每年有超过 13 亿吨的易腐食品，但实际采用冷链运输的尚达不到 1/10。从国际农产品流通产业发展的经验看，当人均 GDP 超过 4000 美元时，社会对冷链的需求将急剧增加。由此可见，目前我国已进入冷链物流的高速发展期，对冷藏运输的需求也必然会急剧增加。冷藏运输的方式包括公路运输、铁路运输、水路运输和航空运输。冷藏集装箱是带有制冷机组实现冷藏运输的标准尺寸专用集装箱，可以灵活地吊装到火车、汽车、轮船上使用，实现多种形式联运，提高了运输方式转换的便利性。近些年随着市场的发展，我国冷藏运输的多元化竞争格局已经基本形成。冷藏运输装备由于运输方式的差异也有较大不同。

2.3.3.1.1 公路冷藏运输

用于公路运输的冷藏汽车具有投资少、使用灵活、便于操作调度的特点，既能单独作为运输工具，也可以配合铁路冷藏列车、水路冷藏船使用。20 世纪 50 年代起，我国开始采用保温汽车运送易腐货物，六七十年代从苏联和东欧等地采购了少量冷藏汽车用于国内运输。从 20 世纪 80 年代起，随着国内汽车工业的迅速发展，冷藏汽车制造业也逐步发展起来。在 20 世纪 80 年代初，我国拥有的各类冷藏汽车制造厂家数不超过 10 家，而到 20 世纪末激增至 70 余家。但随着竞争的日渐激烈和市场的逐步开放，部分规模小、质量差的小型冷藏汽车制造厂逐渐被兼并、收购或淘汰，到目前为止，约有 40 家。公路冷藏运输车在品种上以卡车、拖车为主；制冷方式多样，包括冰、干冰、蓄冷板、低温制冷剂系统、机械制冷等。其中机械制冷已经成为公路冷藏运输的主要制冷方式。公路冷藏运输以其机动灵活、可靠性高的特点不仅可以实现直达运输，同时可以作为其他运输方式的转运方式。在陆路运输方面，冷藏汽车在数量上已占据主导地位。

（1）冷藏汽车的分类

a. 按制冷方式分为保温冷藏汽车、机械冷藏汽车。无制冷机组只有隔热设备的称为保温冷藏汽车，保温冷藏汽车又可分为冷冻板冷藏汽车、液氮冷藏汽车、干冰冷藏汽车、冰冷冷藏汽车等。既有隔热车体又有制冷机组，称为机械冷藏汽车。

b. 按底盘承载能力大小可分为微型冷藏汽车、小型冷藏汽车、中型冷藏汽车、大型冷藏汽车。小型机械冷藏汽车仅用于短距离保温货物运输；中型冷藏汽车用于中短途货物的低温运输，载量在 3 吨以上；大型冷藏汽车用于长途低温储藏货物的运输，载量在 5~6 吨。

c. 按隔热车体总传热系数又可分为普通隔热型和强化隔热型。

d. 按机械冷藏汽车按是否自带动力装置可分为非独立式（不带动力装置）、独立式（自带动力装置）。非独立式冷藏汽车制冷机组需依靠冷藏汽车自身的发动机来驱动压缩机。独立式冷藏汽车制冷机由本携带的发动机提供动力，一般为内燃机（柴油发动机或汽油发动机）或电动机。有的机组仅有一种驱动装置，有的既装有发动机又装有电动机，以其中的一种为主，另一种作为备用，以提高制冷机组的可靠性。蒸发器总是安装在隔热车厢内，以便调节温度。冷凝器应装在通风较好，远离热源的地方。

半挂式冷藏汽车制冷机组也是独立机组的一种，只不过比普通的独立式制冷机组体积、制冷功率更大。在结构上，半挂式制冷机组往往被悬挂在挂车的最前部。图 2-50 为半挂式冷藏汽车制冷机组。

图 2-50 半挂式冷藏汽车制冷机组

e. 机械冷藏汽车的制冷机组按驱动装置、压缩机、冷凝器蒸发器构成位置不同又分为整体式和分体式。四种组成部件在同一箱体内连成一体的称为整体式机组；若四种组成部件仅用管道连接分装在不同位置的机组，称为分体式机组。图 2-51 为采用整体式机组的冷藏汽车装配示意图。

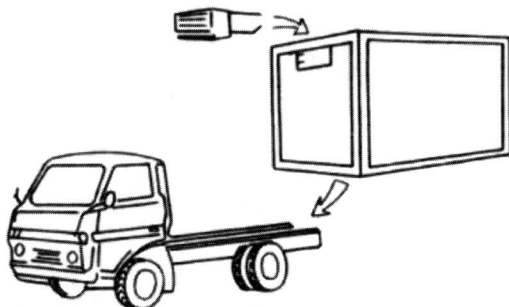

图 2-51 整体式机组的冷藏汽车装配示意图

（2）机械冷藏汽车的组成

机械冷藏汽车主要由厢体、底盘及制冷机组三部分组成，除此之外还有副车架、车厢等其他附件。图 2-52 是一种疫苗冷藏汽车内部结构图。

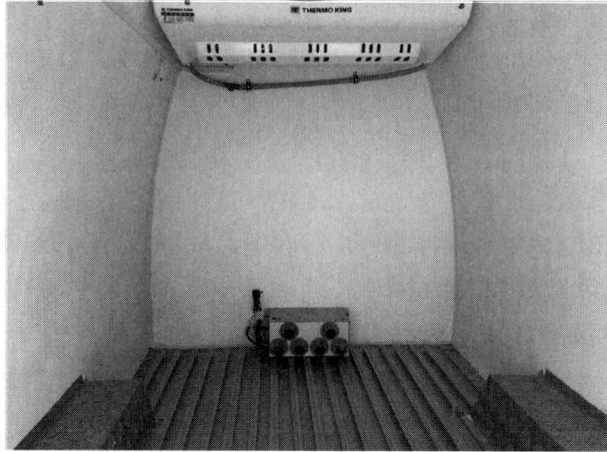

图 2-52　一种疫苗冷藏汽车内部结构图

a. 厢体。厢体既具备普通厢式汽车的共性，又具备良好的隔热保温性能，为封闭式双层结构。其内壁为铝板、塑料板或玻璃钢板，外壁多为铝板。内外壁夹层中有加强作用的轻金属骨架，并填充一定厚度的轻质隔热材料。隔热材料主要有聚氨酯泡沫，聚苯乙烯泡沫和挤塑聚苯乙烯泡沫等。聚氨酯泡沫目前应用最广泛，具有传热系数低、隔热性能好、强度高、工艺性好等优点。

b. 底盘。冷藏汽车一般采用纵梁离地高度和重心较低的专用底盘，其发动机功率较大，驾驶室有良好的舒适性。

c. 制冷机组。机械冷藏汽车的制冷机组一般采用整体式或分体式的蒸气压缩式制冷机组，特点类似于铁路机械冷藏列车。制冷系统由压缩机、冷凝器、膨胀阀和蒸发器等组成。分体式制冷机组一般安装在车厢中央上部，有时根据需要可以安装在车厢左上部或右上部。冷凝器可安装于车厢下部、上部、驾驶室顶部或车厢前上部，分别称作下置式、上置式、顶置式和前置式。考虑重心位置、稳定性等各方面因素，一般下置式较好。图 2-53 是制冷机组的蒸发器布置图。

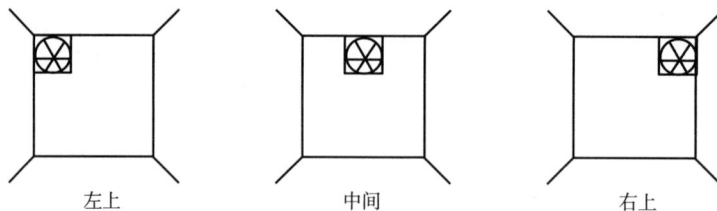

左上　　　　　　　　中间　　　　　　　　右上

图 2-53　制冷机组的蒸发器布置图

整体式制冷机组由发动机、电动机驱动，压缩机和冷凝器固定在一个支架上，与蒸发器连接固定，机组安装在车厢中央上部。

中、小型机械冷藏汽车的压缩机采用汽车发动机驱动，大、中型机械冷藏汽车可采用半封闭或全封闭活塞式压缩机，大型冷藏汽车的压缩机多用独立的柴油机驱动或机、电两用压缩机组。

2.3.3.1.2　铁路冷藏运输

铁路冷藏列车具有运输量大、速度快的特点，可以分为机械冷藏列车、加冰冷藏列车、冷冻板式冷藏列车、液氮冷藏列车、干冰冷藏列车和无冷源保温列车等。在中华人民共和国成立初期，我国已开始使用加冰冷藏列车运输易腐食品，1952~2000 年，通过进口、引进国外技术自主生产等方式，拥有各类冷藏列车 8000 余辆；在 20 世纪 90 年代初期，铁路冷链运量达到高峰 1669 万吨，占全国冷链总运量的 70%，为物资流通发挥了积极的作用。

在机械冷藏列车方面，早在 1956 年，我国就开始从德国进口相关车辆，曾拥有B16、B17、B18、B19、B20、B21、B22、B23、B10 等多个型号的车辆。由于大多车辆的使用年限有三四十年，因此，现阶段这些型号的铁路机械冷藏列车大多已退出市场，仍在运营及使用的冷藏列车型号有 B10、B22 等，仅余 1000 余辆。之所以出现这种情况，不仅是因为其运输体制以及装备老化，还由于高速公路的快速发展及国家对公路的扶持政策，如免收部分产品的过路费用等，使铁路冷链物流在运价、时效性、灵活性方面的竞争力明显下降，铁路冷链运输总量逐年下滑。

铁路机械冷藏列车是铁路冷藏运输中的主要工具之一，它借助机械制冷装置作为冷源，具有制冷速度快、温度调节范围大、车内温度分布均匀、满足性强的特点，可以实现制冷、加热、通风换气以及融霜的自动化，满足各种易腐货物的运输要求，并且能保证货物运输的高质量。铁路机械冷藏列车一般在选用 R22 制冷剂时，均采用单机二级压缩机，以保证在气温高、制冷机工作压力比较大时能正常制冷。新型机械冷藏列车还设有温度检测和安全报警装置。

图 2-54 是铁路机械冷藏列车结构。表 2-8 是我国铁路机械冷藏列车主要参数。

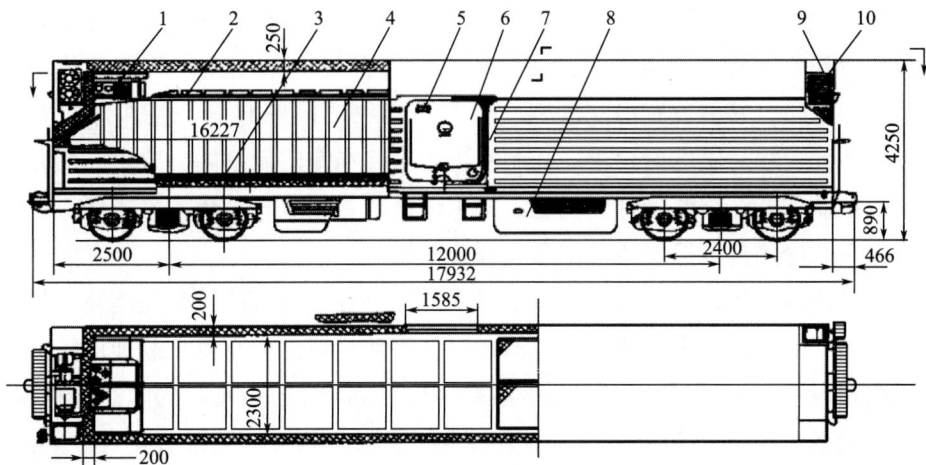

图 2-54　铁路机械冷藏列车结构

1—制冷机组　2—车顶通风风道　3—地板离水格栅　4—垂直气体隔墙　5—车门排气口
6—车门　7—车门温度计　8—独立柴油发电机组　9—制冷机组外壳　10—冷凝器通风格栅

表 2-8　我国铁路机械冷藏列车主要参数

车型	B21	B22	B23	B10 单节
车组全长/m	106.75	106.75	107.75	21.00
自重(每辆)/t	38.5	38.0	38.0	38.2
载重(每辆)/t	45.5	46.0	45.5	43.5
隔热材料	聚氨酯	聚氨酯	聚氨酯	聚氨酯
设计温度(内温)/℃	-24~14	-24~14	-24~14	-30~25

为改变铁路冷链物流低迷的局势，2016 年 2 月《铁路冷链物流网络布局"十三五"发展规划》正式向社会公布，全面阐述了铁路对冷链物流运输战略思考和定位，描绘出了铁路冷链运输的发展蓝图，标志着铁路冷链运输发展进入新的时代。通过对冷链形式的新探索，截至 2017 年底，铁路货物发送量超 100 万吨。目前，新造铁路冷藏列车整体取得突破性进展。此外，中欧班列的快速发展，开行质量不断提升，货源品种不断丰富，不仅有效促进了沿线各国间的经贸往来，还极大推动了我国铁路冷链物流的发展。冷藏集装箱可用于多种交通运输工具的联运，可以从产地到销售点，实现"国到国"直达运输，并在一定条件下，可以当作活动式冷库使用，使用中可以整箱吊装，装卸效率高，运输费用相对较低；另外，冷藏集装箱具有装载容积利用率高，营运调度灵活，使用经济性强的特点，也成为铁路冷藏运输的主要方式之一。其中，中铁铁龙集装箱物流股份有限公司在铁路集装箱和多式联运的实践，实现了农副产品从田间到市场的冷链集装化运输，开启了冷链物流的公铁链运模式，开启了国家"一带一路"冷链运输的先河。

2.3.3.1.3　水路冷藏运输

水路冷藏运输主要有两大类，一类是温控集装箱运输，另一类是冷藏船运输。冷藏集装箱依靠的电力由船上的发电机或者便携式发电机提供。当集装箱到达码头后，可以转移到拖车底盘上。装在底盘上的冷藏集装箱可以像拖车一样，在陆路继续运输。冷藏船的货舱为冷藏舱，常分成若干个舱室。每个舱室都是一个独立的封闭装货空间。舱壁、舱门均为密闭，并覆盖有泡沫塑料、铝板聚合物等隔热材料，使相邻舱室互不导热；以满足不同货物对温度的要求。其制冷机组安装在专门舱室内，要求在船舶发生倾斜、摇摆、振动和高温高湿条件下仍能正常工作。随着装载自动化水平不断提高，冷藏船已越来越少，冷藏集装箱逐步占据了大部分市场。

水路冷藏运输虽然运载能力大、成本低、能耗少且投资省适宜长途运输，但是通常需要其他货运方式的补充来完成整个运输过程。目前，我国拥有冷藏船吨位约 10 万吨。

冷藏船常设置多层甲板来防止运输货物被压坏，同时起到良好的阻热和保湿作用。冷藏船上一般装有氨制冷装置或含氟烃类制冷剂的制冷装置，舱壁有良好的隔热功能。冷藏货舱按冷却方式分为直接冷却和间接冷却。直接冷却是制冷剂在冷却盘管内直接吸收冷藏舱内的热量；间接冷却是制冷机在盐水（载冷剂）冷却器内先冷却，再通过载冷剂实现冷藏舱的降温。图 2-55 是船用制冷装置布局示意图。

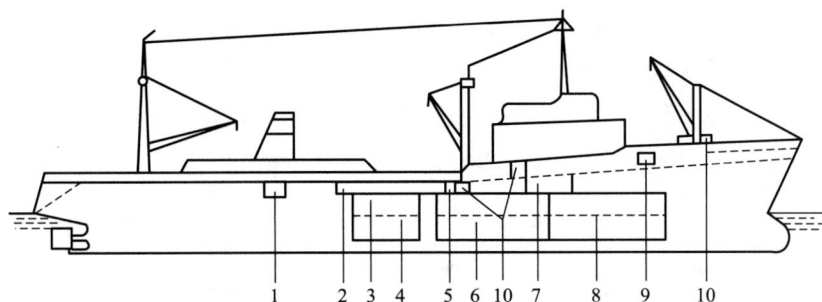

图 2-55　船用制冷装置布局示意图

1—平板冻结装置　2—带式冻结装置　3—中心控制室　4—机房　5—大鱼冻结装置

6，8—货舱　7—空气冷却室　9—食品用制冷装置　10—空调中心

船用制冷设备较陆用制冷设备有更高要求，主要为：

a. 制冷设备应有更高的使用安全可靠性，有较好的耐压、抗湿、抗倾、抗震以及耐冲击性能。

b. 用材应有较好的耐腐蚀性。

c. 制冷装置的安装、连接应有更高的密封性。

d. 制冷剂要求不燃、不爆、无毒，对人体健康无影响。

e. 制冷装置应具有更好的适应性，安全控制、运行及监测、记录系统更加完备。

2.3.3.1.4　航空冷藏运输

在冷藏链中，时间是一个非常重要的因素，因此航空冷藏运输因其快捷性而在运输方式中占有一席之地。航空运输虽然运输容量小，成本高，温控效果不尽人意，但是因运送速度快、运输距离远、安全性高的特点，常用来运输附加值高、需要长距离运输或进出口的易腐货物，例如花卉、某些水产品、药品等。

目前，我国航空冷链的发展程度整体偏低，在航空冷藏运输服务设施上，我国各地都在兴建机场及其配套的冷链物流中心等。在我国的一些大型机场，冷链服务设施相对完善。例如广州白云机场拥有近 $2000m^2$ 的冷库，能满足年处理 9000 吨货物的要求；而上海浦东机场四个冷库面积也达 $2000m^2$，能处理 $-18 \sim 10℃$ 不同温度要求的冷冻冷藏货物。在北京、深圳、杭州、昆明等地机场都有不同大小的冷库。但在一些中小型机场，冷链服务设施则相对不足。

在腐损程度上，我国航空冷链中的温敏货物运输索赔情况较多。据统计，空中产品腐坏占比 22.2%，包装损坏占比 21.7%，温度、包装、产品相容性、设备等造成的损坏的占比将近一半。

航空运输是速度最快的一种运输方式，这类冷藏运输通过冷藏集装箱进行，这样不仅可以降低装卸货物的困难，而且可以提高机舱的利用率。

2.3.3.1.5　冷藏集装箱

冷藏集装箱是一种移动冷藏库，具有较高制冷可靠性，且冷库强度、密封性较好，有良好的隔热能力，用来运输易腐食品、贮存货物。它专为运输鱼、肉、新鲜果蔬等食品而特殊设计。冷藏集装箱可以灵活地安装在各种运载工具上，装卸方便快捷，货物污染小，损失低，运输费用少。既能用于国内陆上、海上冷藏运输，也可用于国际海上冷藏运输。由于结构尺寸的限制，冷藏集装箱制冷量和制热量有限，无法给箱内货物迅速降温或加热。因此，应待货物冷却到要求的储藏温度时，再对货物装箱，以保证货物质量。

冷藏集装箱由隔热的箱壁、箱门、箱底和箱顶构成，其类型包括耗用冷剂式冷藏集装箱、机械冷藏集装箱、制冷/加热冷藏集装箱以及气调冷藏集装箱等。

（1）耗用冷剂式冷藏集装箱

这类集装箱泛指各种无须外接电源或燃料供应的冷藏集装箱，包括水冰冷藏集装箱、干冰冷藏集装箱、液氮冷藏集装箱、液体空气冷藏集装箱、液体二氧化碳冷藏集装箱、冷板冷藏集装箱。耗用冷剂式冷藏集装箱的特点是不需要外接电源或燃料供应，无运动部件，维修保养要求低。

（2）制冷加热集装箱

这类集装箱不仅装有制冷装置也装有加热装置，冷藏箱内温度控制范围较大，一般为$-18 \sim 38℃$。

（3）机械冷藏集装箱

这类集装箱自带制冷机组，温度可调节范围广（从常温到$-30℃$左右），通用性强，能运输不同温度要求的货物，箱内温度分布均匀。较其他性质冷藏集装箱最突出的优点是适宜远距离运输。不过也有设备复杂、初始投资大、维修费用高的缺点。运作时要求箱内温度梯度大于液氮冷藏集装箱，箱内需要设置风机、风道系统，会增加箱内货物的干耗、脱水现象。图2-56为机械冷藏集装箱。

图2-56 机械冷藏集装箱

目前机械冷藏集装箱为应用最广泛的冷藏集装箱。它由角柱、经过焊接的上下端梁组成的框架结构，侧面板、顶板、箱门的内侧为不锈钢薄板、外部是铝合金板、中间夹有厚聚氨酯泡沫保温层。底板上铺有 T 型铝合金板，有承重和导风的作用。

机械冷藏集装箱的制冷机组形式多样，一般用螺栓将整体固定在冷藏集装箱前端，与箱体形成一个完整密闭的长方体。其制冷原理与蒸气压缩式制冷原理相同，但机械冷藏制冷机组的压缩机一般带有喷液冷却以降低排气温度，冷凝后的液体经干燥过滤，一部分经过膨胀阀节流进入压缩机吸气端，另一部分经过膨胀阀进入蒸发器蒸发吸热。

（4）气调冷藏集装箱

气调冷藏集装箱除了具备一般机械冷藏集装箱的所有制冷功能，还装有气调设备，调节并控制箱体内的空气成分，可以减缓新鲜果蔬的呼吸强度，从而减缓果蔬成熟。最常见的是用充氮降氧的方法来降低环境中的氧气含量，控制乙烯含量。这类集装箱密封性要求较高，一般要求漏气率不超过 $2m^3/h$。采用气调冷藏集装箱运输具有保鲜效果好、保鲜时间长、储藏损失少且对果蔬无污染的优点，但存在价格高，对设备技术要求高的缺点，因此使用率较低。

（5）其他冷藏集装箱

此外，有一种低压冷藏集装箱与气调冷藏集装箱类似，这种集装箱将货物放置在低压环境中，箱内压力在 1333~10666Pa，相对湿度 90%~95%，温度-2~16℃。需进行换气，限制乙烯和二氧化碳等有害气体。低压冷藏集装箱由制冷系统、真空系统和动力系统组成。制冷系统用于降低温度；真空系统用于排除箱内空气和水汽。动力系统用于发电，供集装箱用电。

2.3.3.2　工作原理

以冷藏汽车为例说明冷藏运输制冷设备的工作原理。冷藏汽车需运送各类货物，不同货物对温度要求存在较大差异，如鲜活海产品要求 3℃，鲜奶、鲜花要求 4~6℃，疫苗要求 2~8℃，水果农产品要求 0~14℃，肉类海产品要求-18℃，冰淇淋要求-25℃。因此，冷藏汽车需要具有较广的控温区间。目前已可实现车厢内-30~35℃的温控要求。

另外，基于不同的货物运送温度要求，系统温度可划分为两个控制范围：冷冻和保鲜。冷冻是指箱体设定温度低于-12℃，保鲜是指箱体设定温度高于-12℃。运送冻货时，温控方式可采用回风温度控制；运送鲜货时，温控方式需采用送风温度控制，以避免货物被冻坏。控制系统自动选择相应的运行模式来控制箱体内温度，使之到达设定的要求。目前产品的温控精度已可达±0.3℃。

运输冷冻的核心是实现连续、精确、可靠的温度控制。

图 2-57 为运输冷藏设备运作原理示意图。

冷藏汽车厢内的热负荷主要来自太阳辐射、厢体传热、空气漏热和货物的呼吸热。为减少外部热量渗入，冷藏汽车厢体为隔热保温材料与增强铝板/纤维增强塑料板制成的三明治式墙板，具有保温功能。

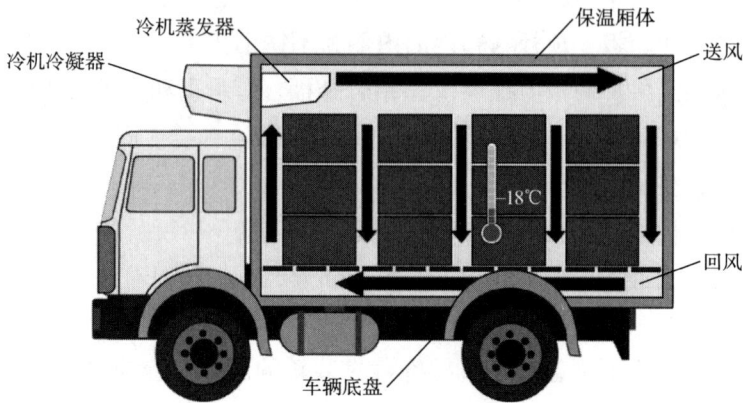

图 2-57　运输冷藏设备运作原理示意图

冷藏汽车制冷机组的功能是在运输过程中维持货物的温度，因此在货物装车前需将货物预冷到要求温度。此外，装货前需对冷藏汽车厢进行预冷，以排出厢体及内部的热量，预冷温度应与货物温度一致，以保证货物品质。若货物要求温度低于4℃，预冷车厢时需进行一次手动化霜，以去除积聚于蒸发器盘管上的霜层，有利于机组的精准高效控温。装载货物需在关机状态下进行，以免将热空气引入进而导致水珠产生，影响机组制冷效果。

如图 2-57 所示，载货时，货物与厢体六个表面需留出足够间隙以保证气流通畅。无呼吸热的货物可采用堆叠的方式；有呼吸热的货物需采用空气流通的装货方式，在货物之间留出空隙以保证货物通风顺畅。

冷藏汽车机组蒸发器安装于保温厢体前端顶部。蒸发风机将大量的冷空气以较高的速度从机组送风口吹出，通过厢体上层空气流通区域分送至各个区域，并到达厢体后部；换热后的空气通过厢体底部空气流通域回到机组回风口，重新进行温度处理。

冷藏汽车制冷机组需实现制冷、制热及化霜三种功能。以单温机为基础，分别描述其系统原理。

（1）制冷

制冷时，机组相当于一个蒸气压缩式制冷循环系统，主要包括压缩机、风冷冷凝器、膨胀阀、直接蒸发式蒸发器和电磁阀等部件。

压缩机把低压的气态制冷剂压缩至高压状态，并送入冷凝器换热盘管。

冷凝风机使冷凝器周围空气循环，盘管内的高温高压气态制冷剂与盘管外流动的空气进行热交换。冷凝器盘管上附有翅片以提高换热效率。冷凝器内的热交换使制冷剂液化并流入储液器。制冷剂自储液器流经干燥过滤器，以去除制冷剂中含有的水分和杂质。此后制冷剂依次流经视液镜和回热器。

液体制冷剂流入膨胀阀，膨胀阀调节制冷剂的流量和压力，以保证制冷剂流入蒸发器时处于最佳制冷状态。

蒸发器盘管上也附有铝翅片，用以提高热交换效率，厢体内的热空气由蒸发风机带动流经蒸发器盘管，与制冷剂进行热交换后变为冷空气。冷空气在车厢内循环以维持厢内温度处于货物所需状态。

厢内空气将热量传递给蒸发器内的制冷剂后，制冷剂汽化。低温低压的制冷剂蒸气流经回热器和吸气压力调节阀，再回到压缩机，开始新的循环。

（2）制热、化霜

制热、化霜过程多由热气旁通模式实现，也有机组通过电加热完成此过程。对于热气旁通模式，制冷剂气体在压缩机中被压缩至高温高压时，压缩机运行的机械能转化为热能传递给被压缩的气体，这一能量作为除霜和加热循环中的热源。

热气旁通阀（三通）切换方向（或对于安装有热气旁通阀（双通）和冷凝器隔断阀的系统，则为打开热气旁通阀，关闭冷凝器隔断阀），高温高压的制冷剂气体直接流入蒸发器。

加热和化霜的主要区别是：加热时蒸发器风机继续运转，将与蒸发器盘管换热后的热空气吹到厢体内；而化霜时蒸发风机停止运转，让热蒸气除去积霜，且避免将热空气吹入厢体从而影响货物温度。

多温机制冷、制热、化霜原理与单温机相同，但由于多温机并联了多路蒸发器，因而冷凝器出口制冷剂将按需分流，且各蒸发器出口制冷剂将汇流后进入回热器，各路制冷剂的通断将由独立电磁阀控制。由于各蒸发器位置由厢体布局决定，较远处的蒸发器压降更大，导致各路制冷剂流量分配不均，因此机组安装需进行合理布局；另外，各厢体设定温度的差异同样将影响制冷剂流量的分配，这可通过在各蒸发器出口处安装蒸发压力调节阀平衡制冷剂流量。

此外，由于多温冷藏汽车各厢体制冷、制热、化霜需求不同，可能存在各厢体均需制冷；各厢体均需制热；部分厢体需制热，部分厢体需制冷；部分/全部厢体需化霜等各类情况。因此，多温机需制定明晰的策略及优先级以应对各类情形。

2.3.3.3　典型结构

以冷藏汽车为例说明冷藏运输制冷设备的典型结构。冷藏汽车机组根据不同的应用场景衍生出了各类机型。可适配大、中、小型冷藏货车、机场冷藏送餐车、冷藏半挂车等（图 2-58）。

2.3.3.3.1　从动力来源及可应用冷藏汽车类型角度分类

根据制冷机组的动力来源及可应用冷藏汽车类型进行分类，主要有以下三类：非独立式冷藏汽车制冷机组、独立式冷藏汽车制冷机组、半挂式冷藏汽车制冷机组。

（1）非独立式冷藏汽车制冷机组

非独立式冷藏汽车制冷机组由冷藏汽车发动机提供动力，用于中小型冷藏卡车和微型冷藏货车。根据驱动方式可主要分两种：一是由冷藏汽车发动机直接驱动制冷机组的开启式机械压缩机，目前应用较为普遍，且相对成熟。二是由冷藏汽车发动机驱动发电机，发电机给制冷机组的电动压缩机供电。

微型冷藏货车

小型冷藏货车

大中型冷藏货车

机场冷藏送餐车

冷藏半挂车

图 2-58　冷藏汽车机组应用场景

　　非独立式冷藏汽车制冷机组多为分体式结构，即冷机冷凝器、蒸发器及压缩机分离。此结构设计能保持冷藏汽车厢体完整性，易满足安装密封性的要求，且安装较为便捷。

　　非独立式冷藏汽车制冷机组适用于 10~40m³ 车厢。

　　以上述第一类冷藏汽车发动机直驱式制冷机组为例，介绍相应产品及安装方式。

　　图 2-59 为其代表性产品示意图。机组的主体有冷机冷凝器和分体式蒸发器，电气控制组件有操作面板、控制盒、线束等，以及用于安装固定的框架及外壳组件。

冷机冷凝器

分体式蒸发器

图 2-59　非独立式冷藏汽车制冷机组产品图

　　其中，冷机冷凝器内安装有微通道冷凝器、冷凝风机、干燥过滤器、储液器、热气旁通阀、冷凝器隔断阀、回油管组件、高压保护开关等；分体式蒸发器内安装有蒸发器、蒸发风扇、膨胀阀、吸气压力调节阀、电磁阀、化霜管路等。

　　另外，压缩机由冷藏汽车的发动机驱动，蒸发风扇和冷凝风扇则由冷藏汽车的蓄电池/发电机提供电力。因此，非独立式冷藏汽车制冷机组温控速率受冷藏汽车行驶速度和启停影响；而温度一旦达到设定值，便可通过电磁离合器供电/断电来进行温度控制。

　　图 2-60 为非独立式冷藏汽车制冷机组安装示意图，需安装的零部件主要包括冷机

冷凝器、分体式蒸发器、压缩机、管路及线路，以及操作面板。冷机冷凝器安装于冷藏汽车厢前侧顶部，蒸发器安装于冷藏汽车厢内顶部前侧位置，压缩机安装于冷藏汽车引擎盖下部位置，操作面板则安装于驾驶室内。

（2）独立式冷藏汽车制冷机组

独立式冷藏汽车制冷机组自带动力系统（发动机/电动机），冷机冷凝器与蒸发器和压缩机一体集成，用于大中型冷藏卡车、机场送餐车等。此类机组安装于冷藏汽车厢体前侧顶部（驾驶室上方空间），安装位置处厢体需留出与蒸发器外围尺寸相配合的方孔，以使得一体式蒸发器可从厢体外侧穿入厢体内侧。此安装方式要求机组与厢体安装衔接处严格密封，保证温控效果。

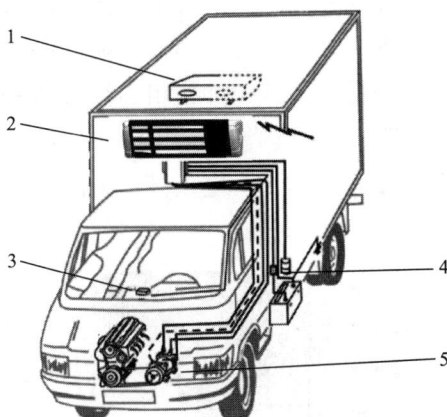

图 2-60 非独立式冷藏汽车制冷机组安装示意图
1—蒸发器 2—冷机冷凝器 3—操作面板
4—管路及线路 5—压缩机

独立式冷藏汽车制冷机组适用于 $30\sim90m^3$ 车厢。

图 2-61 为其代表性产品示意图。机组的机械有冷机冷凝器、一体式蒸发器、压缩机、发动机、电动机、发电机等，电气控制组件有操作面板、控制箱、线束、电池等，以及用于安装固定的框架及外壳组件。

图 2-61 独立式冷藏汽车制冷机组

类似地，制冷系统相关组件有微通道冷凝器、冷凝风机、干燥过滤器、储液器、三通阀、回油管组件、高压保护开关，以及蒸发器、蒸发风扇、膨胀阀、吸气压力调节阀、化霜管路等。

此类机组一般配置有"路用"和"备电"两种动力模式。"路用"模式下，柴油发动机直接驱动压缩机及发电机；压缩机带动制冷系统运转，发电机发出的低压电则供机组的电气元件运行，多余电量可储存于电池中。"备电"模式下，通过接入高压市电使电动机运转，电动机直接驱动压缩机及发电机；同样地，压缩机带动制冷系统运转，发电机发出的低压电则供机组的电气元件运行。

由于机组运转不受冷藏汽车行驶状态限制，机组可实现连续、高精度的温度控制和运行控制，或间歇性、高效节能的温度控制和启停运行控制。

连续运行模式，即机组连续运转，将厢内温度维持在高精度水平。启停运行模式则通过监测冷藏厢内温度、电池条件和发动机冷却液温度来实现对机组的全自动控制；其主要功能是在满足一定条件后关闭发动机（提供一个有效的温度控制系统），并在满足一定条件后重新启动。

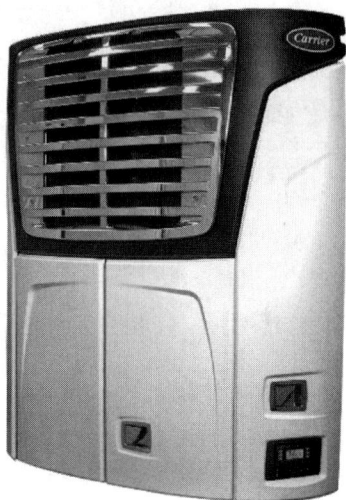

图 2-62　半挂式冷藏汽车制冷机组

对于具有高温控精度要求的货物，如疫苗等，需采用连续运行模式；对于允许温控范围较宽的货物，则可采用启停运行模式，如肉类海产品等。

（3）半挂式冷藏汽车制冷机组

半挂式冷藏汽车制冷机组属于独立式冷藏汽车制冷机组的一种，也是由机组自备发动机提供动力，用于冷藏半挂车。此类机组体型较大，多安装于保温厢体前侧，安装位置和方式与独立式冷藏汽车制冷机组相似。半挂式冷藏汽车制冷机组相较独立式冷藏汽车制冷机组具有更大的制冷能力，可适用于 $80 \sim 100 \mathrm{m}^3$ 车厢。图 2-62 为其代表性产品示意图。机组的主体及制冷系统相关组件与独立式冷藏汽车制冷机组相近，但各零部件相对具有更高的能力。

2.3.3.3.2　从单个制冷机组可控冷藏汽车车厢数量角度分类

（1）单温机

制冷机组配置单个蒸发器，蒸发器可与冷机冷凝器一体集成或分体，能够实现单个车厢的温度控制。

（2）多温机

制冷机组配置多个蒸发器，多为分体式蒸发器，即蒸发器与冷机冷凝器分体；各厢体装载的蒸发器类型可根据厢体空间及制冷机组能力灵活配置，能够同时实现多个车厢的温度控制，满足各车厢内不同货物的温度需求。

单温机具有更高的温控可靠性，多温机则配置更为灵活、应用场景更为丰富。图 2-63 为多温机产品图，冷机冷凝器可根据需求配置不同类型的分体式蒸发器。

图 2-64 为多温冷藏汽车厢体及蒸发器布局示意图。目前，由于车厢总体空间有限，多温冷藏汽车车厢数量一般为 1 ~ 3 个。不同车厢数量及厢体空间分割方式需选用不同的分体式蒸发器组合。以图 2-67 中各布局示意为例，此多温机机型配置有四种能力的分体式蒸发器，代码分别记为 700、1100、1450、2200（数值越大代表能力越高）。对单厢体冷藏汽车，2200 分体式蒸发器可满足需求；对于双厢体/三厢体冷藏汽车，根据厢体分割方式及各厢体的应用温度需求选择匹配的蒸发器型号，配置方式灵活丰富。一

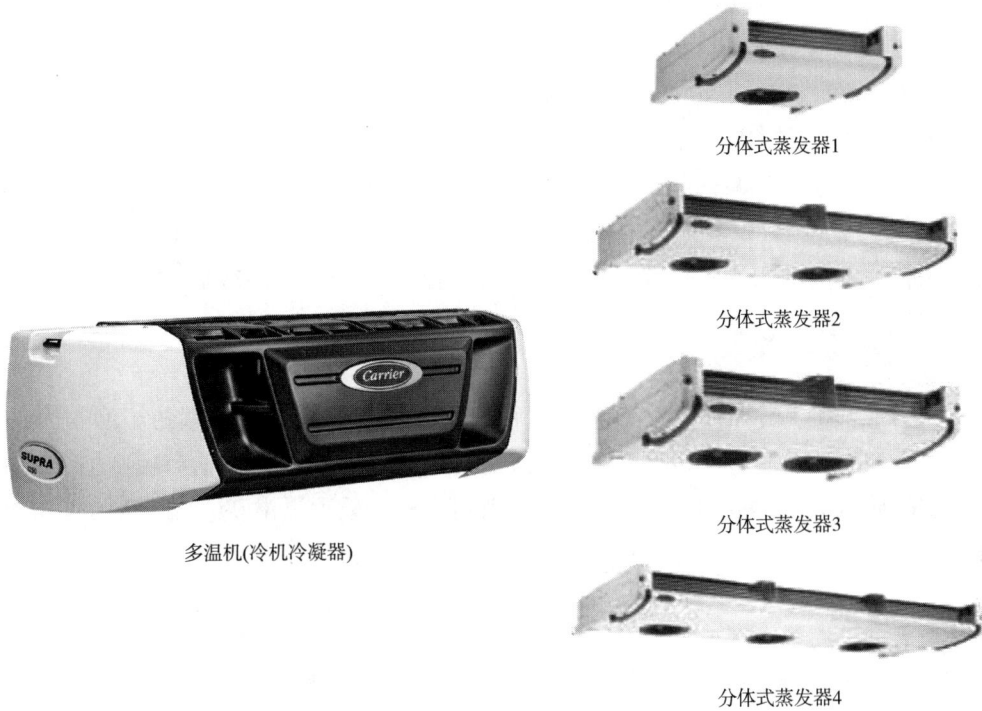

分体式蒸发器1

分体式蒸发器2

分体式蒸发器3

分体式蒸发器4

多温机(冷机冷凝器)

图 2-63　多温机产品图

般而言，厢体空间越大，或应用工况越极限（环境温度极高/极低，常用的厢内设定温度较低/较高），需选用能力相对较高的蒸发器。

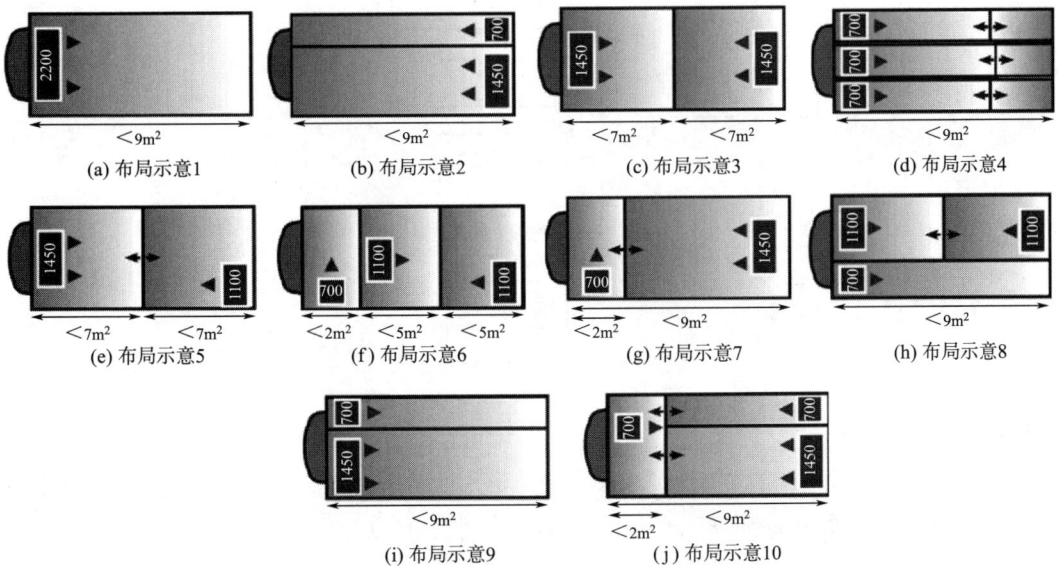

(a) 布局示意1　　(b) 布局示意2　　(c) 布局示意3　　(d) 布局示意4

(e) 布局示意5　　(f) 布局示意6　　(g) 布局示意7　　(h) 布局示意8

(i) 布局示意9　　(j) 布局示意10

图 2-64　多温冷藏汽车厢体及蒸发器布局示意图

2.3.3.4 制冷剂替代进展

机械冷藏运输制冷设备采用的制冷剂包括 R22、R134a、R404A、CO$_2$、R452A 等。

R22 属于 HCFCs，自 2030 年开始新生产的设备中将禁止使用。R134a、R404A 属于 HFCs，这些制冷剂的 GWP 值比较高，特别是 R404A 的 GWP 值接近 4000，按照《基加利修正案》属于优先削减的物质。R452A 属于 HFCs 与 HFOs 混合物，性能与 R404A 接近；R452A 的 GWP 为 2140，与 R404A 相比大幅度降低，但是仍然较高。冷藏运输制冷设备将来替代制冷剂的方向是选择 GWP 更低的 HFOs、CO$_2$ 等制冷剂。

2.3.4 冷藏销售设备

冷藏销售设备又称商用制冷器具或轻商制冷设备，是指冷链终端的小型制冷设备，广泛应用于超市、便利店、饭店等场所快消品的冷冻冷藏，主要包括商用冷柜（制冷陈列柜、制冷储藏柜）、制冷自动售货机、商用制冰机、软冰淇淋机、制冷生鲜配送柜和冷饮机等（图 2-65）。

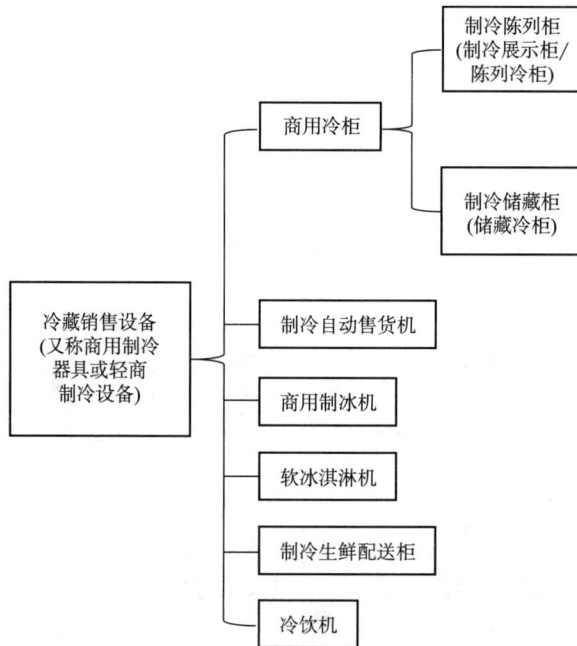

图 2-65 冷藏销售设备分类

2.3.4.1 商用冷柜

按照 JB/T 7249—2022 的定义，商用冷柜是用于商业用途、通常在销售场所用于存放食品、货物或存放并陈列展示食品、货物的各种冷柜的总称。

2.3.4.1.1 分类

商用冷柜主要包括制冷陈列柜、制冷储藏柜。制冷陈列柜（refrigerated display cabinets），又可称为制冷展示柜或陈列冷柜，具有透明展示口，按照 GB/T 21001.1—2015/

ISO 23953-1：2005 的定义，制冷陈列柜是由制冷系统冷却的陈列柜，可存放、陈列冷藏和冷冻食品，并使存放的食品温度保持在规定的范围内。制冷储藏柜（refrigerated storage cabinets），又可称为储藏冷柜，是没有透明展示口，按照 SB/T 10794.1—2012 定义，制冷储藏柜是无陈列功能的冷柜，通常为实体门冷柜。

商用冷柜分为自携式和远置式两类。自携式商用冷柜（commercial refrigerated cabinets with self-contained condensing unit）是指自带制冷系统，且压缩冷凝机组、蒸发器、温控器等和柜体制成一体的冷柜。远置式商用冷柜（commercial refrigerated cabinets with remote condensing unit）是指柜体及蒸发器和温控器部分在室内、压缩冷凝机组在室外的一种分离结构的冷柜。

（1）制冷陈列柜

制冷陈列柜现已成为超市及餐饮行业中必不可少的设备之一，用于生鲜类食品销售、陈列环节。制冷陈列柜因功能、使用场所、规定温度不同，而具有不同的形式和构造[27]。

（2）制冷储藏柜

制冷储藏柜分类包括厨房冰箱、葡萄酒储藏柜、医用低温储藏柜等。

①厨房冰箱。按照 SB/T 10794.1—2012《商用冷柜　第 1 部分：术语》的定义，厨房冰箱是主要用于非家庭场所的餐饮用制冷储藏柜。

②葡萄酒储藏柜。按照 GB/T 23777—2009《葡萄酒储藏柜》的定义，葡萄酒储藏柜是一个有适当容积和装置的绝热箱体，用消耗电能的手段来制冷，并具有一个或多个间室用来储存葡萄酒的储藏柜，属于制冷储藏柜的一种。该储藏柜主要用于冷却和储存葡萄酒。

2.3.4.1.2　工作原理

（1）制冷陈列柜

制冷陈列柜在超市中使用得比较多。大中型超市制冷陈列柜运行期间，蒸发器供液电磁阀打开，来自机组储液器的制冷剂液体，通过膨胀阀节流降压后，低压低温制冷剂进入蒸发器内蒸发，通过吸收柜体内热量，使物品得到充分冷却。在陈列柜运行期间，如果风温探头低于设定温度，电磁阀关闭；直到风温探头上升到设定温度加设定回差以上时，电磁阀开启。

由于蒸发器表面翅片温度低，霜层会在其表面形成。霜是热的不良导体，导热系数仅为铝的 1/350，霜覆盖在蒸发器表面，成为蒸发器的隔热层。这会影响蒸发器与箱内物品之间的热交换，从而降低制冷性，增加耗电量，因此冷柜每天会定期进行化霜。化霜次数根据地区和设备类型来进行设定，化霜期间蒸发器供液电磁阀关闭，当达到化霜时间或化霜终止温度时，化霜终止，供液电磁阀开启。冷藏柜在化霜过程中蒸发器风机一般不停机，冷冻柜在化霜过程中蒸发器风机会停机，一般在制冷开始前几分钟开机。敞开式冷柜一般在闭店期间如夜间，会拉下夜帘以减低能耗。

①风冷陈列柜。风冷陈列柜内部没有蒸发器，而是通过冷热风交换制冷，风扇和风道将冷气送至冷藏柜各位置。冷藏柜一般带有自动除霜装置，使用和清理相对简单方便。

风冷陈列柜内装有翅片式蒸发器和一套风道循环组件（图2-66）。风扇电机将通过蒸发器冷却后的箱内空气形成上下循环，达到制冷的目的。由于吹进的是经过蒸发器冷却除湿的冷气流，不会导致从储藏的食品中吸收水分而结霜。所以风冷式又叫无霜式，其实无霜只是陈列柜内壁表面没有霜，蒸发器表面仍然结霜，只不过无须手工除霜而是自动除霜。

图2-66　风冷陈列柜风道组件

特别地，敞开式陈列柜常具有风幕结构，主要由制冷系统和风路系统组成。制冷系统提供的冷量一部分用于冷却风路系统中的空气，另一部分用于冷却柜内的货物，其中冷却风路系统的部分占较大比重。风路系统的动力来自于柜内底部的风扇。而风路系统中的冷风又分为两部分，一部分冷空气通过侧壁上的分流出风口吹出以保持柜内货物的低温并使柜内温度分布均匀；另一部分则通过送风隔栅吹出形成冷风幕，通过冷风幕隔绝柜内与外界热空气的传热传质，以达到维持内部货物温度及湿度的目的。

②直冷陈列柜。直冷陈列柜利用冰箱内空气自然对流方式冷却食材，内部无风扇，容易结冰，常用于商业，一般价格比较便宜，节能，保鲜效果好。直冷陈列柜的缺点在于需定期手动除霜，而且冷藏室温度相对不够均匀。

直冷式又称冷气自然对流式。阴凉（冷藏）室有一个板式蒸发器（或埋于室内壁），蒸发器的大小是根据室的大小及温度要求来进行合理匹配的。冷却方式是通过冷气的自然对流来冷却食品的。

直冷和风冷由于制冷方式不同，主要性能指标也存在较大差异：直冷型耗电小、噪声低、价格低、冷藏食品保鲜；但速度慢、温度均匀性较差、需人工除霜，主要以中国和欧洲市场为主。风冷型冷冻速度快、无霜（自动除霜）、食品保鲜、温度均匀性好，主要以美、日、韩和中国南方市场为主。

据不完全统计，陈列柜等制冷设备耗能占超市总耗能的 10%以上。目前主要的节能技术有：

a. 采用高效蜂巢式出口，使风幕气流均匀分布，并可以减小循环风量。

b. 增加蒸发器换热面积，提高蒸发温度从而延长除霜时间。

c. 采用 LED 照明或将柜内照明改为柜外照明，可以节约能耗。

d. 采用反射盖板，减小超市照明产生的热辐射，提高商品的储存质量。

e. 采用热回收系统，夏季回收冷气，冬季回收冷凝热，克服陈列柜随环境温度变化导致柜内温度不稳定、融霜次数增多的问题，从而达到有效节能的目的。

（2）制冷储藏柜

①厨房冰箱（refrigerated storage cabinets in catering）。主要用于非家庭场所使用的餐饮用制冷储藏柜，应用于酒店、饭店等餐饮类场所。厨房冰箱以不锈钢为内外箱材料，对食品接触安全有要求，近期以节能、R290 制冷剂应用为主要技术研发方向。近几年，厨房冰箱整体市场规模始终保持高速增长态势。国内市场需求巨大，出口市场更是不可小觑。国内市场整体呈两极发展，高端市场以五星级酒店、连锁餐饮为主要需求市场，要求外观精美，产品运行稳定；低端市场大排档、小餐饮，以直冷柜为主，需求巨大。

厨房（酒店）冰箱技术特点大多与家用冰箱相似，家用冰箱外壳采用合成材料，而厨房（酒店）冷柜一般采用不锈钢，抗腐蚀能力更强。近期主要技术进展有：

a. 通过匹配高能效压缩机，制冷速度快，噪声低。

b. 采用高效热传递金属（纯铜管）制作蒸发器，换热效果明显，制冷速度快，食材保鲜好。

c. 精准融霜自动控制，性能稳定。

d. 采用自然空气融霜，降低了电能消耗。

e. 自动回归门设计，有效防止冷量流失。

f. 发泡层为超微孔聚氨脂整体发泡，孔径致密，保温效果好。

g. 门封条的吸力比较大，可锁住冷气不泄漏。

②葡萄酒储藏柜。随着生活水平的提高，酒品的需求增加，酒品市场的扩大带动了储藏酒柜的发展。由于许多酒对储存条件（如温度、湿度、光线等）都有十分严格的要求，故带特殊功能的商用储藏酒柜得到进一步发展。

酒柜（liquor cabinets）指葡萄酒储藏柜。葡萄酒储藏柜是一个有适当容积和装置的绝热箱体，用消耗电能的手段来制冷，并具有一个或多个间室用来储存葡萄酒的储藏柜。该储藏柜主要用于冷却和储存葡萄酒。葡萄酒储藏柜主要应用在酒店、酒吧、酒庄会所。

由于葡萄酒的生命周期对葡萄酒的成熟、品质有极大影响，故储存葡萄酒的条件有着十分严格的要求。研究表明[28]，葡萄酒的最佳储藏温度为 10～14℃，且全年温差不能超过5℃，最佳储藏湿度为60%~70%。温度升高会导致成熟速度大大增加；湿度过高会破坏软木塞，导致漏酒；湿度过低会使得软木塞收缩，进而导致葡萄酒挥发、氧化。此外光线也会对葡萄酒品质产生一定影响[29-30]。葡萄酒储藏柜能够实现恒温、恒湿、避光、避震、通风等功能，为葡萄酒提供一个最佳的储藏环境。

2.3.4.1.3　典型结构

（1）制冷陈列柜

按门的设置又可分为敞开式陈列柜和封闭式陈列柜。

①敞开式陈列柜。敞开式陈列柜通常由冷风幕来阻隔敞口处与外界环境之间的热、湿交换，所以敞开式陈列柜通常又称为风幕柜。冷风幕能够减少柜内冷量散失。该陈列柜其存放、取货位置是敞开式的，方便消费者直接接触、购买商品，能够吸引顾客，为消费者提供一个自由、舒适的购物环境。这种陈列柜比较受零售店和超市青睐，如图2-67所示。由于该类型陈列柜为开口设置，相较于封闭式陈列柜，其耗能相对较大。

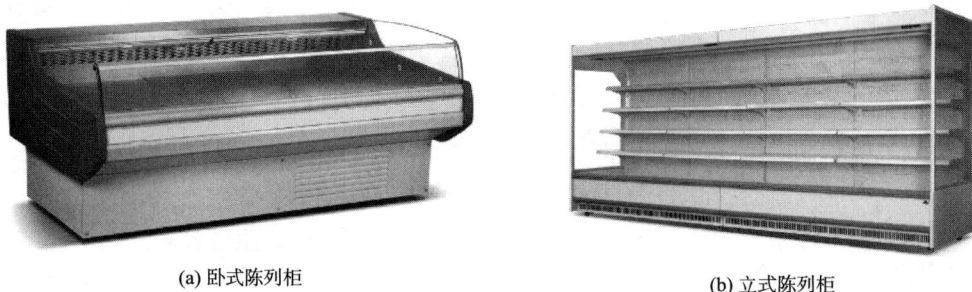

(a) 卧式陈列柜　　　　　　　　　　(b) 立式陈列柜

图 2-67　敞开式陈列柜

敞开式陈列柜的制冷原理是利用冷气从背后部吹出，让冷气均匀地覆盖到风幕柜的每一个角落，让所有的食品都达到均衡完美的保鲜效果。敞开式陈列柜被广泛用在超市、蛋糕店、奶站、宾馆等，是冷藏蔬菜、熟食、水果、糕点的必备电器。

敞开式陈列柜具有双重制冷技术，解决了单一制冷方式难以克服的技术问题，使柜内无制冷盲区。一体式发泡及坚固牢靠的钢架基础，使得柜体保温性能更好，结构更加坚固耐用。耐腐蚀性强的彩钢板柜体内胆增加了柜体的使用寿命。全透明玻璃侧板，使柜内物品一目了然，增强了柜内物品展示效果。微电脑控制的数字温控器，使柜内物品温度控制更精确，系统更加节能。递增层流优化风幕，高效节能；先进的背吹制冷系统，柜温均匀；精确的融霜自动控制，性能稳定；采用自然空气融霜，降低了电能消耗。

②封闭式陈列柜。封闭式陈列柜周身箱体呈封闭型，门体为玻璃柜门，用来展示商品供顾客选择存取食品，有立式和卧式两种，如图2-68所示。该陈列柜柜内温度分布均匀，波动小，冷藏条件佳，耗能小，成本较敞开式陈列柜低，柜内食品卫生条件好，适合存放冰淇淋，乳制品，蛋糕，医药用品等；柜内储物架能起到展示和存放食物的作用。

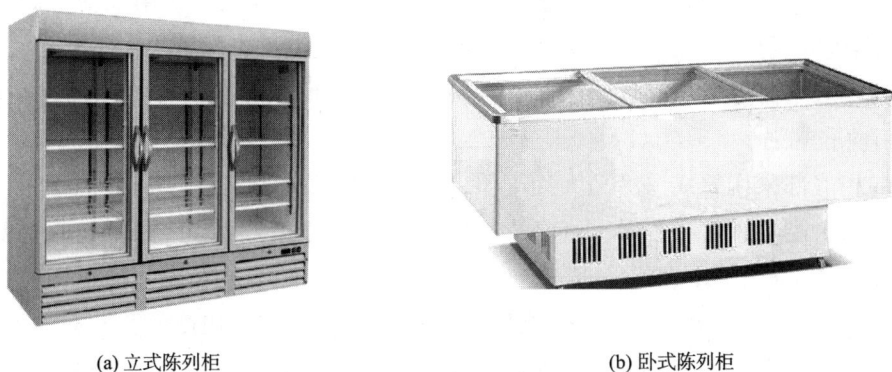

(a) 立式陈列柜   (b) 卧式陈列柜

图 2-68 封闭式陈列柜

封闭式陈列柜的蒸发器采用光管和翅片管，置于冷藏区的底部、顶部和四周，依靠自然对流和界面接触吸收热量，冷藏陈列食品的干耗较低。它的制冷系统、电控回路和柜体结构都较开启式简单。封闭式陈列柜的压缩冷凝机组多采用风冷冷凝器，半封或全封压缩机。

为了增加陈列食品的展示效果，让顾客看清柜内食品，柜体朝向顾客的一面或者多面，常采用二层或者三层高平整度的平面或者曲面玻璃，玻璃层间有一定间隙，并将间隙中的空气抽尽，充以干燥空气以减弱玻璃层间的对流传热，增强保冷效果。最外层玻璃的内表面还涂敷透明的电热膜，对外层玻璃均匀加热，防止表面揭露，影响顾客视线，同时配置人工照明、货架或格栅，提高冷藏陈列食品的展示效果。

岛柜的学名是卧式玻璃门转换型冷藏冷冻柜（图 2-69）。岛柜作为商用冷柜的一个代表性品类，主要用于超市、便利店、酒店等存放汤圆，水饺、海鲜、粽子等需要冷冻储存的食物。岛柜通过降低温度，让食品内部细菌减慢活动速度，从而起到延长保质期的作用。岛柜是专门为大型商超、卖场设计的大容量冷柜。超市组合岛柜的特点：

a. 冷柜箱体采用 "T 型" 结构设计，外观精美大气，品位时尚，不仅展示面得到了拓展，而且节省空间。

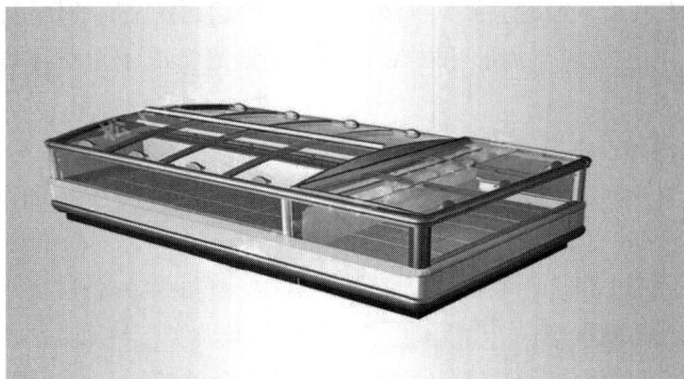

图 2-69 岛柜

b. 超大容量，冷动力超强，控温精准，产品可设定在-12℃，用来安全储存生鲜、肉类、速冻食品等，为商户在春节等重大节日的囤货提供了有效解决方案。

c. 岛柜采用自由转换型设计，商户可随时选择冷藏、微冻、速冻功能之间的互转换，实用性非常强。

d. 岛柜底部采用置式风冷超大冷凝器，散热效果卓著，又不占箱外空间。

e. 岛柜采用冷风循环技术，可以快速降低柜内的温度，而且柜内各处的温度均匀、稳定，食品保鲜无死角，可省电达 30% 以上，最大限度地节能降耗，为用户解除耗电量大的后顾之忧。另外，岛柜底部设有排水孔，除霜、清洁方便快捷。

冰淇淋柜也是一种卧式制冷陈列柜（图 2-70）。作为展示柜的冰淇淋柜不仅要具备良好的冷藏保质效果，更重要的是要具备一个面积很大可视化窗口，通过窗口能够看到陈列出的冰淇淋。冰淇淋柜的正常设定温度在-22~-18℃，用于冰淇淋的冷藏和展示售卖。冰淇淋柜主要利用制冷系统的冷气吹出，让冷气均匀地覆盖到柜内的各个角落达到产品冷冻冷藏的效果。采用热处理气体回流融霜专利技术，使冰淇淋展柜化霜更彻底，更干净。柜底部安装了万向轮，便于移动。

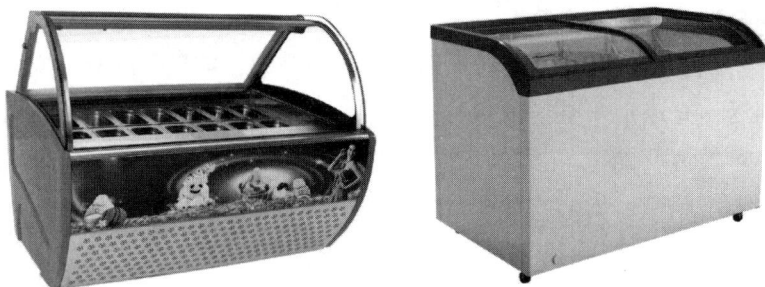

图 2-70　冰淇淋柜

而大面积的视窗将会是整个冰淇淋柜中保温效果最差的地方，因为被保温材料包裹的其他区域散热量很小，但是视窗所用材料因为要求有很好的透光度，因此保温性能很差，需要一些特殊的设计来减少散热。目前研制开发出来的冰淇淋柜视窗保温技术是用气膜保温，就是在视窗下面通过鼓风机制造一层气膜起到保温膜的作用，用气膜进行保温也丝毫不影响其透光率，因此可以在不影响视觉的情况下，对冰淇淋柜进行保温处理。

（2）制冷储藏柜

①星级酒店常用的厨房冰箱主要有以下 2 种产品：高身冷柜和卧式工作台，如图 2-71 所示。

星级酒店的每一个厨房一般都有冷库，冷藏高身柜和冷冻高身柜常用于储存当天的食材，方便存取，高身柜中，2 门、4 门、6 门柜比较常见。冷藏工作台和冷冻工作台除了有冷藏、冷冻储存食品的功能外，同时兼具操作台的功能；酒店厨房一般都配有数量众多的工作台，排列起来组合成一个大型的工作台面，用于切菜、配菜、摆盘，工作

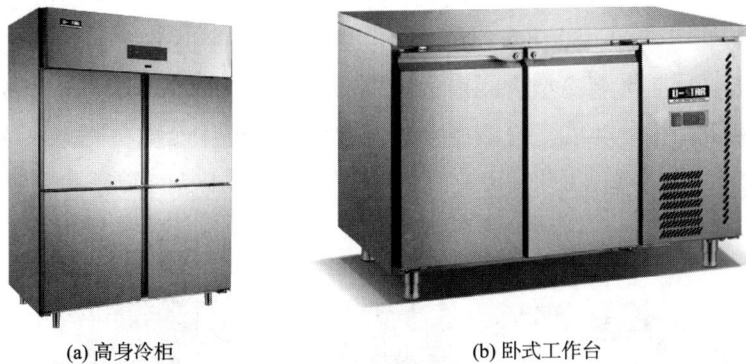

(a) 高身冷柜　　　　　　　　　(b) 卧式工作台

图 2-71　星级酒店常用厨房冰箱种类

台中，其中 1 门、2 门、3 门柜较为常见。

② 葡萄酒储藏柜按照结构可分为单温室酒柜、双温室酒柜和多温室酒柜。单温室酒柜为具有一个独立储酒间室的酒柜；双温室酒柜为具有两个独立储酒间室的酒柜，其中双温室转换酒柜特别设计为红葡萄酒室和白葡萄酒室，可以按照用户要求进行相互转换；多温室酒柜为具有三个或三个以上独立间室的酒柜。

葡萄酒储藏柜还可按照安装方式分为驻立式酒柜和嵌入式酒柜。所谓驻立式酒柜是固定式酒柜或非便携式酒柜；嵌入式酒柜是安装于柜体内、墙凹壁或类似装置的酒柜[31]。

此外，葡萄酒储藏柜按制冷方式可分为蒸气压缩式酒柜、半导体式酒柜两大类。蒸气压缩式酒柜又可细分为直冷式酒柜、风冷式酒柜。蒸气压缩式酒柜通过蒸气压缩制冷方式进行冷却。半导体式酒柜采用半导体芯片制冷。蒸气压缩式酒柜温控范围大，一般为 5~22℃，而半导式酒柜温控范围一般为 10~18℃。此外，蒸气压缩式酒柜受环境温度影响比较小，即使是在高温环境下，酒柜内温度依然能达到葡萄酒的理想储藏温度，而半导体式酒柜只能降低 6~8℃。蒸气压缩式酒柜一般使用寿命达 8~10 年，而半导体式酒柜寿命一般是 3~5 年。

2.3.4.2　制冷自动售货机

近年来，随着网络支付的发展、新的消费需求的出现以及更加便捷智能的新零售概念的提出，我国自动售货机行业发展呈现良好的上升趋势。现有的自动售货机以饮品为主，并且在炎热的天气下，人们更倾向于购买被冷却的饮品，因此制冷技术在自动售货机中得到广泛应用。

结合 GB 4706.72—2008《家用和类似用途电器的安全　商用售卖机的特殊要求》和 GB/T 28493—2012《瓶装、罐装和其它封装饮料自动售货机性能试验方法》中的定义，自动售货机是由硬币、信用卡或其他支付方式驱动的售货机，也可称之为自动售卖机。制冷自动售货机是具有制冷功能的自动售货机。自动售货机是商业自动化的常用设备，它不受时间、地点的限制，能节省人力、方便交易，又被称为 24 小时营业的微型超市。自动售货机常被应用在学校、医院、机场、车站等公共场所。

根据制冷功能分类，自动售货机可分为普通型自动售货机、半制冷型自动售货机 [图 2-72（a）] 和冷藏型自动售货机 [图 2-72（b）]。普通型自动售货机是没有冷藏功能的自动售货机。而半制冷型自动售货机是带有一部分冷藏区，一部分普通区，兼有普通机型与冷藏机型两种功能。冷藏型自动售货机具有整体冷藏功能，采用双层真空带加热除霜功能的钢化玻璃，温度在 3~7℃ 范围内可调，可以同时售卖多种需冷藏的糖果、巧克力、水果及饮品，适用范围更加广泛，能够有效保证售卖货物的质量。

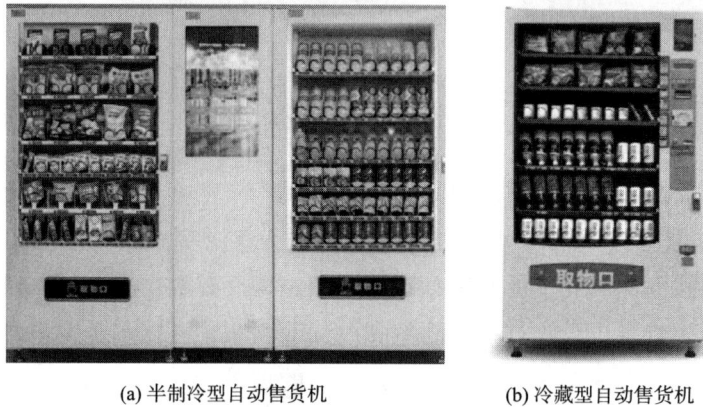

(a) 半制冷型自动售货机　　　　　　(b) 冷藏型自动售货机

图 2-72　自动售货机

冷藏型自动售货机不仅对存储温度有一定要求，而且对展示性也有较高要求。为了减少玻璃门漏热和防止门体结露，自动售货机常采用中空玻璃、双中空玻璃，对于要求较高的场所会采用 Low-E 中空玻璃和双 Low-E 中空玻璃。研究表明，真空玻璃在环境温度为 30℃ 时，玻璃门不结露时内部环境相对湿度也能达到 70%。复合真空玻璃门，在柜内温度分别为 -20℃ 和 -25℃ 时，玻璃门不结露时内部环境最大相对湿度分别为84% 和 82%。

2.3.4.3　商用制冰机

按照 SB/T 10940—2012《商用制冰机》的定义，商用制冰机是用于商业和类似用途的，由工厂制造并将冷凝机组和制冰部分组合起来，仅有制冰单元或可按说明书一对一成套装配的分体系统制冰机，是一种把水自动制成冰的设备，具有制冰和收冰的装置。也可具有储冰或出冰功能，或两者兼有。也称为商用自动制冰机[32]。

2.3.4.3.1　分类

商用制冰机由压缩机、冷凝器、蒸发器、节流装置、供水装置、电气控制、储冰箱等部分组成。

制冰机利用制冷原理，将蒸发器改造成结构特殊的制冰器，制冷剂在制冰器内蒸发并带走（或通过载冷剂带走）水的热量，最终使水冻结成冰。

制冰设备的分类方式繁多，按制冷原理分为直接蒸发制冷、间接蒸发制冷，按制冰速度分为快速制冰、慢速制冰，按出冰方式分为连续制冰、间歇制冰，按使用对象分为商业制冰、工业制冰、家庭制冰，按脱冰方式分为热量脱冰（管冰、板冰、壳冰、颗粒冰、盐水块冰等）和机械脱冰（片冰、流化冰等），按所产冰的形状划分最为直观，可分为片冰机、板冰机、管冰机、流化冰机、块冰机、壳冰机、颗粒冰机（方块冰颗粒冰机、杯形冰颗粒冰机、子弹型颗粒冰机、月牙形颗粒冰机）、雪花冰机等。颗粒冰机、雪花冰机等民用制冰机自动化程度高，操作便捷，用户只需保持设备清洁卫生即可。

为使制冰设备适应水电站、核电站等大型混凝土工程现场。不少制冰设备制造商开发了成套储送冰系统。储送冰系统含自动储冰库、送冰系统和终端设备。自动储冰库可实现自动储冰、出冰，常见形式为耙式自动储冰库、螺旋式自动储冰库、旋转式自动储冰库。送冰系统可分空气送冰和螺旋送冰两种，空气送冰含空气冷却系统、关风器和送冰管道，螺旋送冰为水平螺旋与提升螺旋的组合。终端设备有缓冲仓、称重斗、分路阀、自动包装机等。

在此仅对几种常用的工商业领域用制冰机做简单介绍。

2.3.4.3.2　典型结构

商用制冰机按照与储冰空间的组合形式可分为一体机、单体机和组合机。一体机［图 2-73（a）］为同时具有制冰装置、冷凝机组及储冰空间的商用制冰机；单体机为不具备储冰空间的商用制冰机；组合机是将单体式商用制冰机和储冰空间组合在一起的商用制冰机，又称为分体式制冰机［图 2-73（b）］。商用制冰机按照制冷机组的冷却方式可分为风冷型和水冷型，按照与制冷机组组合形式可分为远置式制冰机和自携式制冰机。远置式制冰机是制冰装置和压缩冷凝机组分开的一种商用制冰机；自携式制冰机是制冰装置和压缩冷凝机组组合为一体的商用制冰机。

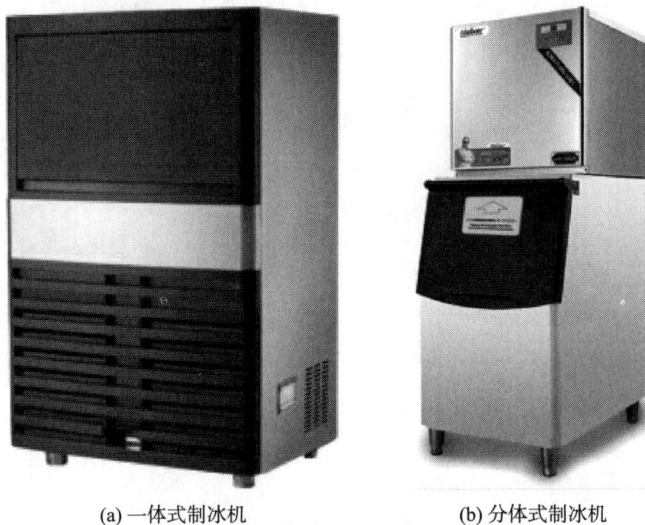

(a) 一体式制冰机　　(b) 分体式制冰机

图 2-73　制冰机示意图

制冰机，主要分为大型工商用制冰机和小型商业用制冰机。大型商用制冰机主要应用在大型商业超市、肉食品加工、冰蓄冷空调、混凝土降温、纺织化工等领域。小型商用制冰机主要应用在酒店餐饮、商业场所（咖啡店、KTV、酒吧等）、医疗生物等领域。2016 年国内制冰机年产量约 14 万台，商用制冰机占了整个制冰机市场的九成以上。制冰机行业在我国仍是一个新兴行业，市场空间巨大，竞争也更加激烈。随着时代的发展、人们生活水平的提高，与酒店、娱乐场所有着密切关联的制冰机产品，将有很大的发展前景。

2.3.4.4 软冰淇淋机

按照 GB/T 20978—2021《软冰淇淋机质量要求》的定义，软冰淇淋机是将软冰淇淋浆料经过搅拌与洁净空气混合和凝冻等加工工序，制成现场直接销售和食用的软冰淇淋的设备。

软冰淇淋机可分为台式软冰淇淋机和立式软冰淇淋机，按照出料口的数量可分为单头、双头、三头或者多头冰淇淋机。本书简单介绍单头和三头冰淇淋机。单头冰淇淋机［图 2-74（a）］只有一个储料缸、一个制冷缸和一个出料口，只能出一种颜色即一种口味的冰淇淋，其价格相对便宜，体积小巧，重量一般在 80kg，输入功率一般在 750～1800W。单头冰淇淋机一般适用于小的酒吧、咖啡店、西餐厅、KTV 和网吧等对冰淇淋的产量和口味要求不多的场合。三头冰淇淋机［图 2-74（b）］有两个储料缸、两个制冷缸和三个出料口，可以同时出三种颜色即三种口味的冰淇淋，其中包括两种纯口味和一种混合口味，是市场上比较常见的类型。其重量一般在 150kg，输入功率在 1700～4000W。

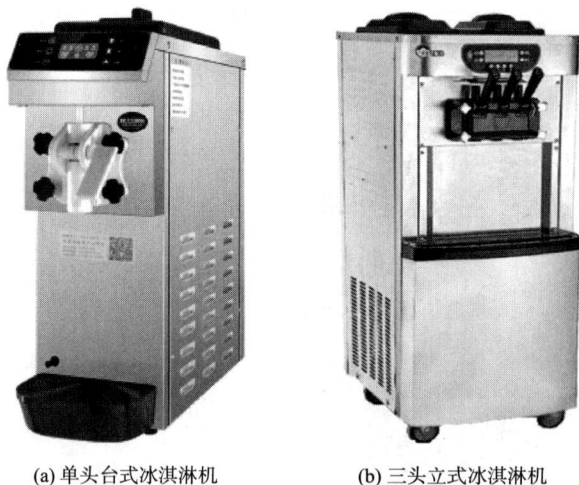

(a) 单头台式冰淇淋机　　　(b) 三头立式冰淇淋机

图 2-74　冰淇淋机示意图

2.3.4.5 制冷生鲜配送柜

制冷生鲜配送柜是主要针对生鲜食品（产品适用于蔬菜、水果、肉类、乳制品等产品）配送设计的智能配送柜（图 2-75）。产品集冷藏、保鲜、智能配送及网络化管理于一体，可与生鲜电商及冷链物流密集结合，实现生鲜食品网络智能化配送功能，并很好地解决配送保鲜问题。

图 2-75　制冷生鲜配送柜

目前在社区内放置制冷生鲜配送柜有两种经营模式。一种是自助配送模式，用户在网上可随时下单，之后店家安排配送员将生鲜物品送至指定配送柜，配送柜会给用户发送取物通知和验证码，用户凭验证码到配送柜自取。这种模式让用户不用局限于时间限制，用户可在上班时间下单，并在下班回家时在楼下取走即可，此外，放在配送柜内的物品都是冷藏保鲜的。另一种模式是具有自动售卖功能的生鲜配送柜，在其内放置生鲜物品，用户在楼下进行自助购买即可，类似自动售货机，不同的格口放置不同的生鲜物品，用户选择格口内物品后，柜子会通过内部的计重机器进行计重收费，用户扫码付费后可取出生鲜物品。

以上这两种模式是目前较为常见的，相较于自助配送模式来说，安置具有自动售卖功能的生鲜配送柜可让生鲜物品时效性更强、保鲜性更好，客户自取时间更方便等，但具有自动售卖功能的生鲜配送柜成本较高。所以采用哪种模式，需要运营商进行充分市场调查后确定。

智能生鲜配送柜组成包括生鲜配送柜、通信设备、分析发放终端等，如图 2-76 所示。

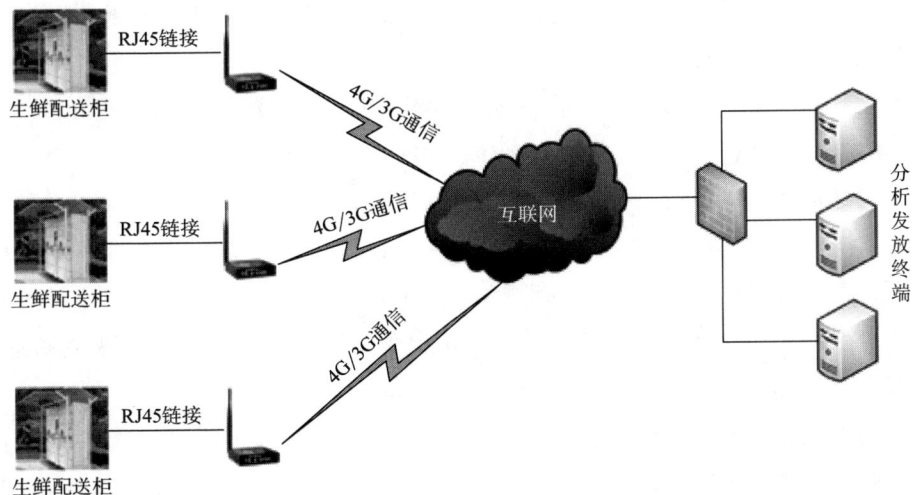

图 2-76　智能生鲜配送柜网络架构图

（1）生鲜配送柜

主要负责各个点的生鲜储存，客户通过 App 或者短信取件码进行取件，内部配置有常规的蒸气压缩制冷系统。

（2）通信设备

根据生鲜配送柜的通讯接口需求，使用无线工业路由器来进行数据通信，TR321 系列路由器具备 232 串口及 485 串口、一路 LAN 口、一路 WAN 口。

TR321 路由器通过 RJ45 网络通讯接口与生鲜配送柜进行连接，并通过移动网络实时将所需数据上报平台，或平台实时下发所需数据。

（3）分析发放终端

分析发放终端包括各种服务器及系统软件，主要负责对物流数据的分析和管理，并对各生鲜进行任务发放、处理等。

智能生鲜配送柜是一个基于物联网，能够将生鲜食品保鲜冷藏、暂存、监控和管理的高新技术设备。外形类似快递行业的物品寄存柜，它的智能之处在于：除了核对信息后会自动发信息给客户，通知客户取件外，还能智能控制储藏箱温度，保证食材新鲜，具有以下特点：

①高度定制的业务处理系统。完美协调设备与客户之间互动，并完成业务数据的处理。

②通过运营商网络可以实时监控每一个终端的运行情况，随时调整供应链和电子促销广告。实现设备远程监控与管理，降低设备的维护成本。

③高效率、低成本的收费方式。采用电子货币结算，提高资金管理效率，有效杜绝徇私舞弊以及假钞残钞所造成的经济损失。

2.3.4.6 冷饮机

按照 QB 1743—1993《家用和类似用途电器的安全 冷饮机的特殊要求》的定义，冷饮机是具有适当的容器，由消耗电能的制冷装置使容器里的饮料降温的设备。

2.3.4.7 制冷剂替代进展

冷藏销售设备种类比较多，一般制冷功率都不大，使用的制冷剂包括 R22、R134a、R404A、R23、R410A、R600a、R290、CO_2、HFOs 等。

对于可燃制冷剂，在标准允许的充注量范围内，冷藏销售设备多采用 R290、R600a 等 HCs 制冷剂。目前安全标准的修订方向是在采取严格的安全措施条件下进一步放宽可燃性制冷剂充注量限值，因此 HCs 制冷剂有望逐渐应用在更大一些制冷量的冷藏销售设备中。在超出标准允许的制冷剂充注量情况下，目前的解决方案是采用 GWP 更低的 HFOs、CO_2 作为替代制冷剂。

在医用低温储藏柜等设备中，制冷系统的形式通常选择多级压缩、复叠式或自复叠式制冷系统。HFC-23 制冷剂使用在医用低温储藏柜中制冷性能比较好，但是 HFC-23 的 GWP 高达 14800。为了减少 HFC-23 的充注量，可以采用 R134a、R404A 与 HFC-23

复叠的方式，采用 R134a、R404A 与 HFC-23 复叠的方式还可以达到更低的蒸发温度。更为环保的替代方式是采用 R290/R170、R600a/R170 等 HCs，但是 R290、R600a、R170 都属于 HCs 制冷剂，充注量受到严格限制。

第 *3* 章

冷链设备的常见故障及处理方法

3.1 冷加工设备

冷加工设备中比较典型的是速冻装置。不同类型的速冻装置，其运行出现故障的位置有所不同，其处理方式也有所不同。本节结合多种速冻装置常见故障及处理方法进行介绍，以期对冷加工设备良好运维提供参考。

3.1.1 隧道式速冻设备常见故障及处理

隧道式速冻设备是可将食品在短时间内迅速降温冻结的设备。隧道式速冻设备通常需要使用一条较长的输送带，并需要配置相应的进出料口和冷却系统等设备。设备的各部分都需要精准运行，以确保整体设备达到高效节能的状态，如果不同部分出现故障，要有对应的处理方式（表3-1）。

表3-1 隧道式速冻设备常见故障及处理方法

故障现象	原因分析	处理方法
板带跑偏	1. 张紧装置张紧程度不同	1. 调节张紧机构的螺杆使左右两侧螺杆张紧程度相同
	2. 板带清洗不干净	2. 检查并清洗板带
	3. 轨道上有冰或其他障碍物	3. 检查运行轨道并及时清理结冰或其他障碍物
	4. 板带严重变形	4. 更换板带
	5. 框架变形	5. 检查框架对角线,如有变形请及时与厂家联系
进出料口跑冷	1. 挡帘破损	1. 更换挡帘
	2. 进料口挡风罩上的插板位置过高	2. 将插板位置调低
	3. 侧盖插板未打开	3. 打开插板
	4. 导风装置紊乱	4. 均匀摆放所有导风装置
	5. 下风道插板未打开	5. 打开下风道插板
机组掉料	1. 风力过大	1. 打开侧盖插板
	2. 挡料装置变形	2. 维修或更换挡料装置
	3. 板带有较大的变形	3. 更换板带
减速机过载	1. 传送带卡阻	1. 查明原因进行处理
	2. 油内有异物	2. 检查、更换
	3. 热继电器设定值过小	3. 检查、重新设定
	4. 接线缺相	4. 检查减速机接线

续表

故障现象	原因分析	处理方法
风机过载	1. 蒸发器霜层过厚	1. 融霜
	2. 热继电器设定值过小	2. 检查、重新设定
	3. 接线缺相	3. 检查风机接线
库内降温困难	1. 系统连接问题	1. 查明原因进行处理
	2. 库门漏冷严重	2. 查明原因进行处理
	3. 排水口漏冷	3. 工作时塞紧胶堵
	4. 蒸发器融霜效果差,影响换热	4. 查明原因进行处理
	5. 冲霜水阀漏水未泄水,进入蒸发器冻住影响换热	5. 更换冲霜水阀
	6. 风机反转或部分电机损坏不转	6. 重新接线或更换电机
	7. 冻品入货温度过高	7. 降低入货温度
	8. 进出料口漏冷严重	8. 检查导风装置,摆放均匀
	9. 冻品摆放太密	9. 冻品摆放留出一定的空档
	10. 制冷剂泄漏	10. 检漏,查明原因后修补漏点并补充制冷剂
网带过松,下垂过大	1. 长时间运行,网带自然伸长	1. 调节张紧装置,如不足,裁掉几节网带
	2. 传动受阻,网带被拉伸	2. 检查、清理网带传送障碍点,然后调节张紧装置

3.1.2　螺旋式速冻设备常见故障及处理

螺旋式速冻设备通过将食品沿螺旋式传送带缓慢地传送到超低温环境中,并利用制冷剂和蒸发器迅速冷却食品表面和内部,从而实现对食品的快速、均匀、高效冷冻。不同位置发生故障,需要不同的处理方法,详见表 3-2。

表 3-2　螺旋式速冻设备常见故障及处理方法

故障现象	原因分析	处理方法
传送带运行不稳定或网带翻转	1. 张紧装置浮动轴配重偏差大	1. 加减配重;调节传送带张紧程度,使浮动轴在正常工作范围内
	2. 运行过程中传送带有卡阻现象	2. 仔细检查传送带周围零部件是否异常,消除隐患
	3. 轨道上有冰或其他障碍物	3. 检查运行轨道并及时清理结冰或其他障碍物
	4. 传送带未及时清洁,低温下食品油脂黏结造成传送带运行不灵活	4. 及时清洗传送带
	5. 传送带使用过程中被拉长,传送带节距变化	5. 调整传送带长度,或更换传送带
	6. 传送带与传动链轮脱齿	6. 检查脱齿原因并清除故障源
	7. 接近开关损坏,未及时停机保护	7. 检查并修复接近开关
	8. 减速机传动链条脱落	8. 调整链条张紧装置,防止链条脱落

续表

故障现象	原因分析	处理方法
传送带掉料	1. 风力过大	1. 调节风门开度
	2. 物料入货量太大	2. 减少入货量
	3. 传送带摆料不合适,在转鼓上旋转时内部物料堆积过高	3. 注意入料摆放
网带传送带过松,下垂过大	1. 长时间运行,传送带自然伸长	1. 检查转鼓上网带松紧度,裁剪传送带至适当长度
	2. 传动受阻,传送带被拉伸	2. 检查、清理网带传送障碍点
	3. 网带制作不精确,伸缩阻力过大	3. 更换网带
进出料口跑冷	1. 挡帘破损	1. 更换挡帘
	2. 进出料口调风板调节位置不适合	2. 调节调风板
减速机过载	1. 传送带卡阻	1. 查明原因,清除故障
	2. 减速机缺油,润滑不良	2. 检查、添加
	3. 润滑油脏,损坏轴承、齿轮	3. 检查、更换
	4. 电机损坏	4. 更换或修理
	5. 热继电器设定值过小	5. 检查、重新设定
	6. 接线缺相或短路	6. 检查减速机接线
风机过载	1. 蒸发器霜层过厚	1. 融霜
	2. 热继电器设定值过小	2. 检查、重新设定
	3. 接线缺相	3. 检查风机接线
蒸发器结霜严重	1. 进出料口漏冷严重	1. 调整进出料口调风组件
	2. 食品入货温度过高、水分过多	2. 对食品进行预冷、沥水
	3. 挡风板调整不当,蒸发器出风、回风短路	3. 关闭靠近蒸发器的挡风板
	4. 蒸发器翅片倒伏,回风阻力过大	4. 扶正蒸发器翅片
库内降温困难	1. 系统连接问题	1. 查明原因进行处理
	2. 库门漏冷严重	2. 查明原因进行处理
	3. 排水口漏冷	3. 工作时检查排水挡水板
	4. 蒸发器融霜效果差,影响换热	4. 查明原因进行处理
	5. 冲霜水阀漏水未泄水,进入蒸发器冻住影响换热	5. 更换冲霜水阀
	6. 风机反转或部分电机损坏不转	6. 重新接线或更换电机
	7. 物料入货温度过高	7. 降低入货温度
	8. 进出料口漏冷严重	8. 调节调风板
	9. 物料摆放密度过大	9. 物料摆放留出一定的空档
	10. 制冷剂泄漏	10. 检漏,查明原因后修补漏点并补充制冷剂
无故障频繁停机	个别探头处接触不良,误报警	检查每个探头

3.1.3　流态化速冻设备常见故障及处理

流态化速冻设备是在一定流速的冷空气作用下，使食品在流态化操作条件下得到快速冻结的一种冻结设备。设备的高效稳定运行对于食品品质影响很大，遇到故障应及时处理，具体的常见故障及处理方法见表3-3。

表3-3　流态化速冻设备常见故障及处理方法

故障现象	原因分析	处理方法
进出料口跑冷	1. 挡帘破损	1. 换挡帘
	2. 进料口挡风罩上的插板位置过高	2. 将插板位置调低
	3. 冷却风机频率设置不同	3. 修改频率相同
	4. 冷却风机未正常工作	4. 检查风机
机组掉料	1. 风力过大	1. 调节冷却风机频率
	2. 挡料装置变形	2. 维修或更换挡料装置
	3. 网带有较大的变形	3. 更换网带
	4. 冻品规格过小，网带不适用	4. 调整冻品规格或更换网带
减速机过载	1. 传送带卡阻	1. 查明原因进行处理
	2. 油内有异物	2. 检查、更换
	3. 热继电器设定值过小	3. 检查、重新设定
	4. 接线缺相	4. 检查减速机接线
风机过载	1. 蒸发器霜层过厚	1. 融霜
	2. 热继电器设定值过小	2. 检查、重新设定
	3. 接线缺相	3. 检查风机接线
库内降温困难	1. 系统连接问题	1. 查明原因进行处理
	2. 库门漏冷严重	2. 查明原因进行处理
	3. 排水口漏冷	3. 工作时塞紧胶堵
	4. 蒸发器融霜效果差，影响换热	4. 查明原因进行处理
	5. 冲霜水阀漏水未泄水，进入蒸发器冻住影响换热	5. 更换冲霜水阀
	6. 风机反转或部分电机损坏不转	6. 重新接线或更换电机
	7. 冻品入货温度过高	7. 降低入货温度
	8. 进出料口漏冷严重	8. 检查导风装置，摆放均匀
	9. 冻品摆放太密	9. 冻品摆放留出一定的空档
	10. 制冷剂泄漏	10. 检漏，查明原因后修补漏点并补充制冷剂
网带过松，下垂过大	1. 长时间运行，网带自然伸长	1. 先调节张紧装置，如不足，裁掉几节网带
	2. 传动受阻，网带被拉伸	2. 检查、清理网带传送障碍点，然后调节张紧装置

3.1.4 平板式速冻设备常见故障及处理

平板速冻设备的制冷循环系统和外部调控系统结合紧密，从而实现了快速冷冻和品质保证，是目前食品行业常用的冷冻设备之一。其常见故障及处理方法详见表3-4。

表3-4 平板式速冻设备常见故障及处理方法

故障现象	原因分析	处理方法
冷冻板上升高度不够	1. 液压缸内部漏油	1. 检查液压缸内密封圈
	2. 牵动螺栓螺母松动，距离不等	2. 调整牵动螺栓螺母，使每块平板间距一致
低压压力过低	1. 膨胀阀堵塞	1. 清洗膨胀阀、清理干燥过滤器
	2. 制冷剂泄漏	2. 查找并排除泄漏，补充制冷剂
压缩机气缸盖结霜，甚至排气管结霜	1. 膨胀阀调节不适、流量过大	1. 重新调节膨胀阀
	2. 制冷剂充灌量过大	2. 将制冷剂导出至适当量
降温慢、冻结时间长	1. 平板与冻结物间隙过大	1. 装满冻结物或上部增加垫板压紧
	2. 冷冻板系统内积油	2. 由排液阀放油
平板结霜不均或某层平板不结霜	1. 供液不足，分配不均	1. 增大供液量
	2. 系统内有水分或杂物，产生冰堵	2. 认真检查，更换干燥剂排除水分或杂物
平板牵动时歪斜	牵动螺栓、螺母松动，距离不等	调整牵动螺栓、螺母，使每块平板间距一致
液压站油泵不出油或泵有噪声及不正常声响	1. 运转方向相反	1. 更正电机运转方向
	2. 吸油管和滤油器堵塞	2. 拆下清洗
	3. 吸油管密封不良	3. 检查连接部分
	4. 液压油中混有空气	4. 油缸油路接头排气
	5. 油液黏度过高	5. 更换液压油
液压站泵压降低	1. 溢流阀开度偏离	1. 重新调整
	2. 阀内密封圈失效	2. 检查并更换
	3. 油泵叶片与泵盖严重磨损	3. 更换部分零件
	4. 溢流阀堵塞	4. 拆下清洗
	5. 电磁阀工作失常	5. 检查电磁吸铁接触或更换
油泵启动后油压正常，一段时间后油压降低	1. 吸油滤网被阻	1. 拆下清洗
	2. 油箱油量减少	2. 加油
	3. 部分油路漏油	3. 检漏
油缸活塞杆开到顶自然下降或活塞杆压到底压力保不住	1. 单向阀失灵	1. 检查清洗或更换单向阀
	2. 油缸内密封圈损坏	2. 检查后更换油封

3.2 冷库

3.2.1　冷库建筑常见故障及处理

冷库建筑物的损坏情况一般是以损坏状态和生产使用中出现的不正常现象来判断的，损坏程度有时需在升温后做进一步复查核实。针对损坏程度和修复需要确定进行小修或大修、采取不停产维修或停产（局部或全部）维修。

冷库建筑物的维修，尤其是损坏比较严重的维修，一般应委托专业技术部门设计和施工。

冷库建筑物（土建库）最常见的损坏是地面冻胀。冷库地面冻胀的处理主要是对已经冻结的土壤进行解冻，然后再针对建筑物被损坏的情况进行修复。地面解冻应非常缓慢地进行，确保冻土层中融化的冰水被周围土壤吸收。如果解冻过速，造成地面下冻土的上层解冻较快，导致较多融化的冰水易积存于地面垫层和未被解冻的冻土之间，使已解冻的土含水量过大，甚至达到过饱和状态，而丧失应有的承载能力，建筑物就有下沉的危险。全部解冻过程所需的时间，视其冻结深度而不同，一般以 20~60 天为宜，或者再稍长一些。冷库地面冻胀的解冻方法，可采用冷库停产升温和冷库不停产加热两种解冻方法。

①冷库停产升温解冻方法。一般是在地面下土壤冻结深度较浅、地面结构有损坏，但解冻复原后仍可继续使用，冷库允许暂时停产的条件下采用。将库房温度缓慢升至并保持-4℃左右（温度保持-4℃，主要防止冷间出现冻融循环，并在此条件下减少地面的冷源），由于地热的作用，使地面下的冻土层由下至上缓慢地解冻。

②冷库不停产加热解冻方法。适用于地面加热系统未被损坏且基本完整还可继续运转的冷库。可采用电加热装置来提高加热系统的热风温度，一般以 25~35℃ 为宜，并每天适当增开加热系统循环的时数，使地面加热层得到较为充分的加热，切断由地面传给冻土层的冷源，地面下的冻土层主要靠地热的作用由下往上缓慢地解冻。在加热解冻过程中，必须正确掌握供热风的温度和回风的温度，回风温度通常控制在比正常运转要求的温度高 5℃。当回风的温度到达并超过控制的温度时，需适当降低供热风（或供油）的温度，但加热循环运转的时数不宜减少，直至地面全部解冻为止。这样做既可达到均匀缓慢解冻，也有利于节约能耗。在炎热季节，室外空气温度达到供热风的温度时，可用风机直接抽取室外热风，进入地面加热系统对地面进行加热，而回风通过专设的排风口排至室外。

无论采用哪一种地面解冻方法，在解冻期间，需在整个冷库地面上堆装一定的货物重量，以便地面复原较为均匀平整（但也很难使地面恢复到原状）。

几种典型的故障原因归纳如下：

①水蒸气的扩散和空气的渗透。室外空气侵入时不但增加冷库的耗冷量，而且向库房内带入水分，水分的凝结引起建筑结构特别是隔热结构受潮冻结损坏。所以要设置防潮隔热层，以确保冷库建筑具有良好的密封性和防潮隔汽性能。

②地基受低温的影响，土壤中的水分被冻结。因土壤冻结后体积膨胀，会引起地面破裂及整个建筑结构变形，严重的会导致冷库不能使用。为此，低温冷库地坪除要有有效的隔热层外，隔热层下还必须进行处理，以防止土壤冻结。

③冷库的楼板承载力不足。楼板要堆放大量的货物，又要通行各种装卸运输机械设备，平顶上还设有制冷设备或管道。因此，它的结构应坚固并具有较大的承载力。

④抗冻性能不够。低温环境中，特别是在周期性冻结和融解循环过程中，建筑结构易受破坏。因此，冷库的建筑材料和冷库的各部分构造要有足够的抗冻性能。

⑤冷库内机器设备受损。由于操作不当或者超过使用年限等原因，冷库内的设备可能受到损害导致冷库不能正常运行。

总的来说，冷库建筑是以其严格的隔热性、密封性、坚固性和抗冻性来保证建筑物的质量（图3-1）。

图 3-1　工业冷库

3.2.2　冷库设备常见故障及处理

3.2.2.1　压缩机故障及处理

3.2.2.1.1　开启活塞压缩机故障及处理

（1）压缩机不能正常启动运行

①电源故障：断电、电压低、缺相等。检查电压过低原因，如是电网临时出现降压，待电网电压恢复后再次启动。

②电气线路故障：熔断器烧坏、接触器接线松动。

③电动机故障。

④曲轴箱压力高。通过放空阀将曲轴箱压力降到0.4MPa以下。如果经常出现曲轴箱压力高的现象，要查明原因。

a. 吸、排气阀片泄漏，检查吸、排气阀片、研磨吸、排气阀座密封面。

b. 活塞环磨损密封不严，检查锁口间隙，更换活塞环。

c. 安全阀、缸套垫片泄漏。

d. 曲轴箱内存液，当压缩机停机后，液体受外界温度影响导致压力上升。

⑤能量在高载位，将载位调整到零载位。

⑥冷盐水机组的冷冻水温度达到温度控制器设定值或温度控制器失灵。检查冷冻水温度、温度控制器设定值以及温度控制器是否失灵。

⑦压力继电器设定值过低或压力继电器报警未复位、失灵。

⑧电机热继电器动作后未复位。

⑨油压低，不能建立正常油压。对油压进行调整。参考油压低故障排除方法。

⑩冷盐水机组冷却水、冷冻水水流继电器报警或水流继电器故障。

（2）压缩机正常运转中突然停机

①电源断电。碰到停电造成的停机，应及时把压缩机的吸、排气阀关闭，等来电后重新开机。

②机组运行参数达到机组报警设定值报警停机。停机后，应首先把压缩机的吸排气阀关闭，然后通过控制柜查看报警信息。常见的报警信息主要有：

a. 主电机过载保护停机。主要是由于机组吸气压力、排气压力过高或机组运动部件装配不合适，导致电机过载。查明引起压力过高原因，盘动压缩机应比较轻松，若较为沉重应进行拆检。

b. 排气压力超高报警停机。检查引起排气压力高的原因。注意排除故障后要对压力继电器进行复位。

c. 油压差低保护停机。检查引起油压低的原因。

d. 冷却水、冷冻水断水报警停机。检查冷却水、冷冻水系统是否正常。

e. 冷冻水超低温报警停机。检查冷冻水温度是否达到设定值，适当降低压缩机载位。

（3）油压低

①油泵管路堵塞或漏油，清洗疏通油管。

②油压调节阀调节不当或失灵。调整油压，拆检油压调节阀。

③油少。补充适量润滑油。

④曲轴箱进液，油泵吸入有泡沫的油而引起油压下降。停机，排除曲轴箱内制冷剂液体或更换新润滑油。

⑤油泵磨损。对油泵进行拆检。

⑥连杆轴瓦与主轴承、小头衬套与活塞销严重磨损，间隙过大。检查修理或更换严重磨损的零部件。

⑦油压表表阀未开或表失灵。检查表阀、校核压力表。

⑧油压差控制器进气管堵塞或控制器本身失灵，更换进气管，检修控制器。

⑨油过滤器脏堵。拆洗油滤网，注意同时清洗曲轴箱。

⑩油温高，润滑油黏度下降，造成油压低。

⑪曲轴箱后端盖垫片错位堵塞油泵进油通道。拆卸检查，调整垫片。

⑫曲轴油孔丝堵未安装，导致泄漏量增大，不能保证油压。

（4）油压过高

①油压调节阀未打开或开启度过小。调整油压调节阀。

②油路系统内部堵塞。疏通清理油路系统。

③油压调节阀阀芯卡住。拆检油压调节阀。

（5）曲轴箱中起泡沫

①制冷剂液体进入曲轴箱，压力降低时由于制冷剂液体蒸发引起泡沫。解决方法是抽空曲轴箱中制冷剂或更换新润滑油。

②曲轴箱内加油过多，连杆大头搅动润滑油引起泡沫。将过多润滑油放出。

③油分回油阀开启过大。关小手动回油阀，检修自动回油阀。

（6）油温过高

①曲轴箱内油冷却器未供水或水温高、水量不足等。检查冷却水系统。

②轴瓦与轴承装配间隙过小、润滑油含有杂质致使轴瓦拉毛等，异常磨损产生大量摩擦热。调整装配间隙，使之符合要求；更换新油，更换轴瓦等磨损零部件。

③排气温度过高。检查引起排气温度过高的原因。

④油温度计失灵。及时更换。

（7）压缩机耗油

压缩机虽然设置了一些油气分离设备，但是还会有少量润滑油会随排气一起进入系统，导致曲轴箱油位逐渐下降，只要不超出一定量可认为是正常的。一般标准为：8缸125系列不超过180g/h，8缸170系列不超过200g/h。若超出则要进行检查维修。

①活塞环、油环、汽缸套磨损。检查活塞环、油环锁口间隙，间隙过大的进行更换。

②油环装反或锁口安装在一条线上。重新装配油环，将三个锁口平均布置。

③排气温度过高，使润滑油汽化被带走。检查排气温度过高的原因。

④加油过多。将多余的润滑油放出。

⑤油分至曲轴箱自动回油阀失灵，高压级吸气腔至曲轴箱回油阀未关闭。检修油分离器的回油阀。

⑥当系统中的制冷剂大量迁移到压缩机曲轴箱时，制冷剂的汽化会带走大量润滑油。操作过程中注意调整供液，防止出现回液现象（图3-2）。

⑦轴封漏油过多。

⑧单机双级机组高压缸缸套密封圈失效。更换密封圈。

⑨油压过高。根据吸气压力调整油压，必要时检查油路是否有堵塞现象。

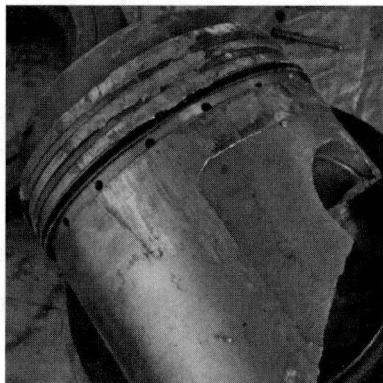

图 3-2　发生严重回液后的活塞

⑩能量调节卸载装置油缸处泄油：油活塞在油压推动下工作，带动拉杆运动，然而拉杆的尺寸限制了油活塞的运动，导致油活塞底部与油缸底部还有一定的距离。由于油压比低压吸气压力高 0.15～0.3MPa，工作时从孔隙处不断地往吸气腔内窜油，一部分油通过回油平衡孔回到曲轴箱内，另一部分油则窜入气缸后随同排汽进入制冷系统，导致压缩机排油量的增加。在油缸孔底部增设一垫片，使油活塞工作时能紧贴油缸底部，以消除间隙，从而进一步降低了压缩机耗油量。

⑪活塞式氨压缩机低压吸气腔的回油一般采用在吸气腔底部的机体上钻孔的形式，使吸气腔内的润滑油通过回油平衡孔直接回到曲轴箱内。压缩机经过一段时间的运行后，吸气腔内的积油越来越多，由于回油平衡孔的孔径太小或回油过滤网堵塞，导致部分润滑油来不及回到曲轴箱，而随同排汽进入制冷系统，导致压缩机排油量的增加。

（8）能量调节失灵

①油压过低。调整油压。

②油管堵塞。清洗疏通油管。

③油活塞卡住。拆卸清洗检查油活塞。

④拉杆与转动环安装不正确，转动环卡住。检查装配情况。

⑤油分配阀装配不当或失灵。

（9）排气温度过高

①冷凝压力高。检查冷凝器冷却水系统、冷凝器换热管结垢情况。详见冷凝压力高的排除方法。

②吸气过热度大。检查蒸发器供液是否过少，适当增大供液量；检查回气管道保温是否损坏。

③活塞上止点余隙容积过大。检测调整余隙容积。

④缸盖冷却效果差。检查冷却水、缸套内结垢情况。

⑤安全阀漏气。安全阀密封不严，高低压串气，会引起排温高。

⑥排气阀片破裂、缸套垫片漏气，引起串压，造成排温高。

⑦压缩机润滑不良，产生大量的摩擦热。停机检查润滑系统。

⑧压缩机吸气压力过低，压缩机压缩比大。

（10）曲轴箱中有敲击声

①连杆大头轴瓦与曲轴轴颈的间隙过大。调整更换新瓦或新曲轴。

②主轴承与主轴颈间隙过大。修理调整。

③开口销断裂，连杆螺栓松动。紧固螺栓，更换开口销。

④联轴器中心不正或联轴器键槽处松动。调整联轴器和检修键槽。

⑤主轴承润滑不良。查明引起油压低的原因。

（11）压缩机湿冲程

湿冲程是压缩机操作中的一种常见故障，造成的危害和后果相当严重，在操作过程中一定要注意避免这种现象的发生。

当压缩机发生湿冲程时，应立即关闭并卸载压缩机吸气阀和系统供液阀。利用压缩机的空车运转产生的热量使进入汽缸中的制冷剂液体汽化。当机体上的霜层逐渐融化，排气温度上升后，可上载至最低载位，并微开压缩机的进气阀，注意排气温度和压缩机运转声音的变化。如果排气温度下降或又有敲缸声，应再关闭吸气阀，直至正常。

在处理湿冲程过程中，应注意油压的变化，尤其在润滑油内混有制冷剂液体时更要注意。若油压不能建立，应立即停机。

如果压缩机曲轴箱内进液较多，可利用压缩机放油阀和放空阀将油和制冷剂放出。

产生压缩机湿冲程的主要原因有：

①节流阀开启度过大，向蒸发器或低压循环桶（气液分离器、中间冷却器）等供液过多，造成供液量大于蒸发量的状况。因此在返回压缩机的气体中就含有一定量的液体或引起低压循环桶（气液分离器、中间冷却器）液面升高，液体易随气体一起进入压缩机。

②启动压缩机时吸气阀开得过快。开机时注意要缓慢开启吸气阀。

③蒸发器冲霜不及时，蒸发器内部存油，外部结霜，引起换热效率下降，蒸发器内的制冷剂液体不能充分地吸热汽化。

④低压循环桶、气液分离器、中间冷却器选型过小。

⑤低压循环桶、气液分离器、中间冷却器安装不当，安装高度不够。

⑥热负荷变化剧烈，库房温差过大。

⑦放空气时供液阀开得过大。

⑧压缩机的制冷能力大于蒸发器的能力，导致压缩机吸气能力过大，使进入蒸发器的制冷剂液体未能及时蒸发吸热就被压缩机吸回。

（12）润滑油变色

①排气温度高使油炭化变黑。找出排温高的原因并清洗曲轴箱，更换润滑油。

②曲轴箱进水使油变乳黄色。

③运动部件异常磨损产生的污物。

（13）气缸中有敲击声

①气缸余隙容积过小。余隙容积的大小可参考设备出厂说明书的技术装配要求。气缸中余隙容积的尺寸可用压保险丝法测量。测量时将保险丝放置在活塞顶部，再装上排气阀门组、安全弹簧和气缸盖等，盘动压缩机几周后，拆下气缸盖，用千分尺测量保险丝的厚度即可得出气缸中的余隙容积。然后通过调整气缸套垫片厚度来调整余

隙容积的大小。

②活塞销与连杆小头间隙过大或缺油。加大压缩机的润滑压力，使油对部件进行充分的润滑。若油压加大后仍有敲击声，则必须更换磨损量大的活塞销。

③排气阀组螺栓松动。检查紧固气阀螺栓。

④油击。油击现象一般在发生压缩机启动后刚上载时，有类似液击的敲缸声，但很快就会消失。产生油击现象多是由耗油量过大造成的，可参考压缩机耗油量解决方法。

⑤液击。在压缩机刚启动时吸、排气管道内气体冷凝成的液体或在运行中供液量与蒸发量不平衡造成回液产生液击。机组在运行中注意供液量与蒸发量相平衡。

⑥气缸与连杆中心线不正或连杆扭曲。检查修理连杆。

⑦气阀弹簧、阀片碎片或油内杂质进入缸内。检查修理更换相关零部件。

⑧安全弹簧变形。更换安全弹簧。

⑨活塞与气缸套间隙过大。检查活塞和缸套（图 3-3）。

⑩吸气阀组弹簧松弛。

⑪安全弹簧变形，弹性小。

（14）气缸拉毛

图 3-3　发生严重敲缸后的活塞

气缸拉毛是指压缩机在运转过程中，气缸工作面被损伤的现象。通常气缸拉毛多发生在气缸的工作正面。开始拉毛时，气缸壁与活塞之间拉伤部位较小，拉痕轻微，造成气缸外壁局部温度升高。当发生这些现象后，如不及时修理，气缸壁被进一步拉损，使泄漏量加大，轻则影响压缩机的制冷量，缩短使用寿命；重则造成活塞与气缸报废，发生活塞被卡住等严重事故。

①活塞与气缸间隙太小，活塞环锁口间隙不当。更换合格活塞环。

②吸气中有杂质。检查清洗吸气过滤网。

③润滑油黏度太小或混有杂质。更换润滑油。

④排气温度过高，引起润滑油黏度下降。检查引起排气温度高的原因。

⑤连杆中心与曲轴颈不垂直，活塞走偏。检修校正连杆。

⑥压缩机回液，使气缸和活塞的温度变化剧烈。通常正常工作的压缩机是在过热的情况下运转，一旦低温的制冷剂液体被压缩机吸入，气缸壁突然遇冷，产生急剧收缩，造成活塞与气缸壁之间的间隙变小而拉毛。

⑦压缩机润滑不良。检查油压。

⑧活塞与气缸表面不光滑，其表面有毛刺。在安装、维修压缩机时，活塞与气缸表面，必须做到绝对干净，不得有毛刺现象。

（15）阀片破损

①压缩机湿冲程，阀片变形或破裂。注意操作，避免压缩机回液。

②阀片安装不平。安装阀片时要注意检查。

③阀片受腐蚀。

④阀片材质差。

⑤气阀弹簧断裂，碎片打坏阀片。

（16）轴封漏油

①油内有异物将动定环磨损、拉伤。检查研磨动定环。

②内外弹性圈老化。更换密封圈。

③同轴度差。校正主电机同轴度。

④曲轴箱压力过高。停机时将曲轴箱降压，如果曲轴箱压力上升很快要查明原因。

⑤定环盖与机体石棉垫损坏，引起漏油。

⑥轴封弹簧弹力不足，更换新弹簧。

（17）连杆大头熔化

①润滑油有杂质。更换新油，装配新瓦。

②油泵不供油或油压低。查明油压低原因。

③连杆大头轴瓦装配间隙小。调整间隙。

④曲轴油孔堵塞。检查清洗曲轴油路。

3.2.2.1.2 开启螺杆压缩机故障及处理

（1）机组不能启动

①机组压力高。当环境温度较高时，制冷系统冷凝压力也会升高，压缩机的排气压力较高，在停机后机组内部压力也会较高，这样在下次启动时容易造成压缩机的启动困难。打开均压阀，将机组内压力降低。如图3-4所示。若机组上没有连接均压管，可用安全放空的办法。直接将机组内压力降低。

②电源故障。如电源断电、电压过低等。检查电源情况。

图3-4　油分离器与低压管道的均压管

③机体内积油或存液过多。当上次停机时机体内存液未能及时排出，或压缩机启动时油泵运行时间过长，机体内存有大量润滑油。当压缩机再次启动时形成液体压缩，启动负荷大，造成不能正常启动。

将压缩机按旋转方向进行盘车，将机体内积液排出。若是单机双级压缩机，低压级内的润滑油可通过回油管回油（图3-5）。

④压力继电器报警未复位。检查引起压力超高报警原因并排除后，复位报警按钮。

⑤能量载位高（手动机组）。压缩机在上次停机时未进行卸载，压缩机启动力矩

大，不能正常启动。启动油泵将压缩机进行减载至零载位（图3-6）。

图 3-5　单机双级压缩机低压级回油管

图 3-6　自动机组载位开关

⑥机组冷冻水温度达到温度控制器设定值临界值或温度控制器故障（冷、盐水机组）。检查机组出水温度是否达到设定值及设定值是否合适，检查温度控制器及其接线是否存在故障。

⑦油压低，不能建立正常油压，压缩机不能启动。检查引起油压低的原因并排除。

⑧机组处于报警状态而未复位。常见的故障有冷却水断水保护、冷冻水断水保护、油温高报警、冷冻水超低温报警等，通过查看控制柜（手动机组）或控制台控制画面（自动机组），检查引起报警的原因，排除并复位。

⑨零载位开关损坏或零载位凸轮松动（自动机组）。即使压缩机处于零载位时，也无零载位信号输入。启动后压缩机一直处于卸载状态，最终会导致滑阀不动并报警，压缩机不能启动（图3-7）。

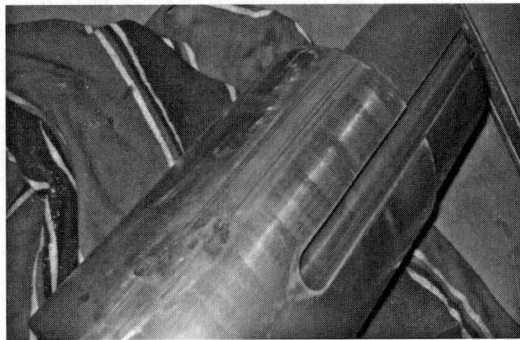

图 3-7　滑阀拉伤

检查压缩机的零载位开关的开断是否灵活正常。若不正常需要更换。检查凸轮是否松动使得零载位开关不能闭合。若凸轮错位，可调节其位置然后紧固。

⑩电动机绕组烧毁或短路。检查电机。

⑪压缩机与电动机同轴度超差。重新校正同轴度。

⑫控制柜内接触器、中间继电器等电器元件故障。控制柜内接触器由于长时间未使用维护，线圈发生锈蚀，使得主触点接触不牢，接触器闭合时发生异响振动，甚至会打坏触点。检查控制柜接触器线圈、触点，进行除锈、修理或者更换。

⑬控制柜与控制台之间的电路接线有误。检查电路。

⑭压缩机内磨损烧伤。由于缺油运行、异物卡死等原因造成机头盘不动车。对机头进行拆检。

（2）自动机组能量载位显示失灵

①由于机组振动或凸轮未紧固等原因，使凸轮转动错位，造成控制画面载位与实际载位不同步甚至出现载位显示失灵现象，如载位显示为负值或者数值超出100%。

处理办法：

a. 启动油泵，手动强制将压缩机卸至最小载位（卸不动为止）。

b. 检查调整零载位凸轮位置，使零载位开关闭合。

c. 手动强制上载至最高载位（卸不动为止）。

d. 检查调整满载位凸轮位置，使满载位开关闭合。

②电位器损坏。更换电位器。

（3）机组振动

①机组地脚螺栓未紧固。检查紧固机组地脚螺栓。

②压缩机与电机不同心。校正压缩机与电动机的同轴度。

③机组与管道的固有频率相同而产生共振，引起机组振动加剧。改变管道支撑点位置。

④吸入过量的润滑油或液体制冷剂。按压缩机回液进行操作或停机盘车将油排出。

⑤吸气压力过低。检查引起吸气压力低的原因。

（4）能量调节失灵

①压缩机吸气端盖石棉垫损坏，造成高低压串压，压缩机在启动瞬时增至满载，并不能进行减载。检查更换吸气端盖石棉垫。

②四通电磁阀故障。电磁阀的常见故障有阀芯卡住、线圈烧、密封圈失效等。若阀芯卡住，可用手推动电磁阀两端应急按钮，或对电磁阀阀芯进行拆洗。

③油管堵塞。疏通清洗油管。

④油活塞间隙过大、密封圈老化，上、卸载腔不能完全封闭，引起自动上载。检查更换油活塞密封圈。

⑤油活塞卡住。由于润滑油内含有的机械杂质，造成油活塞与油缸拉毛，油活塞卡住。对油活塞和油缸进行修理。

⑥滑阀拉毛卡住。对滑阀进行修理。

⑦油压低，能量调节动力不足。调整油压。

⑧满载限位开关松动，压缩机没有满载信号，到满载时还有上载信号输入。

⑨喷油导杆有毛刺、脏物使其卡住。拆检导杆，处理毛刺。

⑩螺旋导管与喷油导管不同心或有异物使其卡住。拆检相关部件，修理螺旋导管与喷油导杆拉毛处或更换新部件。

⑪喷油导管与螺旋导管的导向销断裂。检查更换导向销。

⑫能量指示器故障，如指针松动脱落等。

⑬能量指示器接线错误。

（5）压缩机排气温度过高

由于螺杆式压缩机的润滑采用喷油润滑方式，其排气温度较活塞式低，一般在100℃以下。甚至一般情况下不对排气温度参数进行检测，但若发现排气温度异常高时，也需要注意。

①由于压缩机喷油量不足或油内含有大量杂质造成不正常磨损。机体温度较高，拆检压缩机机头。

②机内喷油量不足。调整喷油量。

③油冷效果差，油温较高。检查引起油温高的原因并排除。

④吸气过热度过大。检查调整供液。检查回气管道保温是否损坏。

⑤压缩比过大。

⑥系统内混有不凝性气体。及时对系统进行放空气。

（6）机组耗油

①供液量过大、热负荷减少等原因引起压缩机回液，制冷剂液体进入压缩机，由于液体的蒸发带走大量润滑油。调整供液。

②油温过低，油分离效果差。

③压缩机启动过程中增载过快，在油温较低、油分离效果较差的状态下压缩机很快达到满载状态。

④加油过多，使油面没过挡板进入高效分离区。

⑤油分离器二次回油效果差。如油分离器回油管1和2同时打开，回油滤网堵塞；回油节流阀未开，油管路堵塞等（图3-8）。正确调整阀门状态，油分离器回油阀门1常开，阀门2常关（定期开）。注意清洗回油滤网。正确调整回油节流阀，有油时开大，无油时开小。

图3-8　回油滤网脏堵严重

⑥排气温度过高，部分润滑油汽化随排气带走。检查引起排气温度高的原因并排除。

⑦高效分油滤芯效率降低。更换滤网。

（7）油压过低

①油压调节阀开启度过大。适当调整阀门。

②油量不足。补充至足量润滑油。

③油路管路或油过滤器脏堵。清洗油过滤网。

④油泵故障、磨损。

⑤压缩机内部泄油量大。需对机头进行大修。

（8）压缩机在运转中突然停机

压缩机突然停机一般是由于某些运行参数异常而发生的报警保护停机或停电等，应首先关闭压缩机吸气阀，关闭系统供液阀。再查看控制柜或控制台控制界面报警信息并进行处理。常见的机组报警信息有：

①吸气过滤器压差保护。

②排气压力（中间压力）过高，使压力继电器动作。

③温度控制器调得过小或失灵。

④电机超载使热继电器动作或保险丝烧毁。

⑤油压过低使压差控制器动作。

⑥油温超高报警。

⑦吸气压力低报警停机。

⑧冷却水、制冷剂水断水报警停机。

还有就是控制电路故障，检查仪表箱接线端松动，接触不良等现象。

（9）压缩机及油泵轴封漏油（允许值为3mL/h）

①装配不良，轴封动环固定顶丝松动。重新装配。

②密封圈老化变形。更换新密封圈。

③动定环破损。由于油内机械杂质等造成轴封动定环接触面磨损，不能密封。更换新轴封。

④轴封弹簧弹力不足，动定环接触弹力小。更换新轴封。

⑤压缩机与电机同轴度差、管路振动等原因引起轴封漏油。重新校正同轴度。

⑥骨架轴封损坏。检查更换新骨架轴封。

（10）停机时压缩机反转

螺杆压缩机在停机后，由于压力回串，会带动转子反转，此时压缩机吸气阀、排气阀均为截止止回阀，在短时间内由于串压，允许几次反转。如反转严重，则说明止回阀关闭不严。主要原因有阀芯卡住、弹簧弹性不足或阀损坏等。对阀门进行拆检。

（11）油温高

①油冷却器效果下降。清除油冷却器传热面上的污垢，降低冷却水温或增大水量

（液氨量）。

②工质冷却油冷安装不当，不能保证充分供液、排气。参照工质冷却油冷却器与蒸发冷却器、虹吸罐的安装要求。

③工质冷却油冷工质侧存油。对工质侧进行放油。

④工质冷却油冷油侧存气。对壳程进行放空。

⑤排温高。检查引起排温高原因并排除。

（12）压缩机运行中油压表指针振动

①油量不足。补充足量润滑油。

②油过滤器堵塞。清洗油过滤网。

③油泵故障。检修油泵。

④油温过低。适当提高油温。

⑤油泵吸入气体，产生气蚀。

⑥油压调节阀动作不良。拆检油压调节阀。

（13）油泵常见故障

①油泵不打油。检查电机转向，电机是否缺相。

②油泵振动。原因有油泵气蚀，联轴器胶圈老化，管路振动等。

③油压低。

④轴封漏油。

（14）运行中有异常声音

①压缩机吸入大量液体产生液击。如压缩机启动过程中由于油击，运行过程中回液等造成液击。

②润滑油脏、吸气滤网破损等造成异物进入压缩机内机体内，造成转子磨损（图3-9）。检查压缩机吸气过滤器，注意对压缩机进行换油。

图 3-9　转子磨损

③止推轴承磨损破裂，转子轴向窜动量大，分别与吸气端座和排气端座发生摩擦拉伤，如图3-10所示。检修机头。

④机组油压低运行或润滑油较脏等原因造成滑动轴承磨损、转子与机壳摩擦，如图3-11所示。检修机头。

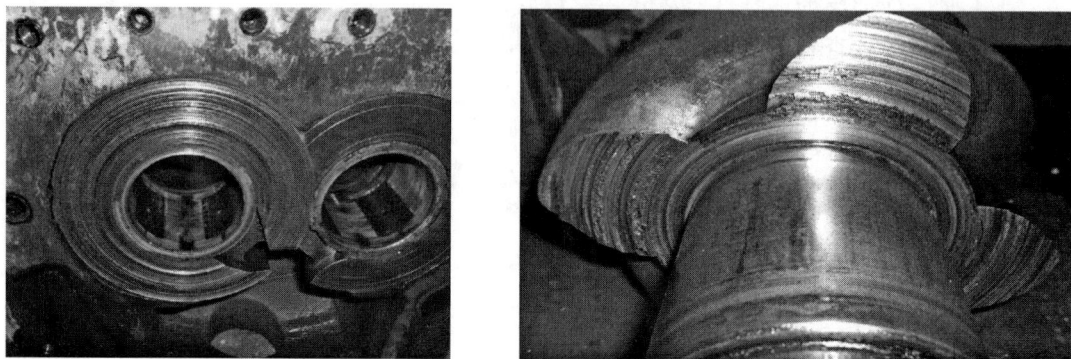

图3-10　止推轴承损坏导致磨损

⑤联轴节松动。检查联轴节。

图3-11　滑动轴承的磨损

3.2.2.2　其他部件的操作管理

冷库系统中的安全装置可以降低运行中的危险情况的发生频率。但是，仍会有错误的操作发生。因此，还必须制定科学合理的安全操作规程，并严格执行。

为了使制冷系统安全运行，有三个必要的条件：第一是系统内的制冷剂不得出现异常高压，以免设备破裂；第二是不得发生湿冲程、液击等错误操作，以免破坏压缩机；第三是运动部件不得有缺陷或紧固件松动，以免损坏机械或导致制冷剂泄漏。下面详细介绍冷库制冷系统的常见操作管理。

（1）阀门及管路的操作管理

一般情况下，要求阀门的开启和关闭都应缓慢进行。向容器内充装制冷剂时，阀门应缓慢打开，以免造成容器的脆性破坏；开启供液和回气阀门时，应缓慢进行，防止压力波动过大或引起液击；严禁敲击、碰撞低温设备的阀门，尤其是铸铁阀门，防止低温脆性；液体制冷剂管路及水路的阀门应缓慢关闭，防止发生"液锤"现象破坏管路及阀门；严禁将有液体制冷剂的管路和设备的两端阀门同时关闭，防止引起"液爆"。易发生液爆的部位包括：

①冷凝器与贮液器之间的管路。

②高压贮液器至膨胀阀之间的管道。

③高压设备的液位计。

④容器之间的液体平衡管。

⑤气液分离器、循环贮液器至蒸发器的管道。

⑥泵供液的液体管道。

⑦容器至紧急泄氨器之间的液体管路等。

开启阀门时，为防止阀芯被阀体卡住，要求转动手轮不应过分用力，当开足后应将手轮回转 1/8 左右，这也方便其他操作者判断阀门的开、关状态。

对于 DN25 以上的阀门，要求开、关时，应先松开填料压盖（盘根），待阀门打开或关闭后再轻轻扭紧，以不泄漏为止，这样做是为了减轻阀杆对填料的磨损。如果阀门盘根在扭紧压盖后仍然泄漏，就必须更换新的填料。

（2）油分离器的操作管理

活塞压缩机的油分应及时回油或放油；洗涤式油分注意控制供液量并及时放油；螺杆压缩机组自带的油分不须放油，但必须控制油位，过滤式油分应及时将二次油分滤油网过滤出来的润滑油回流压缩机中。

（3）冷凝器的操作管理

根据压缩机的制冷能力和冷凝器的热负荷，调整冷凝器、冷却水泵或风机的运行台数，实现经济合理的运行。同时还应当注意：

①运行前要检查各阀门的开关情况。

②冷凝器压力一般不超过 1.5MPa。

③经常检查冷却水的供应情况或风机的风量情况，保证水量或风量足够且分配均匀。确保合适的进出水温差，蒸发冷为 8~14℃，立式和淋激式为 2~3℃，卧式为 4~6℃。冷凝温度比出水温度高 3~5℃。

④定期检验冷却水是否含氨以确定冷凝器是否泄漏；定期检验水质是否盐分过高，并及时更换。

⑤根据冷凝压力、温度与水温或空气的温度分析是否应当排放空气；氨冷凝器要根据耗油情况判断是否应当放油。

⑥根据水质情况，定期清除水垢，水垢厚度一般不超过 1mm。一般一年清洗一次。

⑦蒸发冷运行时，应先开风机，后开水泵，再开进气阀和出液阀。喷嘴应保持通畅

并定期清除水垢。

⑧冷凝器停止工作时，应先关进气阀，隔一段时间再关闭冷却水泵或风机电源。冬季不使用时，要将冷凝器中存积的水全部放掉，防止冻坏设备。

（4）高压贮液器的操作管理

操作高压贮液器时注意控制液位高度，多台贮液器同时使用时要打开气体、液体的平衡阀，压力不超过 1.5MPa，有空气或油时及时排放。长期停机时，应将制冷剂回收至贮液器，防止其他设备泄漏造成浪费。高压贮液器如图 3-12 所示。

图 3-12　高压贮液器

（5）中间冷却器的操作管理

根据液面指示器的高度和高压级的吸气温度来调整供液阀的开度；氨系统根据耗油情况按时放油。中间冷却器停止工作时，中间压力不应超过 0.6MPa，超过时应采取降压或排液措施。中间冷却器如图 3-13 所示。

图 3-13　中间冷却器

（6）低压循环桶的操作管理

使用前先检查阀门的开关情况，然后打开液体调节站或高压贮液器的供液阀，待液面达到 1/3 高度时，打开循环桶的出液阀，启动供液泵向系统供液。为防止桶内液体被短时间抽空造成泵无法正常工作，泵的出液阀应适当关小，待经过一段时间的运行后液面稳定，再将出液阀开至正常位置。

运行时，液面高度应保持在容器高度的 1/3 左右，特别是开始降温、停止降温、冲霜排液时，要注意液面高度。若液位超高应关小或关闭供液阀。氨系统要定期放油，氟系统要采取有效措施回油。低压循环桶如图 3-14 所示。

（7）排液桶的操作管理

排液桶在进液前，应先检查桶内液面及压力，若有液体应先排液，再打开降压阀把桶内压力降至蒸发压力后关闭。打开需要排液设备的出液阀和排液桶的进液阀进行排液，桶内液位不应超过 70%。排液完毕关闭进液阀，进行放油。油放尽后，关闭高压贮液器至调节站或循环贮液器的供液阀，打开增压阀、排液桶至调节站或循环贮液器的供液阀，将排液桶中的液体压力提高并送到低压系统中。桶内排放完毕，关闭排液桶的供液阀，打开降压阀把桶内压力降至蒸发压力，为下一次排液工作作准备。打开高压贮液器至调节站或循环贮液器的供液阀，恢复系统的正常供液。排液桶如图 3-15 所示。

图 3-14　低压循环桶

图 3-15　排液桶

（8）集油器与放油的操作管理

系统运行时，应及时排放各设备中的存油。通过统计记录中记录的加油量和放油量来判断系统是否需要放油。对于氨系统，通常通过集油器来放油（图 3-16）。设备的放油最好是在停机时进行，这样做不仅可以提高放油效果而且安全可靠。具体操作方法如下：

①打开集油器的降压阀，待压力降至吸气压力后关闭。

②打开需放油设备的放油阀。应逐台放油而不能同时进行，以免互相影响。

③缓慢打开集油器的进油阀，使油进入集油器；观察集油器压力表的变化，当压力较高进油困难时，关闭进油阀，重新降压。反复进行，逐步将设备中的油放出。

图 3-16　集油器

④集油器的进油量不得超过 70%。

⑤当集油器进油阀后的管路上结霜或结露时，说明放油设备的油基本放净，应关闭设备的放油阀和集油器的进油阀。

⑥微开集油器降压阀，使油内的氨液蒸发。

⑦当集油器内的压力比较稳定不再升高时，关闭降压阀；静置一段时间后待压力升

图 3-17　空气分离器

至稍高于大气压时，可以打开集油器放油阀向外放油。

（9）空气分离器与放空气的操作管理

为减少氨气对空气的污染，氨系统中一般采用空气分离器排放系统中的不凝性气体。空气分离器如图 3-17 所示。

①操作步骤。

a. 开启混合空气进入阀（第一层），再开启降压阀（第二层），放空气时，降压阀始终开启。

b. 稍稍打开进液节流阀（第四层），使氨液进入二、四层蒸发吸热，混合气体中氨气遇冷凝结成液体（第一层），空气积存于上部（第三层）。

c. 稍稍打开放空气阀，将空气放入水中。

d. 当空气分离器底部外壳结霜超过 1/3 时，关闭进液节流阀，开启空气分离器上的节流阀，使空气分离器内的氨液节流后汽化，吸热直到霜层融化。然后关闭设备上的节流阀和进液节流阀。

e. 放空气结束后，先关闭混合气进入阀，然后依次关闭进液节流阀、放空气阀，开启设备上的节流阀至霜层全部融化后再关闭，最后关闭回气阀，放空气结束。

②操作注意事项。

a. 进液节流阀不应开启过大，应根据回气管道的结霜情况进行调整。回气管未保温时，管上的结霜长度不宜超过 1.5m，回气管外包保温层时，则回气管不结霜。

b. 混合气体进入阀应全开。

c. 放空气阀要开小些，减少放空气时氨的损失，其开启的大小应根据水温升高及水中气泡的情况来判断。若气泡呈圆形并在上升过程中无体积变化，说明放出的是空气，如上升过程中气泡体积减小，则说明放出的气体中有较多的氨气，这时应关小放空气阀，如水温上升明显，并发出强烈的氨味，水逐渐呈乳白色，并发出轻微的爆裂声，则说明有氨液放出，应停止放空气操作。

（10）冲霜的操作管理

①热氨融霜操作。融霜时，最好用单级压缩机排出的气体，由于其温度高，可缩短融霜时间。冬季融霜，为提高压缩机的排气温度，可适当减少冷凝器的台数或减少冷却水。但严禁关停全部冷凝器，以免发生事故。

融霜操作最好选择在出库后、库内无货或货物很少时进行。

将排液桶调整到工作状态，没有排液桶时将液体排入低压循环贮液桶，若使用低压循环贮液桶，首先须调节供液量，使低压循环贮液桶内液面不高于 30%，以便接收融霜排液。其操作步骤如下：

a. 首先关闭调节站的供液节流阀，延时关闭回气电磁阀，停止蒸发器工作。

b. 打开液体调节站上的排液阀和排液桶上的进液阀，使氨液能流入排液桶中。

c. 缓慢打开热氨融霜阀，增加蒸发器内的压力，但不应超过 0.6MPa。然后用间歇关、开调节站上排液阀的方法进行排液。排液时，排液桶的贮氨量不超过 70%，如达到 70%，应先排液再进行融霜。

d. 当蒸发器排管外霜层全部融化脱落后，再开一次排液阀，排尽管内凝液和积油，然后关闭热氨阀，排液阀停止融霜。再缓慢开启回气阀，降低排管内的压力，当降至系统回气压力时，开启供液阀，恢复制冷工作。

②水冲霜的操作（适用于冷风机）。首先关闭冷风机供液阀，延时关闭回气阀，停止冷风机风扇的运转。然后将冷风机排水口打开，启动冲霜水泵，开冲霜水冲霜。注意冷风机排管内压力超过 0.6MPa 时，应开启回气阀降压。冲霜完毕后，关冲霜水阀、停水泵，开冲霜水泄空阀，放尽管内存水以免冻结。待冷却排管上的水滴尽时，缓开回气阀，待排管内压力与回气压力相等时，开启供液阀，延时 1~3min 再开通风机，避免管表面附着的水被风带入冷间造成库内力升高，破坏保温维护结构；同时亦减轻了风机叶片及风扇外罩结冰情况，保证了风机的正常运行。

③热氨与水配合冲霜（适用于冷风机）。此环节的操作：首先用热氨融霜，大约 5min 后，霜层与排管表面脱开，然后开冲霜水泵和冲霜水阀，用水冲霜，15~20min 可冲完。冲毕停冲霜水，开回水阀，放尽管内存水；待管壁干燥后停热氨，调整阀门，恢复正常工作。

3.2.2.3　冷库制冷系统故障及处理

引起冷库制冷系统故障的原因有很多，常见冷库制冷系统故障及原因分析见表 3-5。

表 3-5　冷库制冷系统故障及原因分析

常见故障	故障现象	原因分析
凝露和漏水	漏水	1. 下水不通
		2. 水管坡度小
		3. 排水加热丝坏
		4. 排水管损坏
		5. 接水盘加热管损坏
		6. 地漏堵塞
	库顶凝露或结冰	1. 冷库密封差
		2. 顶板塌陷
		3. 电加热管功率过大
		4. 化霜时间及终止温度设定存有偏差
		5. 库门长时间敞开或开门频繁
		6. 库内存放商品含水量太大
		7. 库内湿度太大

续表

常见故障	故障现象	原因分析
库门和门框问题	同"原因分析"	1. 库门密封差,结冰
		2. 库门紧拉不动
		3. 库门防撞不好
		4. 库门安全装置失效
		5. 库门报警不响,库灯不亮
震动和异响	有异响	1. 蒸发器震动大,有异响
		2. 化霜时有声音
		3. 蒸发器霜堵,导致风循环不畅通
制冷差和霜堵	制冷差	1. 缺氟
		2. 膨胀阀脏堵
		3. 膨胀阀冰堵
		4. 膨胀阀过热度过大或过小
		5. 风机与扇叶损坏
		6. 一次性上货多使降温速度慢
		7. 开门时间过长
	霜堵	1. 化霜加热丝损坏
		2. 膨胀阀流量大
		3. 库门打开的时间长
		4. 化霜时间短
		5. 一次性上货过多或开门时间过长导致进入冷库内的水分太多
		6. 化霜终止温度探头位置不对

3.2.2.3.1 制冷系统管路震动

①管道加固不牢。对管道进行加固,必须先把管子托起来,两边拉起加固,同时还需避免管道移动。

②管子弯曲角度小,气体流动阻力大。管子的弯曲应达到以下几点要求:

a. 管子的弯曲角度要准确。

b. 在弯曲处的外表面,要平直和圆滑,没有皱纹和裂纹。

c. 在弯曲的横断面上,没有明显的椭圆形状。弯管的尺寸由管子的直径、弯曲半径、弯曲角度三者确定。弯曲半径按管径大小或设计要求而定。弯曲角度根据图纸或施工要求而定。在氨系统中,管径在 $\Phi 57mm$ 以下的弯曲半径不得小于管道外径的 3.5 倍,大于 $\Phi 57mm$ 的管道,其弯曲半径应按表 3-6 中的规定确定。

③排气管的吊点距离过大。排气管的吊点距与管道的管径和长度有关(表 3-7)。

④排气管管径尺寸小,气体流速过大。气体流动速度的大小与管道的管径有关,管径越细,气体流动速度越快;管径越粗,气体流动速度越慢。

表 3-6　制冷管道的最小弯曲半径

管道直径×管壁厚 /（mm×mm）	最小弯曲半径/mm	管道直径×管壁厚 /（mm×mm）	最小弯曲半径/mm
Φ57×3.5	140	Φ133×4	400
Φ76×3.5	200	Φ159×4.5	500
Φ89×3.5	225	Φ219×6	660
Φ108×4	325	Φ245×8	740

表 3-7　管道吊点最大间距

管道直径×管壁厚 /（mm×mm）	管道吊点最大间距/m			
	气体管不保温	氨液管不保温	气体管保温	氨液管保温
Φ10×2.0		1.05		
Φ14×2.0		1.35		0.45
Φ18×2.0		1.55		0.60
Φ22×2.0	1.95	1.85	0.75	0.76
Φ32×2.0	2.60	2.35	1.02	1.02
Φ38×2.2	2.85	2.50	1.20	1.16
Φ45×2.5	3.25	2.80	1.42	1.40
Φ57×3.5	3.80	3.33	1.92	1.90
Φ76×3.5	4.60	3.94	2.60	2.42
Φ89×3.5	5.15	4.32	2.75	2.60
Φ108×4.0	5.75	4.75	3.10	3.00
Φ133×4.0	6.80	5.40	3.80	4.65
Φ159×4.5	7.65	6.10	4.56	4.30
Φ219×6.0	9.40	7.38	5.90	

注　正常间距为管道最大间距的 0.8m，若管道拐弯或连接附件，应于一侧或两侧增加吊点。

⑤如果管道安装不按流体流动方向来连接，就会因流动阻力大而使管道产生很大的摩擦和震动。因此管道连接要求考虑流体流动方向。配置弯管时，必须将管道依照制冷剂流动方向弯曲，如图 3-18（a）所示。管径小于 Φ57mm 的管道作直角焊接时应选用大一号直径的管道连接，如图 3-18（b）所示。为防止由于焊接而缩小管道截面，不同直径的管道进行直线焊接时，应将直径较大的管道连接端进行缩口处理，缩小到与小管径相等再进行焊接，如图 3-18（c）所示。

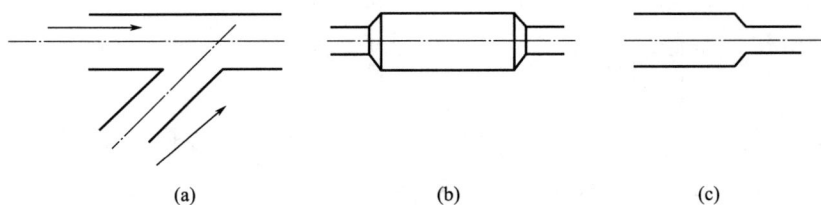

　　　　(a)　　　　　　　　　　　(b)　　　　　　　　　　　(c)

图 3-18　管道的连接

3.2.2.3.2　冷凝器中液体不易流出

冷凝器中液体不易流出的原因如下：

①高压贮液器内有空气。及时对系统进行放空。

②冷凝器与高压贮液器之间的均压阀未开启。将均压阀打开，平时也呈开启状态，只有检修时才关闭。

③冷凝器油污过多，出液口有局部堵塞。将冷凝器内润滑油及时放出。

④均压管安装不当，将高压贮液器的平衡管接到压缩机排气管上，这样使高压贮液器内压力较高，冷凝器内液体不能顺畅地流入高压贮液器。

⑤高压贮液器位置过高，与冷凝器之间的高度差小。通常安装时，冷凝器的出口应高于高压贮液器上进液阀至少300mm。

3.2.2.3.3　中间压力过低

①高、低压容积比过大。低压级压缩机排出的气体量不足以满足高压级压缩机的吸入需求，导致中间压力降低。高压级与低压级的容积比一般为1∶2或1∶3，要符合实际制冷工况。

②中间冷却器选型过大。

③低压级排气量小。由于热负荷减少，库房温度低，低压级压缩机吸气阀未开足、未满载位运行等原因，造成低压级排气量小，引起中间压力低。

3.2.2.3.4　低压循环桶液面不稳定

①热负荷变化剧烈。冷却排管中的制冷剂液体来不及蒸发，回气中带有大量液体，使桶内液面升高。当库房或热负荷发生变化时，应提前通知机房设备操作人员。可将压缩机吸气阀适当关小，待温度下降稳定后，再逐渐开大吸气阀。

②低压循环桶供液节流阀调整不当。低压循环桶的供液量应与蒸发器的蒸发量相对应，这样液面才会稳定。但如果低压循环桶供液节流阀开启过大或过小都会引起液面波动。

③自动供液装置失灵。低压循环桶的自动供液装置一般采用UQK-40浮球阀和电磁阀联合来控制液位。若浮球阀失灵不能控制液位，或电磁阀关闭不严，在停机后桶内液位继续上涨。可以首先采用手动供液，然后对自动供液装置进行拆检。

浮球阀的故障主要出现在以下几个方面：

a. 浮球阀线圈烧坏或接线不良。检查线圈及接线。

b. 浮球浮子破裂泄漏，不能浮动。检查浮球浮子。

c. 浮球卡住，不能活动。检查清洗浮球浮子。

电磁阀的常见故障主要有：

a. 通电后不能开启。电磁阀正常开启时应有清脆响声。若通电后电磁阀不能开启，可能是线圈烧坏、断路，或动铁芯卡住、损坏。

b. 断电后不关闭。往往是由于动铁芯、弹簧卡住或者剩磁的力量吸住动铁芯。

c. 电磁阀关闭不严。原因主要有系统中的杂质将阀座垫脏，阀芯拉毛，弹簧变形等。需要对电磁阀进行拆检和清洗。

d. 电磁阀泄漏制冷剂。在拆装过程中往往会造成电磁阀密封垫圈的损坏，或垫圈放置不当，紧固不牢等。

④低压循环筒下部存油过多。

⑤在制冷降温过程中，突然增加压缩机运转，导致大量氨液返回。操作过程中要增加压缩机运行台次时，要注意调整，避免吸气压力变化过大。

3.2.2.3.5　冷凝温度过高

冷凝温度是指制冷剂在冷凝器中凝结时的温度。该温度与冷凝压力是相对应的。冷凝温度的高低取决于冷却水或空气的温度以及冷凝器的冷凝效果等。

通常用的水冷式冷凝器冷凝温度比冷却水进水温度要高 5~9℃，空冷式冷凝器冷凝温度比空气温度高 8~12℃。如果在制冷系统的操作过程中，制冷剂的冷凝温度高于正常值，表明冷凝压力较高，压缩比增大，引起制冷量下降、耗电量增加，恶化压缩机的运行工况，导致制冷系统的经济、安全性下降。常见原因有：

①冷却水水量不足。压缩机排出的高温气体不能很好地降温，使冷凝温度上升。检查冷却水系统中的水泵运行状况、冷却水量、水过滤器等。

②冷却水水温较高。冷却水温度对冷凝温度的影响非常明显。从一年四季的压缩机运行参数上可以明显地看出：在温度较低的季节，冷凝温度一般都比较正常，但在夏季，冷凝温度（压力）往往都比较高。因为冷却水的温度是受当地环境温度影响。当环境温度升高时，湿球温度也升高，冷却水经凉水塔冷却后的温度也比较高，冷凝温度自然也会比较高。

为降低冷却水温度，可根据当地条件，如改善凉水塔冷却条件，适量地更换部分冷却水或采用深井低温水补充等来实现。

③冷却水分布不均。对于立式、淋浇式冷凝器来说，由于配水器部分堵塞造成冷却水分布不均，冷凝效果差。应检查疏通配水器。对于卧式壳管式冷凝器来说，由于水室搁板密封垫损坏或定位不好，造成冷却水短路。如果冷凝器冷却水短路，冷却水进出压差较小，则需要拆开端盖更换垫片。

④制冷系统中使用的冷却水受当地水质的影响，往往含有一定的硬度。这些水中的矿物质受到热的作用，会发生沉淀并凝结成水垢。水垢导致换热管换热效率下降。

冷凝器换热管的污垢，必须根据工作情况定期清除。水垢的清除方法，应视冷凝器的结构和水垢的成分而定。

⑤冷凝器内有空气。对系统进行放空。

⑥制冷剂过多。放出过多制冷剂。

⑦冷凝器选型小。按设计要求进行核算，适当增加换热面积。

⑧冷凝器内液体不易流出。参照故障 3.2.2.3.2 解决方法进行排除。

3.2.2.3.6 蒸发式冷凝器换热效果差

蒸发式冷凝器（简称蒸发冷）由于其冷却水系统大大简化的优点，使其在大中型制冷系统有了广泛的应用。但由于其工作的因素、条件不同于其他类型冷凝器，这里单独对影响蒸发式冷凝器的因素进行说明。

①空气湿球温度。进入蒸发冷的空气的湿球温度对蒸发冷起决定性作用，湿球温度低，冷凝温度随之降低。所以蒸发冷在干燥的环境下具有较高运行效率。

②喷淋水量。蒸发冷喷淋水量以能全部润湿换热管表面形成连续的水膜为最佳，低于或超出这个喷淋水量，反而不利于热交换。

③空气的流量。空气的流量减少时，换热效果下降。风量应与进风湿球温度有关，湿球温度高，风量一般应较大，但风量增大，风机的电耗随之增加，并且会带走过多的水滴，致使冷却水消耗量增加。

3.2.2.3.7 库房降温困难

①供液阀开得过大或过小。根据库房温度要求，调整供液阀使吸气过热度保持在5~10℃。

②制冷系统中制冷剂充注过多或过少。

③蒸发器供液管或回气管有阻塞现象。

④蒸发器换热管外部结霜严重。及时对蒸发器进行冲霜。

⑤蒸发器换热管内存油较多。

⑥蒸发器供液方式不合理。库房内各蒸发器供液不均。

⑦库房隔热保温效果差。

3.2.2.3.8 系统中某些部位易泄漏氨制冷剂

①压缩机吸气阀、排气阀。压缩机的吸、排气阀开闭比较频繁，而且在停机或运转中由于回液关系，阀门的密封填料会因温度下降导致材料收缩，引起泄漏。在日常操作和维护中，要注意紧固阀门盘根。

②轴封。由于磨损、密封圈老化等原因引起漏油并泄漏制冷剂。

③管道法兰连接。法兰连接的密封垫圈老化、变形，或是法兰螺栓紧固不均匀，常常会引起泄漏。因此在拆卸和重新安装法兰时一定要注意密封垫圈是否完好，并在紧固过程中要均匀用力。

④设备上的丝接阀门或丝堵连接处。由于松动等原因，经常会出现泄漏。

3.2.2.3.9 蒸发温度（压力）过低

制冷系统的蒸发温度是指制冷剂在蒸发器中沸腾时的温度，该温度与蒸发压力是相对应的。蒸发温度的高低是根据生产或工艺要求的温度来决定的。通常蒸发温度比库房中的空气温度低8~10℃，比盐水温度低8℃左右。如果蒸发温度比生产或工艺要求温度过低，那么蒸发压力比较低，压缩机的制冷量、制冷系数都会下降，导致压缩机耗电量增加，压缩机的运行工况变恶劣，系统的经济性变差。所以在操作中要尽量避免出现过低的蒸发温度。引起蒸发温度过低的常见原因有：

①压缩机与蒸发器的换热面积不匹配。

②蒸发器换热管制冷剂侧积油、换热管外部或制冷剂侧结霜，使换热热阻增大，换热效率下降。这就要求在操作中周期性地对蒸发器进行热氨冲霜、清洗等维护工作。

③对冷却盐水机组来说，盐水浓度配置不够，导致凝固点较高，在压缩机运行时会在换热管结有一层冰衣，引起换热性能下降，从而使得蒸发温度下降。

④由于节流阀开启度过小、制冷剂液体过滤器脏堵、供液管道堵塞等原因引起供液不足，进入蒸发器内制冷剂无法满足压缩机吸气要求，导致蒸发压力下降。检查调整节流阀开启度，清洗过滤器，疏通清洗供液管道，保证供液通畅充足。

⑤制冷系统中制冷剂不足。按机组或系统要求补充足量制冷剂。

3.2.2.3.10　压缩机排气压力与冷凝压力之差高于正常值

排气压力是指压缩机排出处的压力，冷凝压力是指冷凝器中制冷剂凝结时的压力。为克服管道、阀门（特别是止回阀）的阻力流到冷凝器，压缩机的排气必然要高于冷凝压力。其压力差一般控制在相当于制冷剂饱和温度差 0.5℃ 左右。若超出这个数值，就需要对系统进行检查，常见的原因有：

①排气阀未全开。全开排气阀。

②排气管道内局部堵塞。检查清理堵塞物。

③排气管道设计、安装不合理：排气总管管径过小，排气管道阻力过大。

3.2.2.3.11　吸气压力与蒸发压力之差高于正常值

吸气压力是指压缩机吸入口处的压力。蒸发压力是蒸发器中制冷剂沸腾时的压力。蒸发器内的气体在流到压缩机吸入口之前要克服管道和阀门阻力损失，所以蒸发压力总是高于吸气压力 0.01~0.02MPa。但压力差若超出这个范围，说明是不正常的。原因主要有：

①压缩机的吸气阀未全部开足，使阀前后形成较大的压力差。将阀门开足。

②压缩机的吸气过滤器脏堵。对吸气过滤器进行清洗。

③压缩机回液。

④蒸发器压力表和压缩机吸气压力表误差大。

⑤压缩机吸气管道过长，弯曲部位过多，气体流动阻力大。

⑥多台压缩机合用一条吸气管道，进气条件差的压缩机吸气压力就会较低。

3.2.2.3.12　屏蔽氨泵常见故障

（1）电机不转且无声

断电或两相缺电或保险丝断。对电源、接线进行检查。

（2）电机不转，但有声音

①三相缺一相。对电源及接线进行检查。

②叶轮、轴承损伤或被污物堵塞造成泵的堵转。检查清洗过滤器和氨泵。

（3）氨泵不打液，报警停机

①氨泵反转，氨泵电流偏低。调整转向。

②过滤器脏堵。清洗氨液过滤器。

③没有足够的稳定吸入压头。在设计、安装时注意低压循环桶安装高度要满足氨泵的吸入压头要求，操作时在保证安全的前提下，可适当提高桶内液面高度。

④氨泵进入阀关闭。检查调整氨泵进入阀。

⑤气蚀。调整减压阀，放出泵内气体。

⑥泵体内存油。放出泵体内存油。

⑦氨泵欠压保护压差控制器设定值过高。根据系统实际压力对压差进行重新设定，一般设定值范围：0.01~0.04MPa。

⑧氨泵欠压保护压差控制器失灵或压力传导管堵塞，造成误报警。

（4）氨泵运转时产生不正常的噪音

①氨泵气蚀。

②氨液中有杂质，氨泵轴承磨损。

注意：

①屏蔽泵出口处的抽气阀，除在检修泵时关闭外，在运行期间或暂停运转期间，均应处于微开状态，开启一圈左右。初投产试泵应将抽气阀开大，上液正常后再关小。

②屏蔽泵不得在无液体情况下启动，也不得在无液体状态下试验转向。

③压差控制器调节值不宜过高，否则易掉泵。

3.3 冷藏运输设备

3.3.1 冷藏运输制冷机组常见故障及处理

由于冷藏运输设备种类不同，有的系统比较复杂、部件较多，因此，故障的种类和原因也比较多。为了降低故障诊断的难度，提高故障诊断的准确度，可以采用故障分类的方法，对冷藏运输设备的故障罗列分类，以提高故障诊断效率。

非独立式冷藏汽车制冷机组、独立式冷藏汽车制冷机组（含半挂式冷藏汽车制冷机组），涵盖了大中小型冷藏货车、机场冷藏送餐车、冷藏半挂车等冷藏汽车类型的应用需求。它们的制冷系统原理相同、零部件类似。

为了保证冷藏运输设备能够安全、高效地长期正常工作，相关技术人员需要准确地判断故障点并分析原因。在冷藏运输中，除了运载设备（如车轮、驾驶室等）本身可能存在的故障外，制冷机组的故障为最主要的。在对运输设备的运行管理和维修中可以通过以下方法来对制冷机组的故障进行分析和判断。

①看制冷机组运行时高、低压力值，油压值，冷却水进出口水压值等参数，这些参

数值以满足设定运行工况要求为正常，偏离工况要求为异常，每一个异常的工况参数都可能包含着一定的故障因素。此外，还要注意看制冷机组的一些外观表象，例如出现压缩机吸气管结霜的现象，就表示制冷机组制冷量过大，蒸发温度过低，压缩机吸气过热度小，吸气压力低，将会引起活塞式制冷机组"液击"现象（图 3-19）。

图 3-19　"液击"现象

②在全面观察各部分运行参数的基础上，进一步查看各部分的温度情况，测量制冷机组各部分及管道温度、两器的进出口温度，检查压缩机工作温度及振动，管道接头处的油迹及分布情况等。正常情况下，压缩机运转平稳，吸、排气温差大，机体温升不高，冷却水进、出口温差大，各管道接头处无制冷剂泄漏、无油污等。出现任何与上述情况相反的表现，都意味着相应的部位存在着故障因素。

用手触摸物体测量温度是一种近似测温方法，要准确测定压缩机的温度应使用点温计（图 3-20）或远红外线测温仪等测温仪器，从而迅速准确地判断故障。

③通过对运行中的制冷机组异常声响来分析判断故障性状和发生的位置。除了听制冷机组运行时的总声响是否符合正常工作的声响规律外，重点要听压缩机有无异常声响。例如，运转中听到活塞式压缩机发出如"咚咚咚"声，或者有不正常的振动声音，表明压缩机发生了"液击"故障。

④在以上的基础上，使用万用表、钳形电流表、绝缘电阻表、点温计或远红外线测温仪等仪器仪表，对机组的绝缘

图 3-20　点温计

电阻、运行电流、电压、温度等进行测量，从而准确找出故障的原因及其发生的部位，迅速予以排除。

针对各类故障点，分析故障产生的可能原因。表 3-8 详述了制冷系统故障原因。另外，由于独立式和半挂式冷藏汽车制冷机组配置有独立的动力系统，故将动力系统相关故障点总结于表 3-9～表 3-11。

表 3-8   冷藏汽车制冷机组制冷系统故障原因分析

故障现象	可能原因	
系统不制冷	压缩机故障	离合器故障
		压缩机损坏
		皮带故障
	制冷系统故障	除霜循环不能终止
		压力异常
		热气旁通阀故障
系统运行但制冷效果差	压缩机故障	离合器故障
		压缩机损坏
		皮带打滑
	制冷系统故障	压力异常
		膨胀阀故障
		无蒸发风量或蒸发风量过小
	发动机故障	发电机转速不足
制冷运行时间很长或一直运行在制冷模式	热负荷大	热负荷超过机组制冷能力
	箱体故障	箱体保温差或漏空气
	制冷系统故障	压力异常
		控制器故障或温度设置不正常
	压缩机故障	压缩机损坏
		皮带打滑
系统不制热或制热效果差	制冷系统故障	压力异常
		控制器故障/温控异常
		热气旁通阀故障
	压缩机故障	离合器故障
		压缩机损坏
		皮带故障
	发动机故障	发电机转速不足
化霜故障	自动化霜未能启动	化霜传感器开路或故障
		失去终端连接
		控制器故障
	手动化霜无法启动	微处理器故障
		失去终端连接
		化霜传感器开路或故障
		控制器故障
	启动但未进行化霜	热气旁通阀故障
	频繁化霜	化霜传感器故障
		湿负荷大
	化霜未正常结束	化霜传感器故障

续表

故障现象	可能原因	
系统压力不正常 （制冷循环）	排气压力过高	冷凝盘管脏
		冷凝风扇故障
		制冷剂中混有其他气体或制冷剂过多
	排气压力过低	压缩机故障
		热气电磁阀故障
		离合器故障
		皮带故障
		系统缺少制冷剂
	吸气压力过高	压缩机阀故障
		热气电磁阀故障
		吸气压力调节阀故障
	吸气压力过低	吸气压力调节阀故障
		干燥过滤器堵塞
		系统缺制冷剂
		膨胀阀故障
		无蒸发风量或蒸发风量小
		蒸发器盘管结霜
	机组运行时吸、排气压力相近或平衡	压缩机故障
		皮带故障
		离合器故障
		热气电磁阀故障
系统压力不正常 （制热循环）	排气压力过高	制冷剂充注过多
		制冷剂中混有其他气体
		冷凝风机故障
	排气压力过低	压缩机故障
		离合器故障
		皮带故障
		系统缺少制冷剂
	吸气压力过低	系统缺少制冷剂
		吸气压力调节阀故障
异常噪声	压缩机故障	压缩机皮带松，装配螺栓松
		轴承磨损
		液击
		缺少冷冻油
	冷凝风机或蒸发风机故障	固定螺丝松动
		轴承磨损
	皮带故障	破裂或磨损

故障现象		可能原因
控制器故障	控制板不显示	系统没电
		控制器故障
		控制器连接电缆线路松动
蒸发风机故障	蒸发盘管堵塞	盘管结霜或脏堵
		风机马达损坏
	无蒸发风量或蒸发风量小	蒸发风机松动或损坏
		蒸发风机转速变慢
		送风环路阻塞
		风机马达故障
膨胀阀故障	吸气压力过低,过热度过大	外平衡管损坏
		膨胀阀冰堵
		膨胀阀阀体处结冰
		油或其他杂物阻塞膨胀阀
		毛细管损坏
		能量调节机构失灵
		膨胀阀感温包制冷剂泄漏
	过热度过低,液击压缩机	过热度设置太大
		过热度设置太小
		膨胀阀选型不合适
		感温包安装位置有偏差
	吸气压力不稳定	膨胀阀安装不到位
		过热度设置太小
		膨胀阀选型不合适
热气电磁阀(双通)故障	电磁阀不工作	电磁阀不通电
		电磁阀接线不当或松动
		电磁阀安装不当
		线圈或线圈型号安装不当
		以下原因导致活塞移动受限:线圈腐蚀,杂质进入阀体内,阀体变形
	阀已关死,但制冷方向仍有制冷剂流动	杂质混入阀体内
		阀体损坏

表 3-9　冷藏汽车制冷机组动力系统（发动机故障原因分析）

故障现象		可能原因
发动机无法启动	发动机曲轴不转或转速较低	电池充电不足
		电池接线柱脏或有故障
		起动器电气连接不良
		起动电动机故障
		起动电机电磁阀有故障
		起动电路开路
		润滑油等级不正确
	曲轴转动但发动机启动失败	油箱内无油
		燃油空气系统故障
		燃油水系统故障
		燃料控制操作不稳定
		电热塞故障
		油泵故障
	曲轴转动但几秒后失效	发动机润滑油过多
		起动器电缆压降
发动机启动后又停机	发动机运转几秒后又停机	油箱内无油
		燃油系统泄漏
		燃料控制操作不当
		燃料过滤器限制
		喷射器喷嘴故障
		喷射泵有故障
		安全装置开启
		油泵故障
起动电机故障	起动电机转动,但小齿轮未啮合	小齿轮或环形齿轮堵塞或磨损
	开关被压下后,起动电机没有脱离	起动电机电磁阀故障
	发动机运转后,小齿轮不脱离	起动器故障
	起动电机螺线管(SS)断电	电池故障
		电气连接松动

表 3-10　冷藏汽车制冷机组动力系统（发电机故障原因分析）

故障现象	可能原因
无法充电	充电系统运行时间过短
	电池状态存在问题
	交流发电机皮带松动/损坏
	端子松动、肮脏、腐蚀或导线断裂
	刷子过度磨损、打开或有故障
	二极管开路
	转子开路(磁场线圈)

续表

故障现象	可能原因
充电率低或不稳定	发电机皮带松
	端子松动、肮脏、腐蚀或导线断裂
	刷子过度磨损、粘或断断续续
	转子接地或短路
	定子开路、接地或短路
充电率过高(电池需要太频繁地充电)或发电机空转时充电指示器显示在恒定充电	稳压器的接线端子松动、肮脏、腐蚀或电线断裂
	整流器故障
发电机噪声过大	皮带有故障或磨损严重
	轴承磨损
	皮带或滑轮不对中
	皮带轮松动

表3-11　冷藏汽车制冷机组动力系统（备电电机故障原因分析）

故障现象	可能原因
备电电机启动失败	电机接触器故障
	电机过载开路
	电源不匹配
	油压开关打开
	控制器命令故障
备电电机启动后又停机	电机过载开路
	电流过载

3.3.2　其他部件常见故障及处理

制冷控制系统常见的问题除了制冷系统运行中的故障以外，还会出现电器元件本身的问题或调节不当引发的故障。电气元件的问题主要出现在热继电器、交流接触器、压力继电器、电磁阀。

3.3.2.1　热继电器

热继电器（图3-21）中最常见的问题及原因：

①触头接触不良，致使电动机不能运行。造成这一问题的主要原因是热继电器触头烧坏，双金属片变形，动作机构被卡住。

②当电动机出现过载时，热继电器不动作。出现这种问题一般是由于调整不合适，大多数

图3-21　热继电器

因为设定的动作电流值太大。

③电动机正常运行时热继电器动作。这类故障也是由于调整不合适，与上述问题②相反，其问题大部分因为设定动作电流值太小。

若调整修复不明显，考虑更换热继电器。

3.3.2.2　交流接触器

交流接触器（图 3-22）常见问题及原因：

①线圈通电后接触器工作不正常或不工作。出现这类问题主要因为线圈控制线路短路、热继电器动作后未复位、触头弹簧压力或释放弹簧压力过大。

②线圈断电后接触器不释放或延时释放。造成这种问题的原因是系统中磁柱无气隙、剩磁过大等。

③线圈过热损坏。造成这个问题的主要原因是铁心极面不平或中柱气隙过大、运动部分被卡住。

④电磁铁噪声过大。出现这种情况的原因是短路环断裂、触头弹簧压力过大、接触器堆积灰尘过多等。

图 3-22　交流接触器

⑤交流接触器工作中出现焦糊味。出现这类情况是由于接触器铁芯吸合较差，产生过热。

3.3.2.3　压力继电器

压力继电器常见问题及原因：

①自动变化工作压力值。出现这类现象的原因可能是弹簧发生变形。

②系统压力过高，但其不动作。造成这类问题的原因：复位按钮没有按下；若复位按钮按下仍不能正常工作，可能出现积炭。

③压力继电器动作以后不能复位。造成这种情况的原因可能是高压部分气腔泄漏。

3.3.2.4　电磁阀

①电磁阀（图 3-23）通电后不工作。出现这类问题可能因为电源接线不良或电源电压不在工作范围内。

②电磁阀不能关闭。造成这种情况是由于主阀芯或动铁芯的密封件损坏或杂质进入主阀芯或

图 3-23　电磁阀

铁芯；电磁阀的节流孔、平衡孔堵塞引起。

设备发生故障时，相关工作人员应认真分析，准确找出故障部位和原因，并按照要求进行维修，避免盲目拆卸部件或错修。

3.4 冷藏销售设备

3.4.1 制冷陈列柜常见故障及处理

冷冻、冷藏陈列柜作为食品低温流通最后过程的载体设备，承担着极其重要的作用。其目的主要是使陈列柜柜内保持合适的温度，以保证商品品质，从而进行商品销售。由于商品种类不同，销售方式也千差万别，由此带来的陈列方法及冷却方法也各不相同。因此，陈列柜的形态、构造极其多样，主要适用于各类超市、便利店等场合。

超市冷冻冷藏系统具体可以细分为立柜，柜台柜，岛柜，冷库以及冷凝机组等。以下对该细分各类故障点及对应的故障产生可能原因进行了列表归类，并需要根据故障产生的原因采取相应的处理措施。

3.4.1.1 立式陈列柜常见故障及分析

立式陈列柜是食品低温流通的常用展示柜，其外形如图3-24所示，其主要故障原因分析见表3-12。

图3-24 立式陈列柜

表3-12 立式陈列柜故障原因分析

常见故障	故障现象	原因分析
立柜回风隔网压坏	影响外观	1. 商品过重
		2. 支撑不牢
		3. 人为损坏

续表

常见故障	故障现象	原因分析
柜底凝露	有凝露和漏水	1. 保温差
		2. 湿度偏大
		3. 设置温度过低,如-5℃
		4. 拼接存在缝隙
		5. 底板漏水
		6. 通风差
灯管不亮	影响视觉	1. 电线烧坏
		2. 电压不稳
		3. 灯管护套损坏导致接触灯管
		4. 镇流器故障
		5. 接线头老化
		6. 人为损坏
断电、跳闸	温度升高	1. 人为拉闸
		2. 空气开关损坏
		3. 老鼠咬线造成跳闸
		4. 易受外力处露线漏电
		5. 柜内加热管附近线烫坏漏电
		6. 风扇电机或配电盒进水
		7. 加热管损坏导致接地
		8. 搁板压破日光灯电源线
		9. 化霜接触器、风扇电机短路或接地
膨胀阀故障	蒸发器不上霜或上霜少,回气管回液	1. 冰堵
		2. 脏堵
		3. 油堵
		4. 阀芯损坏或选型不对
		5. 感温包泄漏
		6. 过热度调节不当
		7. 感温包未固定或保温性能差
温控器故障	制冷,化霜不正常	1. 微电脑温控探头故障
		2. 微电脑温控显示偏差
		3. 微电脑温控不能正常输出
		4. 微电脑温控变压器坏
		5. 机械温控器感温包泄漏
		6. 机械温控器触点粘连或虚接

常见故障	故障现象	原因分析
温度偏高不达标	温显仪显示温度高于标准	1. 蒸发器霜堵
		2. 风幕被破坏
		3. 柜内积水过多结冰
		4. 化霜温控不工作
		5. 电磁阀不工作
		6. 风机不工作
		7. 膨胀阀堵塞不过液

3.4.1.2 卧式陈列柜常见故障及分析

卧式陈列柜也是食品低温流通的常用展示柜，其外形如图 3-25 所示，其主要故障原因分析见表 3-13。

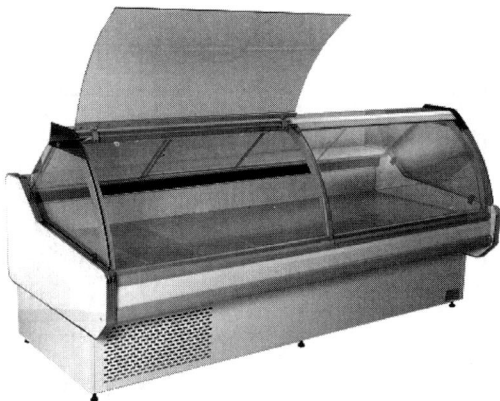

图 3-25 卧式陈列柜

表 3-13 卧式陈列柜故障原因分析表

常见故障	故障现象	原因分析
气缸损坏	弧形玻璃柜掀起后无法支撑	1. 气缸支撑力下降
		2. 气缸销脱落
温度偏高	温显仪显示温度始终大于要求温度	1. 电磁阀密封不严
		2. 蒸发器冰堵
		3. 蒸发风机不转
		4. 膨胀阀开启太小
		5. 供液不足，制冷剂泄漏
		6. 电磁阀故障，不吸合
		7. 蜂窝网或者回风口堵
		8. 膨胀阀脏堵

常见故障	故障现象	原因分析
镇流器或者灯管损坏	柜内照明不亮	1. 灯管损坏
		2. 镇流器损坏
		3. 灯角接触不良，线头松动
		4. 灯开关损坏
		5. 灯接触不好
温度偏低	柜内温度始终低于设定温度	1. 电磁阀密封不严
		2. 温控器失灵
		3. 压机不停机
		4. 膨胀阀开启过大
柜子漏水	展示柜积水严重	1. 下水过滤网异物堵塞
		2. 下水口冰堵
		3. 下水道堵塞
		4. 反水弯堵塞
整机柜故障	整机柜有漏电	1. 感应电造成
		2. 接线裸露与柜体有接触
	整机岛柜制冷差	1. 制冷剂泄漏，接水盘蒸发排管漏水
		2. 冷凝效果差
整机柜冷凝器脏	整机柜冷凝器脏，整机柜台柜制冷差	1. 现场环境太脏
		2. 制冷剂充注不符合标准
下水脏堵	下水不通	食品从回风口掉落
不能自动加水	水热柜不自动加水	水位探头失灵
碘钨灯易损坏	碘钨灯不亮	碘钨灯损坏

3.4.1.3　压缩冷凝机组常见故障

不同厂家都可以生产压缩冷凝机组，图 3-26 所示为半封闭中温螺杆冷凝机组，图 3-27 所示为螺杆低温水冷机组。但是，压缩冷凝机组自身的稳定运行对于冷库存储物品至关重要，其常见故障见表 3-14~表 3-16。

图 3-26　半封闭中温螺杆冷凝机组

图 3-27　螺杆低温水冷机组

表 3-14　中温机组故障类型

故障类型	故障类型
排气过热度过低	吸气压力传感器故障
排气压力过高	排气温度传感器故障
高压开关断开	变频器故障
压缩机过电流	机型选择错误
排气温度过高	主板与驱动板通讯故障
排气压力传感器故障	

表 3-15　低温机组故障类型

故障类型	故障类型
排气过热度过低	排气温度传感器故障
排气压力过高	环境温度传感器故障
高压开关断开	风扇故障
压缩机过电流	变频器故障(表 3-16)
排气温度过高	机型选择错误
排气压力传感器故障	主板与驱动板通信故障
吸气压力传感器故障	

表 3-16　变频器的故障表

故障类型	故障类型
直流母线电压过高	电流检测电路故障
直流母线电压过低	失步
交流电流保护(输入侧)	PFC 模块温度传感器异常
智能功率模块(IPM)异常	通讯故障
功率因数校正电路(PFC)异常	散热片或 IPM 模块温度过高
启动失败	散热片或 IPM 模块传感器故障
欠相	充电回路故障
压缩机过流	交流输入电压异常
PFC 模块温度过高	驱动板环境感温包故障

3.4.2　制冰机常见故障及处理

　　商用制冰机不同于家用制冰机,广泛用于餐饮、酒吧、宾馆等公共场所,因此对制冰机的要求是使用简单、制冰周期短、产冰量大、储冰保温效果好。

　　商用制冰机的制冷系统由压缩机、冷凝器、干燥过滤器、毛细管、蒸发器、气液分离器、供热电磁阀等组成。该系统的工作原理为:压缩机将低温低压的制冷剂压缩成高温高压的气体,高温高压气体经冷凝器冷却液化成中温高压的液体,中温高压液体流经干燥过滤器和毛细管,通过毛细管的节流作用变成低温低压的气体,低温低压气体在蒸发器内吸热蒸发变成中温低压的气体，中温低压气体经过气液分离器再次回到压缩机，形成制冷循环。

由于制冰机根据蒸发器的原理和生产方式的不同，生成的冰块形状也不同；人们一般以冰形状将制冰机分为颗粒冰机、片冰机、板冰机、管冰机、壳冰机等。

制冰机自动化、智能化程度较高，可自动识别故障并保护设备。正常安装调试后可一键操作。出现故障时可根据产品说明书的指导排除故障。制冰机种类较多，其工作原理及结构不尽相同。

不同制造商生产的设备对故障描述及处理略有不同（图 3-28），表 3-17 为制冰机常见故障原因与排除方法，供读者参考。

图 3-28　制冰机

表 3-17　制冰机常见故障原因与排除方法

故障现象	故障原因	排除方法
排气压力过高	系统内有不凝性气体	在冷凝器处最高处放空气
	冷凝器水路不通	打开相应的阀门或疏通管道
	冷凝水量太小,水温太高	采取措施加大水量,降低循环水温
	冷凝器结垢	清洗除垢
	制冷剂太多	回收多余制冷剂
	排气阀开启度过小,储液器阀开启度太小	调节有关阀门
排气压力过低	冷却水温太低,水量太大	调整水量
	压缩机排气管路或排气阀片有严重泄漏	更换阀片,检修排气管路
	制冷剂不足	补充制冷剂
	能量调节不当或机构故障,气缸排气量减少	正确调整能量调节机构
吸气压力过低	膨胀阀开启度过小	调节膨胀阀开启度
	节流孔冰堵	停机后冰堵即可消失;如干燥过滤器失效,更换干燥过滤器
	感温包工质泄漏	更换膨胀阀动力头
	吸气阀开启度过小	调节吸气阀

故障现象	故障原因		排除方法
吸气压力过低	液管上阀门开启度过小		完全打开液管路上的阀门
	过滤器堵塞		清洗或更换过滤器滤芯
	制冷剂充注不足		补充制冷剂
	润滑油过多		检修润滑油系统使之正常,放出多余的油
	蒸发器结霜严重		蒸发器除霜
压缩机有杂声	气缸部分	余隙小,活塞撞击阀板	调整余隙
		连杆磨损引起间隙	修复连杆,调整间隙
		阀片或异物断裂落入气缸	去除异物,修复损坏部件
		润滑油过多油击	检修润滑油系统,放出多余的油
		液体制冷剂液击	调整膨胀阀,保证吸入是气体制冷剂
	曲轴部分	连杆磨损引起间隙	修复并调整间隙
		连杆螺栓螺母松动	旋紧螺母
	其他部分	压缩机底脚松动	上紧各底脚螺栓
		油泵齿轮磨损松动	检修或更换齿轮
		开启式压缩机飞轮键槽与键间隙大	调整间隙
		皮带松动或联轴器弹性圈磨损	上紧皮带或调换弹性圈
压缩机无法启动或启动后立即停机	电动机	电源电路故障	检修电路
		电动机功率不够,电机故障	检修电动机,必要时更换
	压缩机	压缩机卡缸	检查修理卡死部位,排除故障
		油压不正常,油压保护动作	检查油路
	制冷系统	高压侧故障,高压保护	全启阀门,保持高压侧管路畅通
		电磁阀故障,导致低压保护	更换电磁阀
		高低压保护器设定不当不复位	正确调节高低压保护器
		油压保护器未能复位	复位
		温度控制调节不当,不能接通电路	正确调节温度控制器,必要时更换
油压过低	油压表损坏,油路堵塞		检查校正或更换压力表,清洗吹通排油管路
	油位过低		添加润滑油
	油压调节阀调节不当		正确调整油压调节阀
	油中溶入过多制冷剂		关小膨胀阀开启度,提高过热度
	油泵间隙过大		调整修复间隙或更换部件
	吸油管不畅通或油过滤器堵塞		清洗吹通排油管路及过滤器
油压过高	油压表损坏,读数不准		检查校正或更换压力表
	油压调节阀调节不当		正确调整油压调节阀
	排油管堵塞		清洗吹通排油管路

续表

故障现象	故障原因	排除方法
冷却塔风扇过载	供电电压不符合要求	按设备要求的电压供电
	风叶卡死	检查卡死原因,排除故障
	电机线圈短路	更换线圈
制冰器无法启动	外接电源无电	检查是否断电,接通电源
	电箱内断路器跳闸	手动合上断路器
	熔断器熔断	检查原因,更换熔断器
	急停按钮按下或损坏	松开急停按钮,如损坏马上更换
	启动开关损坏	更换开关
	电源模块无电压输出	检查电源模块是否有输入,有输入无输出则电源模块坏掉,更换电源模块
	微电脑控制器(PLC)损坏	电源输入正常无显示说明 PLC 损坏更换 PLC(需与制造商联系)
系统异常满冰/低水位	冰库满冰	正常保护,除冰后即可消除故障
	满冰开关安装有误	调整满冰开关的安装位置
	满冰光电接线有误	查阅电路图的满冰开关正确接线方法
	满冰开关损坏	更换满冰开关
	水箱缺水	检查供水及水压是否正常,保证供水量
	进水浮球阀堵塞或损坏	清洗或更换进水浮球阀
	液位或流量开关损坏	更换液位或流量开关
	转动检测开关故障	调整开关的安装位置或更换开关
水泵过载	抽水泵热过载	检查电机过载原因,复位断路器
	电机线路异常或电机损坏	检查电机线路或更换电机
水泵无法启动	电源故障	检查电源
	保险丝熔断	更换保险丝
	电机过载	检查系统
	断路器接触不好或线圈有问题	检查或更换断路器
	电机线圈有问题	更换电机线圈
	泵的机械部分磨损	检修泵
水泵运转但不出水	进水管被杂质堵塞	检查及清污
	进水管泄漏	检修进水管路
	进水管或泵中有空气	重新灌液、排除空气
水泵有异常振动和杂音	进水管泄漏	检修进水管路
	进水管部分被杂质堵塞	检修进水管路
	进水管或泵中有空气	重新灌液、排除空气
	泵的机械部分磨损	检修泵

续表

故障现象	故障原因	排除方法
电源异常	供电电压值高于保护上限值	检查供电电压值,上限上升幅度为10%
	供电电压值低于保护下限值	检查供电电压值,下限下降幅度为-10%
	供电电源反相	断开电源,任意调换电源线的两相
	电源保护器调整值不合适	检查保护器调整值
	电源保护器故障	更换电源保护器

第4章

维修设备与维修过程良好操作

4.1 负责任使用制冷剂

在减少制冷剂排放、保护环境的问题上，制冷维修行业负责任使用制冷剂是至关重要的，具有举足轻重的作用和不可替代的地位。

负责任使用制冷剂的目标是减少制冷空调产品在生命周期的制冷剂排放、降低因制冷剂使用和排放造成的环境影响，包括意识与认知、技能与装备、良好操作等几个方面。

4.1.1 制冷剂环境影响及维修行业重要作用的主动意识

大部分 HCFCs 类制冷剂既破坏臭氧层又具有很高的温室效应，HFCs 类制冷剂尽管不破坏臭氧层但多具有较高的温室效应。以 R22 为例，其 GWP 是 1810，也就是说排放 1kg 的 R22 相当于排放 1810kg 的二氧化碳。

显而易见，没有排放就没有污染。制冷维修行业的重要性在于：尽管制冷剂的消费在产品的制造行业，但制冷剂的排放却发生在维修行业。

图 4-1 为制冷空调行业产业链各环节制冷剂的使用和排放。从图 4-1 中可以看出，自产品进入安装/调试环节后均属于维修行业的范围。制冷剂最大的消费发生在产品制造环节的充注，但产品全生命周期制冷剂的排放均发生在维修行业，包括安装调试过程中的排放、产品使用过程中的泄漏、维修过程中的排放和报废过程中的排放（图 4-1 中实心箭头）。维修行业制冷剂的消费包括产品安装过程中的正常现场充注和弥补使用过程泄漏的再充注两个方面（图 4-1 中空心箭头）。

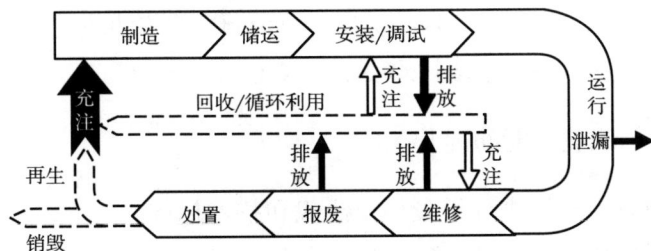

图 4-1　制冷剂的使用与排放

在制冷维修行业完全做到制冷剂回收与再利用的理想情况下，制冷剂的使用实现闭环、基本无排放。因此，必须充分意识到，制冷维修行业在减少制冷剂排放方面具有极为重要的地位和作用，维修行业的一举一动都与保护环境密切相关。

4.1.2 法律、法规和技术标准的严格执行

为了控制制冷剂的排放、减少对环境的影响，中国颁布了一系列的法律法规和技术标准（图4-2）。法律法规体系中上位法为《中华人民共和国大气污染防治法》，与制冷维修行业直接相关的法规是《消耗臭氧层物质管理条例》。

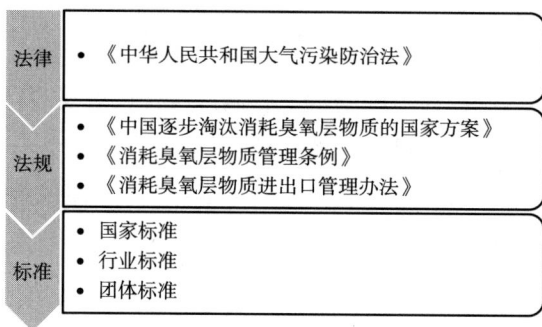

法律
- 《中华人民共和国大气污染防治法》

法规
- 《中国逐步淘汰消耗臭氧层物质的国家方案》
- 《消耗臭氧层物质管理条例》
- 《消耗臭氧层物质进出口管理办法》

标准
- 国家标准
- 行业标准
- 团体标准

图 4-2 法律、法规及标准

《消耗臭氧层物质管理条例》规定了从事维修、报废处理、回收、再生利用、销毁等经营单位应对消耗臭氧层物质进行回收、循环利用或者交由从事消耗臭氧层物质回收、再生利用、销毁等经营活动的单位进行无害化处置，不得直接排放。

该条例还规定消耗臭氧层物质的生产、使用单位应有合法生产或者使用相应消耗臭氧层物质的业绩，有经环境保护主管部门验收合格的环境保护设施，有健全完善的生产经营管理制度。并且从事含消耗臭氧层物质的制冷设备、制冷系统维修、报废处理、回收、再生利用或者销毁等经营活动的单位应向所在地县级人民政府环境保护主管部门备案。

需要充分意识到严格执行相关的法律法规是每个从事制冷维修活动的单位人员的责任和义务，随意排放制冷剂属违法行为。

此外，国家各个条框、各个层面制定了完善的涉及制冷空调设备安装、维修、制冷剂回收等各个方面的标准和规范。这些标准规范为制冷维修活动提供了技术支撑，相关工作人员必须严格遵循这些技术法规的要求和规定。

4.1.3 技术素质与职业技能的提升

相关工作人员具有严格执行相关法律法规和技术标准的意识，掌握相关知识和技能、知道如何减少维修过程中制冷剂的排放就是至关重要的。

我国已建立了相对比较完善的职业培训体系，提升维修从业人员的技术水平和职业

技能。包括国家的职业教育、技术培训、职业资格认证等。同时，制冷空调产品制造商也针对自己的产品开展安装、调试、维护保养、故障诊断和维修等方面的相关培训。

作为从事制冷空调设备安装与维修的单位，应当支持和鼓励维修人员参与各种培训，雇用具有职业资格的人员。作为从业人员，应当积极参与各类培训，提升自己的技术水平和职业技能，并取得职业资格认证。此外，由于制冷空调行业不断发展、产品技术不断更新，技术培训应当是定期进行的。

4.1.4　完善齐全的装备配置

《消耗臭氧层物质管理条例》明确规定了消耗臭氧层物质的生产、使用单位应具有使用相应消耗臭氧层物质的场所/设施/设备和专业技术人员。

工欲善其事，必先利其器。为了减少制冷维修过程中制冷剂的排放，必须配备相关的设备与装备，其主要包括真空泵、制冷剂回收机、制冷剂品质检测设备、回收制冷剂储存场地和钢瓶等。从事制冷空调设备安装、维修的单位应确保拥有这些必要的设备。

4.1.5　维修活动中的良好操作

所谓良好操作是指为减少制冷剂排放而应当遵循的一些操作要求或应当禁止的一些操作，包括但不限于：

①提高现场组装类设备的安装质量（部件与管路连接、焊接）、强化检漏确保密封性，如分体式空调器、多联机、远置式陈列柜、冷库等，减少设备运行过程中的制冷剂泄漏。

②采用氮气和干燥压缩空气保压和检漏，避免制冷剂泄漏。

③使用真空泵抽真空的方式排除系统中的空气，禁止采用制冷剂吹扫的方式排空。

④落实设备运行过程中的运行管理、维护保养与监测，使设备始终运行在良好状态，避免制冷剂泄漏。

⑤规范操作，减少维修过程中制冷剂的不必要排放。

⑥改进设备维修质量，避免出现制冷剂反复泄漏、反复充注。

⑦设备移机时回收制冷剂，避免出现排空后重新充注制冷剂。

⑧设备报废过程中应回收制冷剂，避免制冷剂直接违规排放。

⑨避免追求经济利益的不必要"加氟"。

⑩改进制冷剂回收操作，避免回收不彻底导致残留制冷剂的排放。

⑪维修过程尽可能重复利用回收的制冷剂。

⑫无法重复利用的废制冷剂送交专业单位进行销毁或处置，避免直接排放。

4.2　制冷剂管路连接设备与操作

制冷空调设备制造或维修时涉及大量制冷剂管路的连接，不同的制冷剂与设备管路的连接方式也不同。常见的连接方式包括阀门连接、法兰连接、焊接、洛克环连接等。在此仅介绍维修过程常用的钎焊连接和可燃制冷剂管路连接所用的洛克环连接。

4.2.1 钎焊

钎焊是将低于焊件熔点的钎料和管件同时加热到钎料熔化温度后，利用液态钎料填充管件接口处缝隙使管路密封连接的一种连接方法。

钎焊按照热源区分则有火焰、感应、红外、电子束、激光、等离子、辉光放电钎焊等。在维修行业最常用的钎焊为火焰钎焊。

火焰钎焊一般可分为工作准备、装夹定位、充氮保护、焊接、焊后处理和焊接质量检验几个步骤（图4-3）。

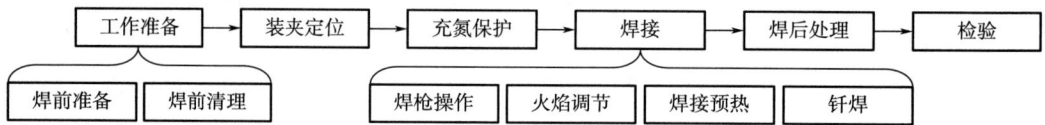

图4-3 火焰钎焊流程

4.2.1.1 工作准备

火焰钎焊前的工作准备包括焊前准备和焊前清理两方面内容。

（1）焊前准备

目测检查钎焊工具：焊枪、气管、焊剂瓶、点火器等，应保证其完好。

①乙炔和氧气管道上使用的压力表，须检验合格且在有效期内。液体焊焊剂瓶的安全装置须齐全，并定期清洗，保持洁净。

②检查焊枪连接处和各气阀的严密性，漏气时须进行修理（用发泡剂检查钎焊工具各连接部位是否泄漏，确保无泄漏），检查焊咀有无堵塞。

③工装、夹具、工具等必须定置摆放。

④焊枪及焊咀选择。选择焊枪和焊咀的一般原则：根据铜管的直径和壁厚，综合选择焊枪和焊咀；使用通用焊枪进行钎焊时，调节火焰使其分散，并保持适当温度，有利于确保均匀加热。焊枪及焊咀的选择见表4-1和表4-2所示。

表4-1 焊枪的选择

铜管直径/mm	≤12.7	12.7~19.05	≥19.05
焊枪型号	H01-6	H01-12	H01-02

表4-2 焊咀的选择

铜管直径/mm	≥16	9.53~12.7	6.35~9.53	≤6.35
单孔咀型	3号	2号	1号	—

⑤钎料的选用。根据基材不同选择合适的钎料，如磷铜钎料、银钎料等。

⑥若钎焊黄铜和紫铜，则需先加热钎料，涂覆钎剂后方可焊接。

（2）焊前清理

①焊前要清除焊件表面及接合处的油污、氧化物及其杂物。保证铜管端部及结合面的清洁与干燥，另外还需要保证焊条的清洁与干燥。

②对于铜管，必须去除两端面毛刺，然后用压缩空气对铜管进行扫吹，吹净铜屑。

4.2.1.2　装夹定位

①铜管应正直插入规定深度，两装配件的中心线重合，焊接前应定位好。为了保证装配尺寸正确，不得用手定位，防止加热时铜管移动。

②铜管焊接时，各种管径的插入的深度和间隙尺寸参考表4-3。

③安装完毕后须检查铜管接头套接装配状况，不得出现图4-4所示的不良情况，否则应重新安装后方可焊接。

表4-3　各种管径的插入深度和间隙尺寸

图示	铜管直径（mm）	最小插入深 B（mm）	间隙 A-D（mm）
	≥Φ34.925 以上	27	Φ4~0.5
	Φ34.925	20	
	Φ28.575	18	Φ3~0.4
	Φ22.225	16	
	Φ19.05	16	
	Φ15.88	16	
	Φ12.7	10	Φ2~0.4
	Φ9.52	10	
	Φ6.35	8	

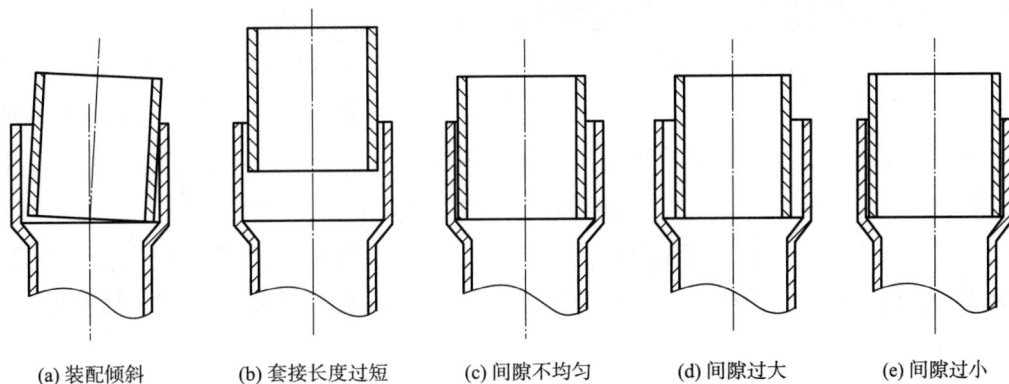

(a) 装配倾斜　　(b) 套接长度过短　　(c) 间隙不均匀　　(d) 间隙过大　　(e) 间隙过小

图4-4　装配不良情况

4.2.1.3　充氮保护

铜管在铜焊温度下表面氧化剧烈，为有效减少铜管内部氧化皮的产生，应在铜管装配后，对铜管接头内部充氮进行保护（图4-5）。

①氮气气压0.02~0.05MPa，应保证充入工件内的氮气流动（手摸应有气流的感

觉），焊接前开始充氮，焊接完成后再持续充氮至少10s。

②充氮时快速接头和充气枪应合上压紧开关，使氮气全部充入管内。

③连续充氮时一定要有出气口，否则在焊接时气体从接头间隙处逸出，使焊接填料困难，并易产生气孔。

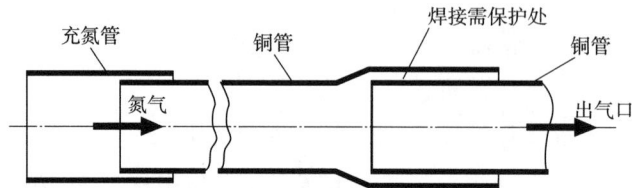

图4-5　充氮保护

4.2.1.4　焊接

（1）焊枪的操作

①焊枪的拿握方法。用右手第3、4、5手指和手的掌心轻轻握住焊枪，用右手第1、2手指夹住氧气阀门。

②阀门操作。用右手第1、2手指打开/关闭氧气阀门，用左手第1、2手指打开/关闭乙炔气阀门（图4-6）。

③点火。先将焊枪上可燃气体开关旋转1/4圈，左手拿点火器从枪嘴侧面点燃可燃气体，然后打开氧气开关对火焰进行调节。

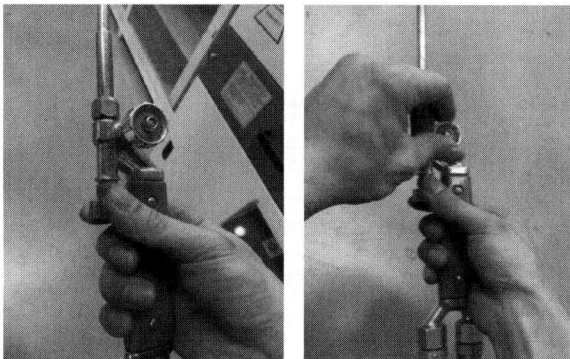

图4-6　阀门调节

（2）调节火焰

①焊接气体由助燃气体（氧气）和可燃气体（乙炔）两部分组成。氧气与可燃气体的混合比不同，火焰大小程度不同。当混合比大于1.2时则为氧化焰，1.0~1.2时为中性焰，小于1.0时为碳化焰（图4-7）。

②氧化焰焰心短而尖，呈青白色，并带有噪声，噪声越大氧气比例越大；中性焰焰心尖锥状，色白明亮，内外焰无明显界限；碳化焰火焰长而柔软，可燃气体多时还带黑烟。

③焊接铜管时应使用中性焰，尽量避免使用氧化焰和碳化焰。

④点火后调节氧气阀，出现明显的还原焰后再缓慢调大氧气阀直到白色外焰距蓝色2~4mm，此时外焰轮廓已模糊，即内焰与焰心将重合，火焰为中性焰。再调大氧气则变为氧化焰，氧化焰的焰心呈白色，其长度随氧气量增大而变短。

（3）焊接预热

①先预热插入的铜管，焊枪沿接头长度方向来回摆动，使其均匀加热到接近铜焊温

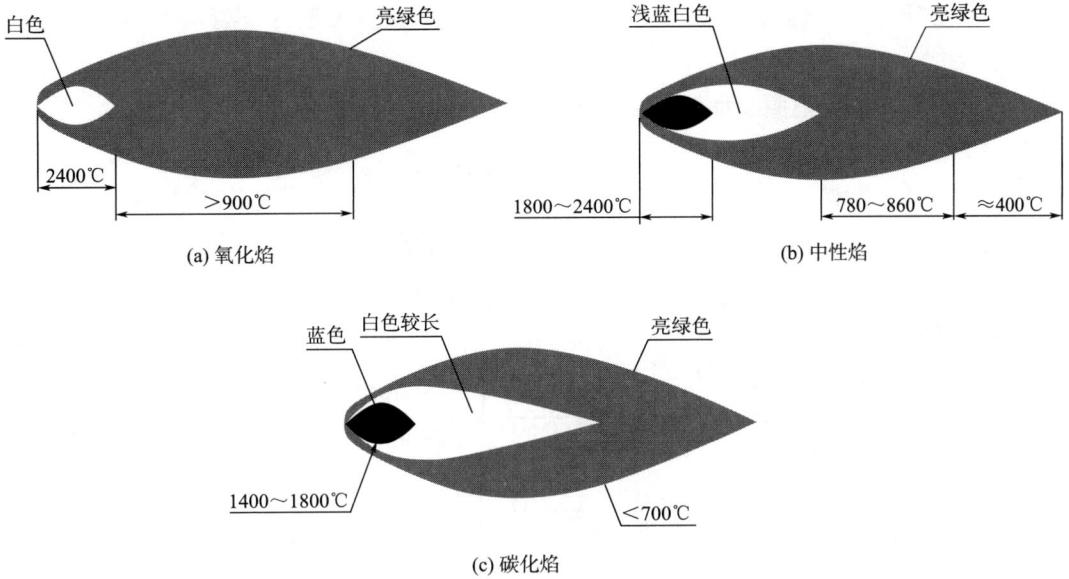

图 4-7　三种不同火焰

度，然后环绕铜管加热至铜焊温度（铜管呈浅红色）。

②焊接系统管路和阀类配件前，预热时需用蘸水湿布包裹做冷却保护。

③铜管接头处两母材应均匀加热，并注意根据管的材料尺寸分配热量。

④预热时火焰与铜管的角度和距离、焊枪移动方向以及热量分配如图 4-8 所示。

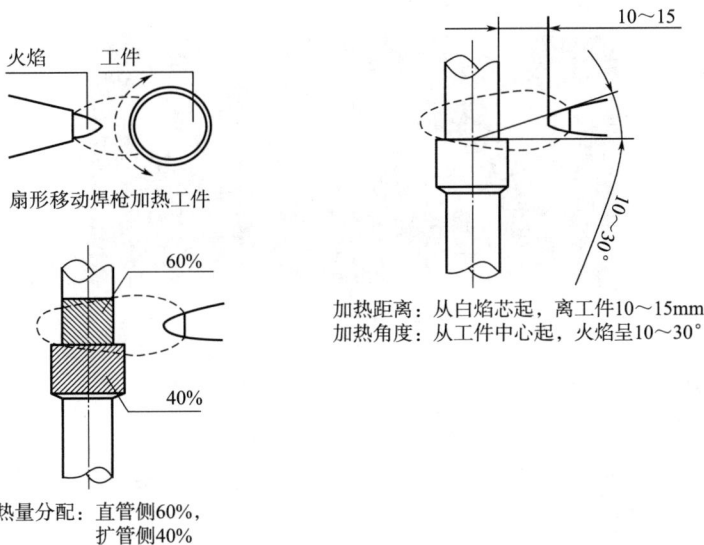

图 4-8　预热时火焰与铜管的角度和距离、焊枪移动方向以及热量分配

（4）钎焊操作

①当铜管被预热到焊接温度呈暗红色时，调整火焰的角度和位置，从火焰的另一侧加入钎料，并用钎料在加热处的管壁上试探着下按，火焰角度比预热时的角度稍微往上

提一些，使钎料和火焰的角度约 90°。焊接时钎料位置、火焰与铜管的角度如图 4-9 所示。

②焊接时需注意把握添加钎料的时机，不宜过早或过晚。

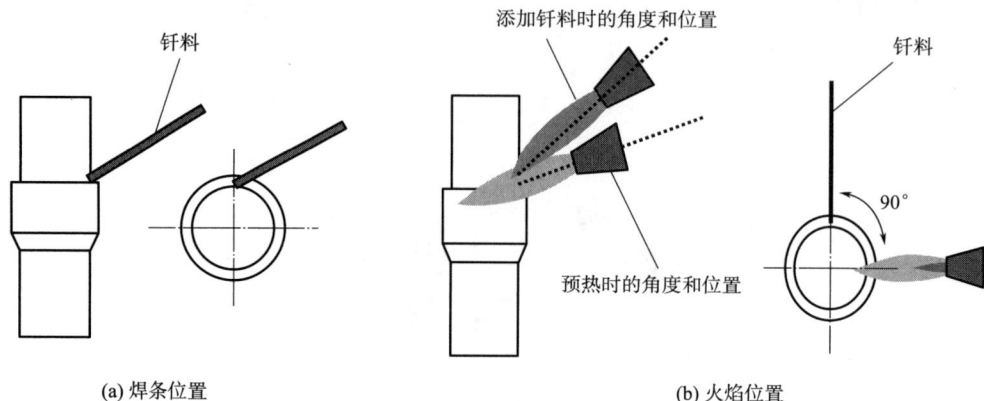

(a) 焊条位置　　　　　　　　　　　　　　　　(b) 火焰位置

图 4-9　焊接时钎料位置、火焰与铜管的角度

③钎焊过程中应根据配管大小分 2~3 次添加钎料，同时注意观察钎的扩散范围与流量。

④焊条熔化后将火焰稍稍离开工件，焊嘴离焊件 40~60mm，待钎料均匀填满接头间隙，再慢慢移开焊枪，并继续加入少量钎料后再移开焊枪和钎料，形成光滑焊角（图 4-10）。

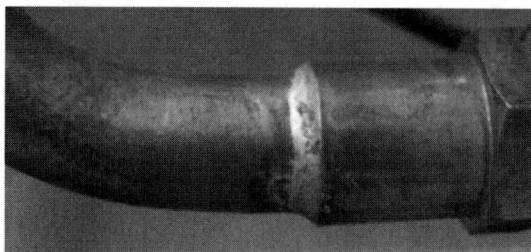

图 4-10　光滑焊角

4.2.1.5　焊后处理

①在焊缝完全凝固以前，不能移动焊件或使其受到震动。

②焊后在管内有氮气保护的条件下，可对接头处再次加热至铜管变色（200~300℃），即进行退火处理。

③对采用水冷的焊件，应防止水进入铜管内部，放置焊件时仍要避免铜管表面残留水分流入管内（或必须用气枪吹干水分）。

④焊后应清除表面的焊剂和氧化膜，以防止表面被腐蚀而产生铜绿。

4.2.1.6　检验

①焊缝接头应表面光滑、填角均匀饱满、自然圆弧过渡（图 4-11）。

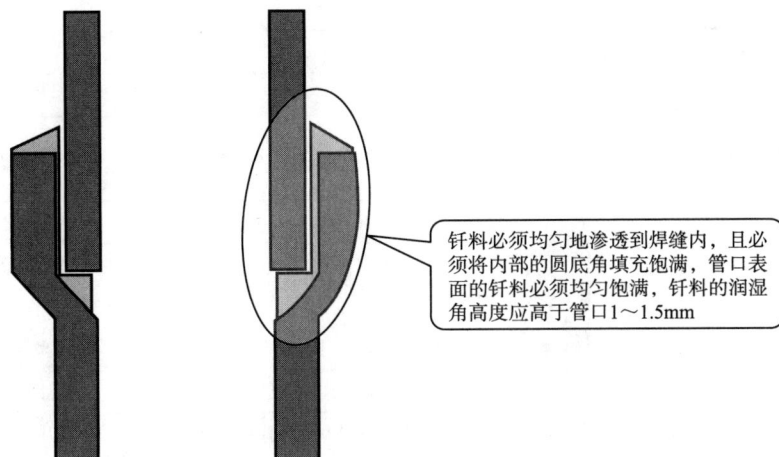

钎料必须均匀地渗透到焊缝内，且必须将内部的圆底角填充饱满，管口表面的钎料必须均匀饱满，钎料的润湿角高度应高于管口1~1.5mm

图 4-11　良好焊缝

②接头无过烧、表面严重氧化、焊缝表面粗糙、烧穿等缺陷。焊缝无气孔、夹渣、裂纹、焊瘤、管口堵塞等现象。

③部件焊接成整机后进行泄漏试验时，焊缝处不得有制冷剂泄漏。

④钎焊后应立刻检查焊缝质量，若发现有异常，应依据表4-4进行异常分析和处理。

表 4-4　常见钎焊缺陷及处理对策

缺陷	特征	图例	产生原因	处理措施	预防措施
钎焊未填满	接头间隙部分未填满		1. 间隙过大或过小	对未填满部分重焊	1. 装配间隙要合适
			2. 装配时铜管歪斜		2. 装配时铜管不能歪斜
			3. 焊件表面不清洁		3. 焊前清理焊件
			4. 焊件加热不够		4. 均匀加热到足够温度
			5. 钎料加入不够		5. 加入足够钎料
钎缝成形不良	钎料只在一面填缝，未完成圆角，钎缝表面粗糙		1. 焊件加热不均匀	补焊	1. 均匀加热焊件接头区域
			2. 保温时间过长		2. 钎焊保温时间适当
			3. 焊件表面不清洁		3. 焊前焊件清理干净
气孔	钎缝表面或内部有气孔		1. 焊件清理不干净	清除钎缝后重焊	1. 焊前清理焊件
			2. 钎缝金属过热		2. 降低钎焊温度
			3. 焊件潮湿		3. 缩短保温时间
夹渣	钎缝中有杂质		1. 焊件清理不干净	清除钎缝后重焊	1. 焊前清理焊件
			2. 加热不均匀		2. 均匀加热
			3. 间隙不合适		3. 合适的间隙
			4. 钎料杂质含量较高		4. 及时检查并清理杂质

续表

缺陷	特征	图例	产生原因	处理措施	预防措施
表面侵蚀	钎缝表面有凹坑或烧缺		1. 钎料过多	机械磨平	1. 适当钎焊温度
			2. 钎缝保温时间过长		2. 适当保温时间
焊堵	铜管或毛细管全部或部分堵塞		1. 钎料加入太多	拆开清除堵塞物后重焊	1. 加入适当钎料
			2. 保温时间过长		2. 适当保温时间
			3. 套接长度太短		3. 适当的套接长度
			4. 间隙过大		4. 适当的间隙
氧化	焊件表面或内部被氧化成黑色		1. 使用氧化焰加热	打磨除处氧化物并烘干	1. 使用中性焰加热
			2. 未用雾化助焊剂		2. 使用雾化助焊剂
			3. 内部未充氮保护或充氮不够		3. 内部充氮保护
焊瘤	钎料流到不需钎料的焊件表面或滴落		1. 钎料加入太多	表面的钎料应打磨掉	1. 加入适量钎料
			2. 直接加热钎料		2. 不可直接加热钎料
			3. 加热方法不正确		3. 正确加热
泄漏	工作中出现泄漏现象		1. 加热不均匀	拆开清理后重焊或补焊	1. 均匀加热,均匀加入钎料
			2. 焊缝过热而使磷被蒸发		2. 选择正确火焰加热
			3. 焊接火焰不正确,造成结碳或被氧化		3. 焊前清理焊件
			4. 气孔或夹渣		4. 焊前烘干焊件
过烧	内、外表面氧化皮过多,并有脱落现象(不靠外力,自然脱落),所焊接头形状粗糙,不光滑,发黑,严重的外套管有裂管现象		1. 钎焊温度过高(过高使用了氧化焰)	无裂用高压氮对铜管内外吹	1. 控制好加热时间
			2. 钎焊时间过长		2. 控制好加热的温度
			3. 已焊好的口又不断加热、填料		3. 避免重复加热填料

4.2.1.7 钎焊注意事项

钎焊属于存在危险性的特殊工种,钎焊的质量好坏直接影响着制冷空调系统的密封性。在钎焊时需注意:

①任何非焊接人员严禁操作焊接设备。焊接人员须按规定穿戴劳动保护用品,以免发生意外事故。

②焊前清理时不得产生影响系统清洁度的物质。

③制冷空调系统管路的连接均为套接方式,不得采用其他接头方式。

④需保证氮气达到各焊接接头处,有效地排出系统或管路中的空气,以保证充氮保

护效果。

⑤焊枪的连接处和各气阀应保证严密性，并检查焊嘴有无堵塞现象。

⑥点火前需排除焊枪管道内残余气体。点火时不得对着人也不得对着物体。焊接完毕后需关闭焊枪和气瓶。

⑦加热位置不当将导致铜管管壁表面熔蚀、焊枪回火爆炸、管壁烧穿等安全及质量缺陷，应保证加热位置的正确和准确。

⑧管壁厚度不同时应着重对厚壁加热。管径较大时应选用大号的焊咀，反之则用小号的焊咀。

⑨毛细管焊接时应尽可能避免直接对毛细管加热。

⑩焊接结束后 10min 内（还有温热的情况下）用不滴水湿布擦除焊口附近的助焊剂。

⑪钎焊接头有缺陷的可进行补焊，但不是所有质量缺陷的接头都可补焊。

⑫警示刚焊接完的工件，以防烫伤他人。

4.2.1.8　钎焊安全注意事项

钎焊需要涉及高温明火，生产现场的安全是非常重要的，需要规避易燃、易爆物品，操作工人需注意防止烫伤等危险行为。同时，熔解焊料的过程中会产生一些危害健康的有毒气体，操作工人需要做好呼吸道及眼睛的防护。

4.2.2　洛克环连接

4.2.2.1　洛克环连接原理

洛克环是通过冷挤压使被连接的制冷管路间产生径向弹性形变，洛克环和外套管以及内插管三者间的相互作用力下保证长久稳定的密封以实现密封的一种冷连接方法。并辅以密封液填充管路表面细小的划痕，密封液固化后会在内插管和外套管之间形成均匀有弹性的薄膜，耐温区间为−150~50℃。

洛克环连接属于冷连接，操作现场无火、无热源，特别适用于易燃、易爆制冷剂管路的连接（图 4-12）。由于没有热源，在操作过程中也不会产生对操作人员造成健康损害的气体。

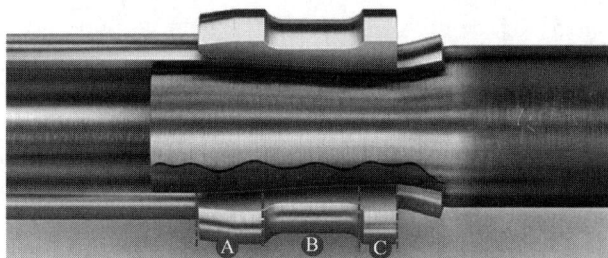

图 4-12　洛克环连接

4.2.2.2 洛克环连接设备

洛克环分为生产用洛克环与维修用洛克环。

生产用洛克环用于制冷空调产品制造厂内规模化生产，所用设备为液压泵站及液压钳（图4-13）。维修用洛克环因需应对现场复杂多变环境，更侧重便携、易操作，采用手动压接钳和对应钳口（图4-14）。

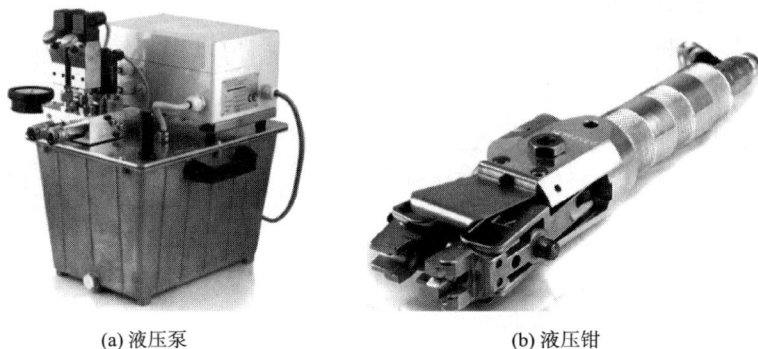

(a) 液压泵　　　　　　　　　　(b) 液压钳

图4-13　生产用洛克环连接设备

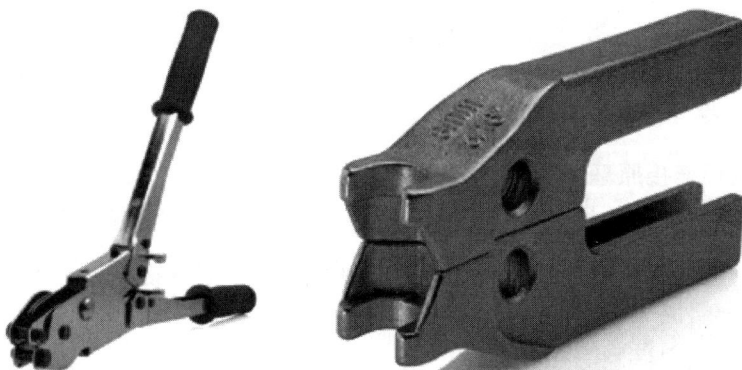

图4-14　维修用洛克环连接工具

4.2.2.3 洛克环连接操作

在此仅介绍维修用洛克环连接的操作。维修时采用洛克环连接制冷剂管路时分为如下的操作步骤（图4-15）：

①将割断的管口打磨清洁。

②在需要连接的两个管口分别涂抹密封液。

③分别将两根需连接的管子插入洛克环中直至端面，转动洛克环使密封液均匀分布。

④使用手动压接钳进行压接。

⑤将两头单环均压接至台阶面为止。

⑥连接完成。

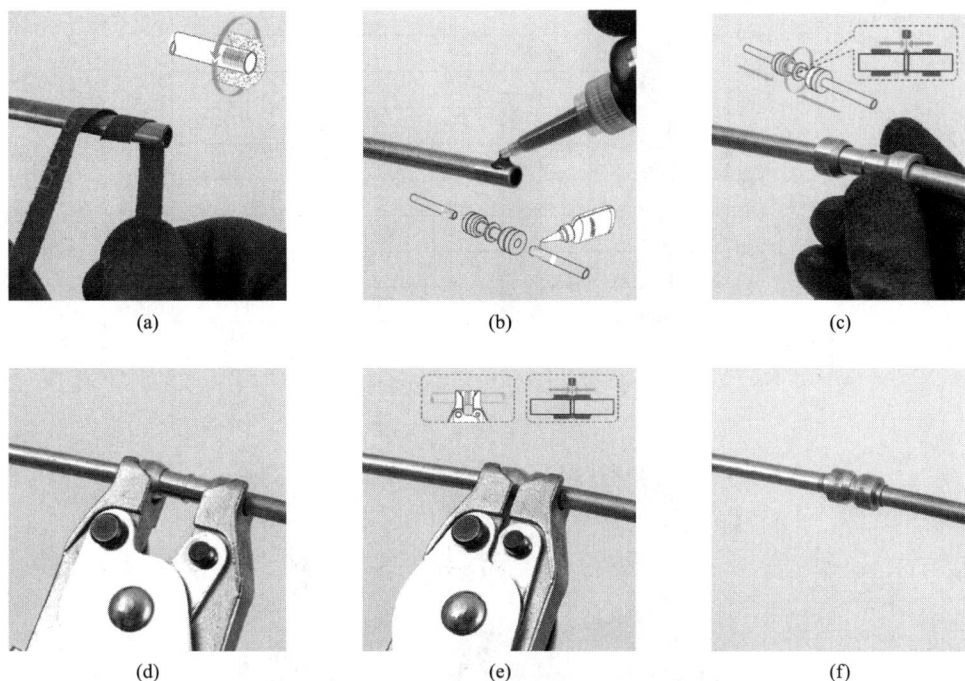

<table>
<tr><td>(a)</td><td>(b)</td><td>(c)</td></tr>
<tr><td>(d)</td><td>(e)</td><td>(f)</td></tr>
</table>

图 4-15　维修用洛克环连接操作

4.3 制冷剂检漏设备

制冷剂泄漏会导致环境污染、制冷空调设备能力下降、效率降低、润滑不良等一系列问题，可燃制冷剂的泄漏还将造成安全隐患。因此，制冷空调系统均要求很高的密封性以避免制冷剂泄漏。实现这一目标的方法是保证系统安装和管路连接的质量。而检验质量的手段则是密封性检查，即系统检漏。

4.3.1　检漏方法

制冷剂检漏的方法很多，不同检漏方法的检测精度不同（图 4-16）、适用场合也不同。目前制冷行业常用的检漏方法包括肥皂泡法、荧光剂法、诱导气法等。

4.3.1.1　肥皂泡法

肥皂泡法是用洗洁精或洗衣粉与水相互混合摇晃产生气泡，对疑似泄漏部位进行涂抹（图 4-17）。若有气泡产生，则确定该位置有泄漏。该方法在国内特别是维修过程中广为使用，优点是目前已知成本最低的泄漏检测手段。但该方法有一定的局限性。

①适合检测比较大的泄漏（年泄漏量大于 1200g），微小的泄漏不容易查到。

②在隐藏部位不容易喷涂如室内机蒸发器，电子膨胀阀等，须将机器拆开。

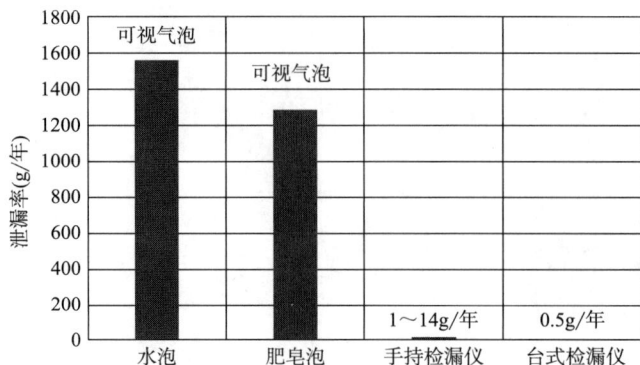

图 4-16 不同方法制冷剂泄漏检测能力

图 4-17 肥皂泡检漏法

③由于泡沫自带表面张力，形成水膜后容易遮盖微小泄漏，加大查漏难度。

4.3.1.2 荧光剂法

荧光剂法是在制冷系统内注入带有颜色的荧光剂染料，待其系统混合均匀后，染料会在泄漏点与制冷剂和油一起渗出，在管道表面留下痕迹。通过紫外光照射、视觉辨别有无染料渗出痕迹，以此来判断有无泄漏及泄漏位置（图 4-18）。

图 4-18 荧光剂检漏法

该方法优点是成本低，一次性注入可发现系统多处泄漏位置。缺点是：大量泄漏或微量泄漏不易检出；必须在可视范围内检测，隐藏部位或换热器背面不容易发现；荧光剂存在系统里，很难清除，增加了后续检漏的排查难度。

4.3.1.3　诱导气（混合气）法

诱导气（混合气）法是配合使用相对应的电子检漏仪对可能存在泄漏的系统进行查漏的一种方法。该方法广泛应用于全球制冷设备的生产、安装、维修领域的泄漏检测。根据混合气体一般分为制冷剂混合气和氢氮混合气。

制冷剂混合气是将制冷剂与氮气的混合气充入几乎泄漏殆尽的系统（若系统仍具有相当压力的制冷剂则无需充注氮气），对疑似泄漏的部位使用相应的制冷剂检漏仪进行检测，此时诱导气为制冷剂。

所谓氢氮混合气，是指将氢气和氮气按一定比例混合（95%氮气和5%氢气，体积分数）后注入有泄漏的系统，用专用氢气检漏仪对疑似泄漏部位进行检测，此时诱导气为氢气。

由于电子检漏仪精度比较高，使得查漏效率得到数十倍提高，为制冷行业主流的泄漏检测手段，但检漏仪价格一般比较高。

4.3.2　电子检漏仪

4.3.2.1　传感器

目前世界上电子检漏仪品牌众多、形式各异，价格从几百到几万不等。根据传感器的工作原理可将其分为电晕式、催化燃烧式、电热二极管、红外吸收式等几类，表4-5为几种传感器的特点比较。

表 4-5　几种传感器的特点比较

传感器类别	电晕式	催化燃烧式	电热二极管	红外吸收式
制造成本	最低	低	较高	昂贵
灵敏度	一般	较灵敏	灵敏	很灵敏
交叉误报率	高	较高	低	低
寿命	最短	长	短	很长

（1）电晕式

电晕式（corona supression）传感器价格低廉，结构简单，对多种气体有反应（图4-19）。但潮湿空气、灰尘、油污等会触发误报警。传感器寿命短，对卤素气体选择性差。

（2）催化燃烧式

催化燃烧（MOS）式传感器结构相对复杂，制造成本稍高，可以获得相对较高的灵敏度及传感器寿命，对多种气体有反应。但对HFCs类制冷剂灵敏度偏低，在复杂气体环境下易触发误报警，触发响应及清零时间相对较长（图4-20）。

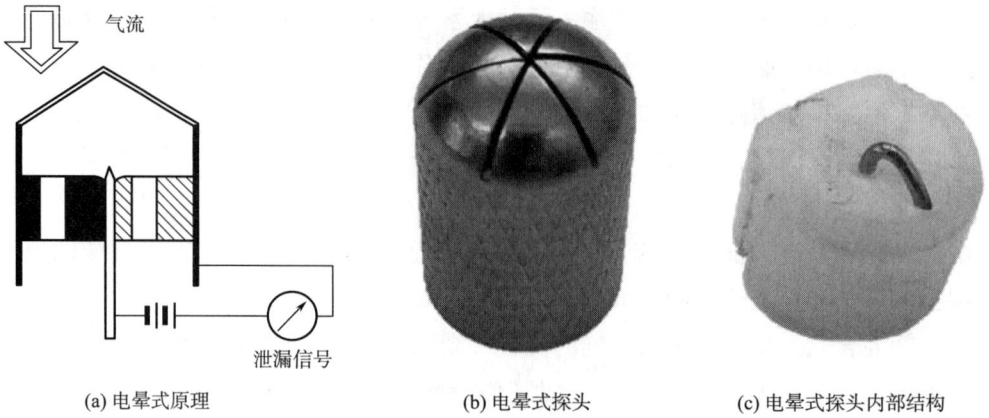

(a) 电晕式原理　　　　　(b) 电晕式探头　　　　　(c) 电晕式探头内部结构

图 4-19　电晕式传感器

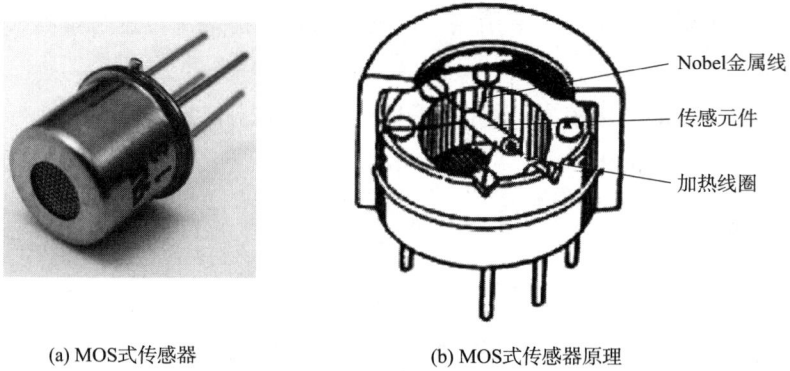

(a) MOS式传感器　　　　　(b) MOS式传感器原理

图 4-20　MOS 式传感器

（3）电热二极管

电热二极管（heated diode）传感器拥有很强的卤素选择性，对氯基制冷剂高度灵敏。这意味着误报警概率大大降低，同时该类传感器拥有快速的响应和清零时间。其缺点是制造成本高，寿命相对较短（图 4-21）。

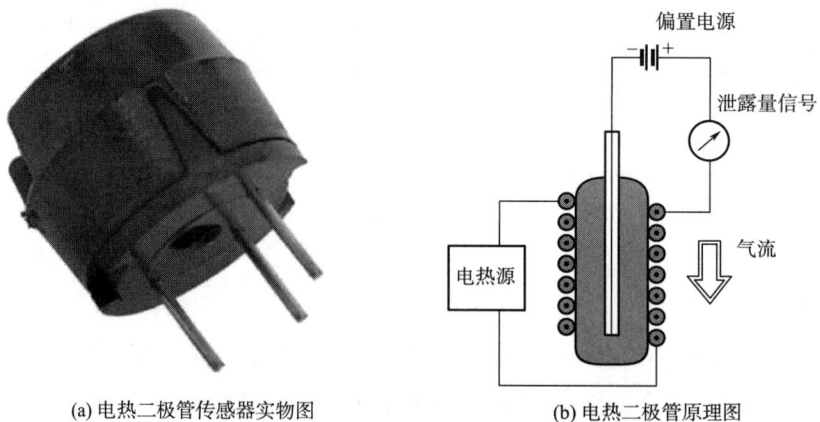

(a) 电热二极管传感器实物图　　　　　(b) 电热二极管原理图

图 4-21　电热二极管传感器

（4）红外吸收式

红外吸收式制冷剂检漏仪的核心部件是一个红外吸收滤光仪。它包含一个一端为红外源（或发射器）和另一端为红外能量检测器，其间为滤光器的取样单元。大部分气体吸收确定波长的红外线（制冷剂为 $7\sim9\mu m$）。制冷剂复合物采样输入流吸收红外波长在 $7\sim9\mu m$ 的红外线，减少指向探测器上的红外线的量。当探测器输出减少时，微处理器将该位置认定为制冷剂积聚或者是泄漏（图 4-22）。

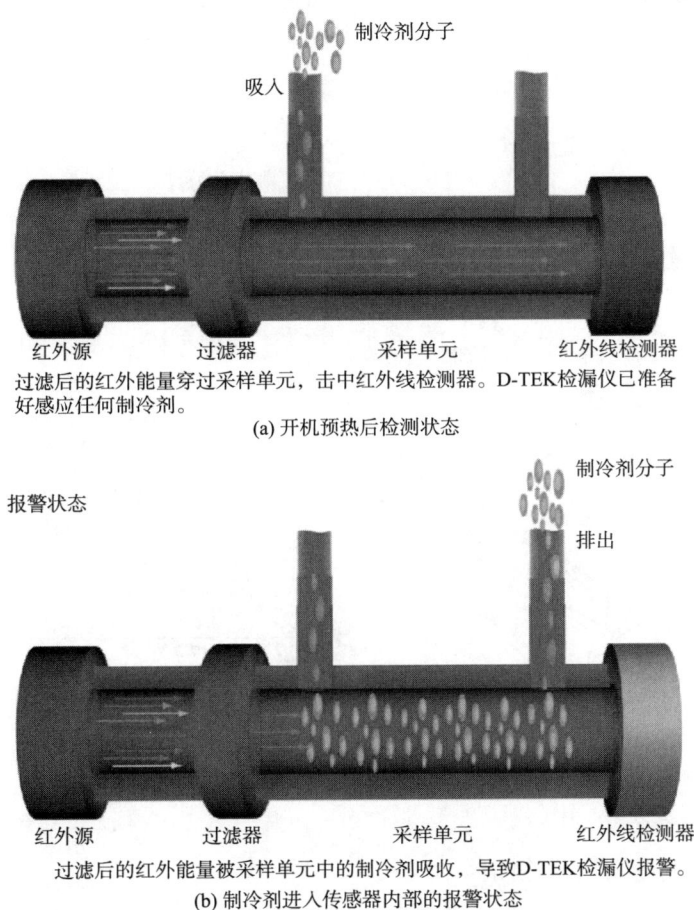

制冷剂分子

吸入

红外源　　过滤器　　　采样单元　　红外线检测器

过滤后的红外能量穿过采样单元，击中红外线检测器。D-TEK检漏仪已准备好感应任何制冷剂。

(a) 开机预热后检测状态

报警状态

制冷剂分子

排出

红外源　　过滤器　　　采样单元　　红外线检测器

过滤后的红外能量被采样单元中的制冷剂吸收，导致D-TEK检漏仪报警。

(b) 制冷剂进入传感器内部的报警状态

图 4-22　红外吸收式检漏仪原理

红外吸收式是目前世界上最先进的传感器技术，广泛应用于制冷制造业与维修行业。该类传感器（图 4-23）拥有相对较长的传感器寿命和很高的灵敏度（0.5g/年）。同时其灵敏度不会随时间而衰减，对制冷剂气体的选择性非常好，几乎无误报警。缺点就是制造成本高，电量消耗大，一般需要充电锂电池驱动。

目前，比较专业的检漏仪一般采取泵吸式结构（图 4-24），即检漏仪内置了一台小吸气泵，通过吸气泵吸气采样后再到传感器进行气体分析。在探棒的前端设置过滤器，以减少吸入的灰尘、水、油污等，起到保护传感器的作用。

图 4-23　红外传感器（从左到右依次为可燃气传感器、常规制冷剂传感器、二氧化碳传感器）

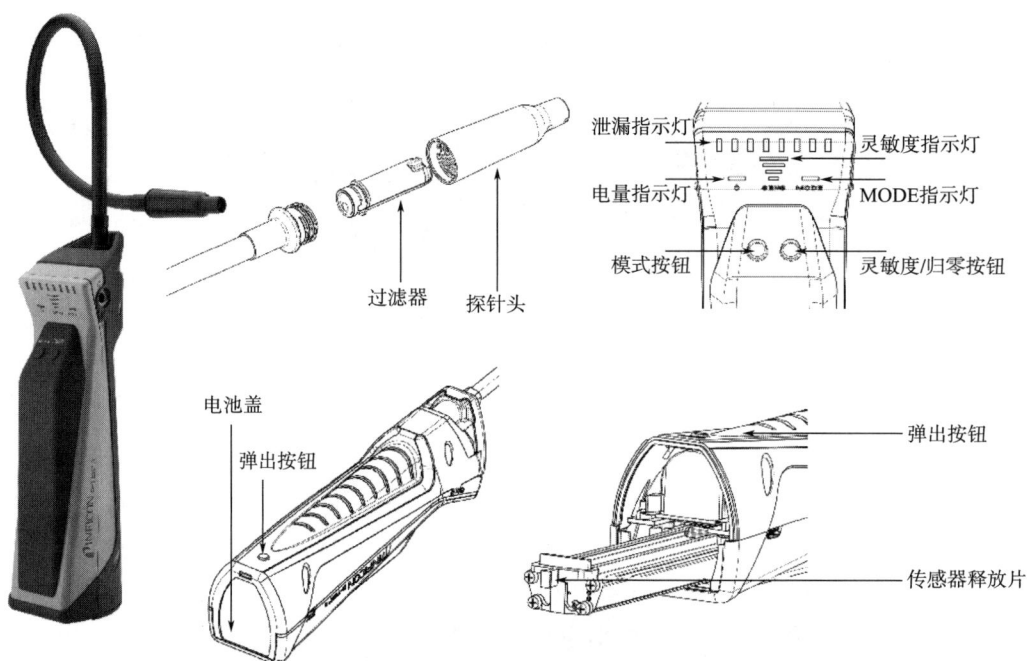

图 4-24　电子检漏仪的泵吸式结构

4.3.2.2　检漏设备分类

（1）固定式制冷剂泄漏检测器

近年来，随着科技的进步和人类对制冷剂减排及安全意识的提高，在工商用制冷空调场所如机房、商超冷链、冷库等靠近机组或容易发生泄漏的部位普遍采用安装固定式泄漏监测器，可实现 24h 持续检测、发生泄漏即时报警。图 4-25 所示为几种固定式制

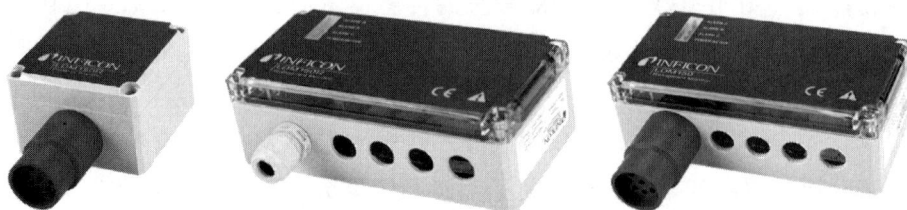

图 4-25　固定式制冷剂泄漏检测器

冷剂泄漏检测器。

目前，行业内固定式泄漏监测器可监测几乎所有常用的制冷剂，包括氨、二氧化碳、R290、R600a、R441a、R1234yf、R1234ze（E）、R134a、R22、R410A、R407C、R32、R404A 等。在选择固定式泄漏报警器时，首先要确定所需检测的制冷剂类型，然后选择对应的检测器型号。

泄漏检测器按可连接的传感器个数可分为单点式和多点式。所谓单点式即一个主机配备一个传感器，多点式即一个主机配备多个传感器同时监测多个位置是否有泄漏。

固定式泄漏报警器的安装比较简单，只需要对主机进行供电（24V 或 220V），连接好传感器单元与主机的连接线，将传感器单元固定在机组旁边或容易发生泄漏的点即可（详情请参考厂家安装指导）。

（2）手持式检漏仪

手持式检漏仪使用比较灵活，可移动到不同的位置进行检漏，广泛用于制冷空调设备的安装、调试和维修等场合。表 4-6 为几种典型手持式检漏仪技术参数。图 4-26 为几种典型手持式检漏仪的外观图。

表 4-6　几种典型手持式检漏仪技术参数

型号	D-TEK STRATUS	D-TEK 3	TEK-MATE	LXD-2	GAS-MATE
传感器技术	红外吸收	红外吸收	电热二极管	催化燃烧	MOS
电池类型	锂电池	锂电池	碱性电池	碱性电池	碱性电池
有无吸气泵	有	有	有	有	无
氨	√	√	×	√	√
二氧化碳	√	√	×	×	×
HCFCs/HFCs 类制冷剂	√	√	√	√	×
A2L 微可燃气体（R32/R1234yf 等）	√	√	√	√	×
R290/R600a/R441 等可燃制冷剂	√	√	√	×	√
氢氮混合气	×	×	×	×	√
ppm* 浓度显示功能	√	×	×	×	×
最低灵敏度	1g/年	1g/年	2g/年	3g/年	1ppm
探棒长度	43cm	43cm	38cm	38cm	38cm

* ppm：浓度单位，溶质质量占全部溶液质量的百万分比，也称百万分比浓度。

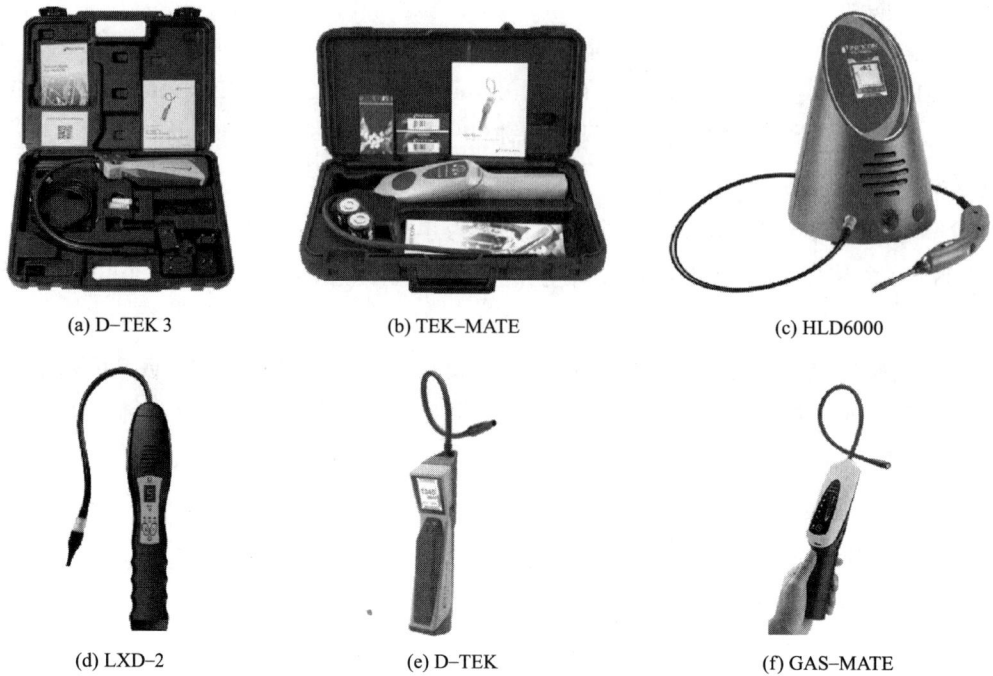

(a) D–TEK 3   (b) TEK–MATE   (c) HLD6000

(d) LXD–2   (e) D–TEK   (f) GAS–MATE

图 4-26　几种典型手持式检漏仪的外观图

4.3.3　检漏仪使用注意事项

在使用检漏仪前首先需要确定所需检测制冷剂的类型，是天然制冷剂（如 R744）、易燃型制冷剂（如 R290、R600a）还是含氟制冷剂（如 R134a、R410A、R22 等）。然后根据所检测制冷剂类型选择相应的检漏仪进行检测。

任何种类的检漏仪都有几个共同的天敌：水、灰尘、油、液态或气液混合态制冷剂等。即便是造价相对高的泵吸式红外检漏仪，一旦吸入过量的灰尘或液态物质（如水或制冷剂）都会造成红外传感器损坏。同样对于造价相对低的电晕式和 MOS 型传感器，由于传感器位置靠前更容易造成传感器失效或误报警。因此，在使用过程中一定要避免检漏仪接触这些物质。检测前可用工业毛巾或压缩空气对检测部件进行擦拭或吹扫，这不仅可以保护检漏仪，还可清除被检测设备表面的油膜或水膜，提高泄漏检测效率。

此外，需要注意检漏仪的使用和贮藏温度，尤其是在炎热的夏季。检漏仪如果长期处在温度较高的环境，可能会造成电池漏液损坏仪器或其他问题。

4.4　制冷剂回收

在制冷空调设备维修时，使用制冷剂回收设备对系统内的制冷剂进行回收和循环再利用，既可减少制冷剂的排放、保护环境，同时也降低了用户的费用。我国颁布实施的《消耗臭氧层物质管理条例》对制冷剂的回收与排放做出了一系列的严格规定。

4.4.1　制冷剂回收的分类

制冷剂回收是利用回收设备建立压力差，使制冷空调机组内的制冷剂以气态、液态或者复合形式从高压区（制冷系统）流向低压区（储存钢瓶）。在回收的同时对制冷剂进行一定的净化处理，如干燥、过滤、分油等，以便于制冷剂的重复利用。

4.4.1.1　按制冷机组内制冷剂被回收时的物理状态分类

按照制冷机组内制冷剂被回收时的物理状态，回收可分为气态回收、气液混合回收、液态回收三种形式。

（1）气态回收

气态回收指回收机入口直接连接制冷机组内的气态工艺口，制冷机组内的气态制冷剂直接被吸入回收机后进行回收。进入回收机的制冷剂经过回收机的压缩、冷凝，气态变为液态，然后被回收机压入制冷剂储存钢瓶中。

气态回收通常用于小于 50kg 充注量的机组，或者是不具备液态工艺口或制冷剂储存钢瓶没有气液双阀的情况。

（2）气液混合回收

气液混合回收指回收机入口直接连接制冷机组内的液态工艺口，制冷剂内的液态制冷剂直接被吸入回收机，在进入压缩机之前，通过限流、体积膨胀使液态制冷剂气化，严格意义上讲，气液混合也属气态回收。

（3）液态回收

液态回收有两种形式，一种是使用液泵进行回收。使用液泵进行回收时，液泵的一端接在制冷机组的液态工艺口，一端接在储存钢瓶。制冷机组内的液态制冷剂直接被泵入储存钢瓶中。液泵回收使用条件比较严格，日常较少使用。另一种是使用回收机进行回收，通常又称为推拉回收。推拉回收是回收制冷剂充注量 50kg 以上机组经常用到的回收方式，而且制冷剂储存罐具有气液双阀。

4.4.1.2　按回收时制冷剂流动的驱动方式分类

按照回收时制冷剂流动的驱动方式，制冷剂回收可分为冷却法和压缩法。

（1）冷却法

冷却法是用一个独立的制冷循环冷却回收容器，当回收容器温度降低后其内部压力就会降低，制冷剂系统内的制冷剂依靠压差就会流向回收容器（图 4-27）。冷却法可实现气态或液态回收，其中液态回收具有更快的回收速度。

冷却法的主要特点是：由于回收制冷剂不直接通过压缩机，所以没有不同的冷冻机油混入，比较适用于小容量回收。对有些制冷剂需要极低的温度才能达到回收的压力要求，如 R22 需要-41℃、R410A 需要-52℃的回收温度。

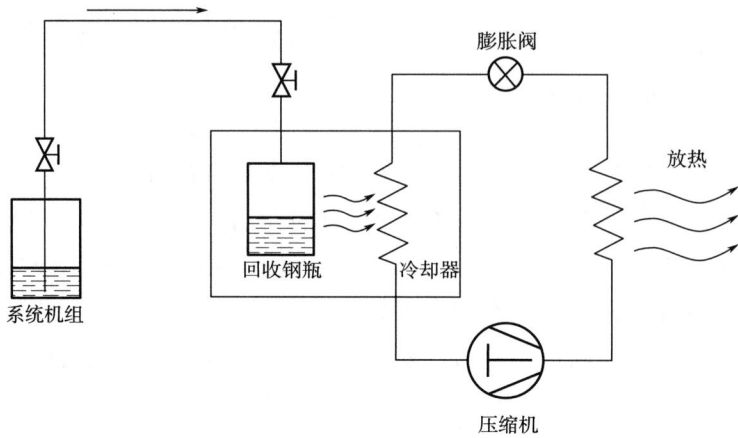

图 4-27　冷却法基本系统

（2）压缩法

压缩法是将被回收制冷空调系统的制冷剂吸入压缩机压缩，经过冷却冷凝后再送入回收钢瓶中的一种方法（图 4-28）。

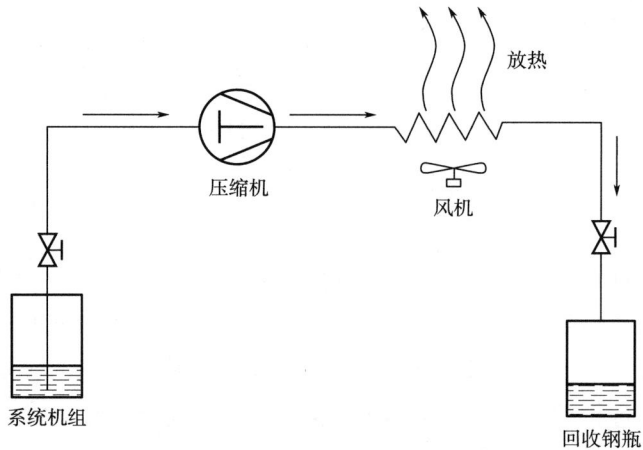

图 4-28　压缩法基本系统

压缩法的主要特点是：制冷剂在通过压缩机回收过程中可能混入不同润滑油；由于制冷剂被直接抽取并压缩到钢瓶，所以回收效率较高，适用于各种系统的制冷剂回收。

此外，根据使用场合，制冷剂回收设备还可分为便携式制冷剂回收装置、移动式制冷剂回收装置和车载式制冷剂回收装置。根据回收的制冷剂特性，制冷剂回收设备又可分为高压制冷剂回收装置、中压制冷剂回收装置、低压制冷剂回收装置和易燃易爆制冷剂回收装置。其中易燃易爆制冷剂回收装置需要考虑防爆问题。

4.4.2 制冷剂回收机

4.4.2.1 制冷剂回收机的组成

制冷剂回收机一般由压缩机、冷凝器、干燥器、过滤器、油分离器、控制系统和管路系统等组成。

①压缩机是回收的动力源，一般采用活塞式压缩机。根据润滑方式通常分为无油压缩机和有油压缩机。无油压缩机功率较小，适用于小型空调机组的回收。有油压缩机在回收时要求压缩机的润滑油与被回收制冷机组的润滑油必须一样，避免不同类型的润滑油进入制冷剂中。

②冷凝器对回收中的制冷剂进行液化，通常有水冷、风冷两种冷却形式。

③干燥器是对回收中的制冷剂水分、酸分进行吸收。干燥芯根据制冷机组内使用的制冷剂和润滑油来选择，100%分子筛型过滤芯适用于所有 HFCs 制冷剂和聚酯（POE）或聚烷乙二醇（PAG）油的系统。活性铝过滤芯适用于 HCFCs 制冷剂与矿物油或烷基苯油系统。对水分的处理效果可以通过回收机出口处加装视液镜进行观察、判断。

④过滤器是对回收制冷剂中的杂质进行过滤。过滤网通常要求 25μm，以保证过滤效果。便携式制冷回收装置一般采用由高分子材料及滤网组成、兼具干燥和过滤功能的小型干燥过滤器，且不可更换滤芯，如图 4-29 所示。这类干燥过滤器需要定期更换，一般使用不超过 10 次，且回收不同的制冷剂不能用同一个干燥过滤器。干燥过滤器有方向性，在其外壁标贴上印有箭头方向。

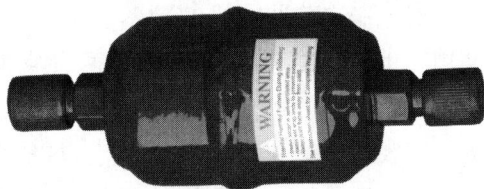

图 4-29 干燥过滤器

⑤油分离器对回收的制冷剂中混合的润滑油进行分离，通常有重力式和离心式两种形式。

⑥控制系统包含必要的操作开关、压力保护装置、液位过载装置、漏电及电流过载装置等。压力保护通常采用高/低压控制器，根据回收制冷剂的物理性质进行相应的预先设定。液位过载装置适用于有液位计的储存钢瓶，保证储存容量不超过钢瓶的 80%。电流过载装置用于保护回收机组正常运行。表 4-7 为某公司 FS2 型回收机的压力控制参数设置。

表 4-7 FS2 型回收机压力控制参数设置

制冷剂	切断		接通	
	高压/kPa	低压/kPa	高压	低压/kPa
R12/R134a	1034	50	手动复位	150
R404A/R502	1724	50	手动复位	150
R22	2000	50	手动复位	150
R410A	4000	50	手动复位	150

4.4.2.2 便携式制冷剂回收装置

便携式制冷剂回收机采用无油压缩机、风冷冷凝器、外置制冷剂干燥过滤器，适用于大多数制冷剂（如 R22、R134a、R404A 等）。便携式制冷剂回收机整体结构紧凑、小巧，具有重量轻、便于携带、操作简单等优点（图 4-30）。

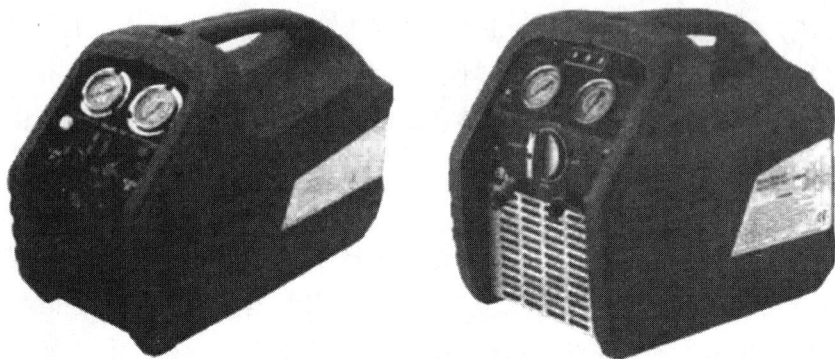

图 4-30　便携式制冷剂回收机

便携式制冷剂回收机的功率较小，通常在回收家用空调器、窗机、10 匹柜机以下时使用。市场上有 0.5 匹和 1 匹两种常用的规格型号，0.5 匹最大气态回收速度为 15.6kg/h，1 匹最大气态回收速度为 31.2kg/h。部分回收机具有直接抽取液态制冷剂的能力，回收速度达到 2kg/min 以上，具备回收大型设备制冷剂的能力。

一些便携式回收机具备自清功能，所谓自清是一次工作结束后把回收装置内部冷凝器的残余制冷剂排到回收容器。自清时压缩机抽取回收机冷凝器内的制冷剂，不再对其冷却，而是直接排入储存钢瓶。自清运行能够尽量减少回收机组内部存贮的制冷剂，方便回收不同制冷剂的切换，避免回收不同制冷剂时的交叉污染。图 4-31 和图 4-32 所示分别为正常回收状态和自清状态下回收机内的制冷剂流路。表 4-8 所示为典型便携式回收机的主要技术数据。

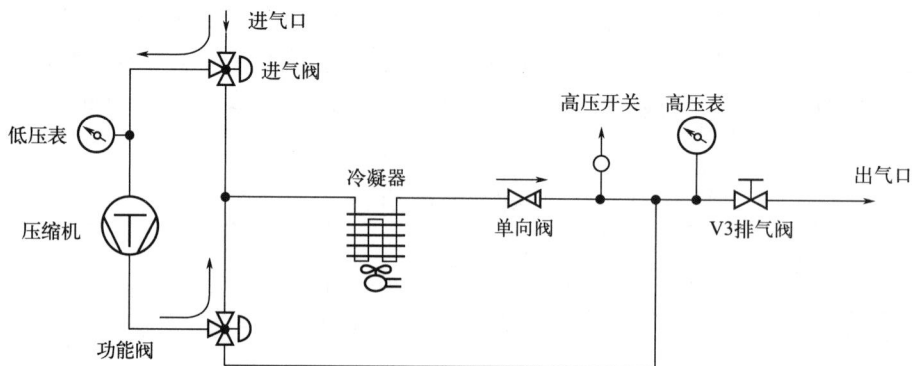

图 4-31　正常回收状态气路图

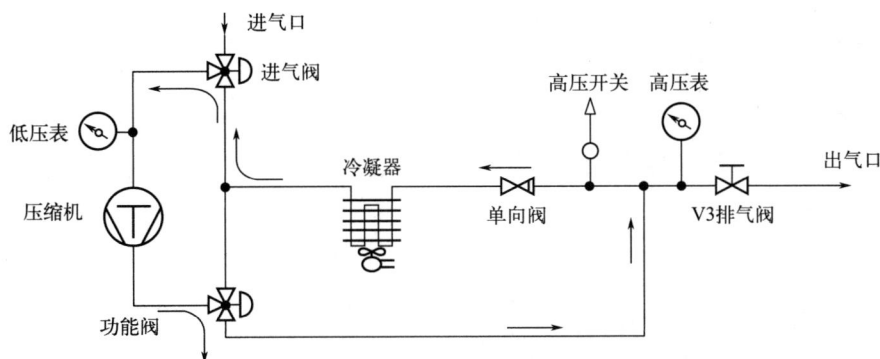

图 4-32　自清状态气路图

表 4-8　典型便携式回收机技术数据

项目	VRR12L	VRR24L	FP-2501	FP-2502
压缩机功率	3/4HP 无油	1HP 无油	1/2HP 无油	1HP 无油
外形尺寸/mm	450×250×355		485×220×385	485×230×365
整机重量/kg	13.0	13.5	15.0	17.0
气态回收速度/(kg/min)	≤0.25	≤0.50	≤0.26	≤0.52
液态吸气回收速度/(kg/min)	≤2.20	≤3.50	≤1.85	≤3.70
液态推拉回收速度/(kg/min)	≤6.30	≤9.50	≤6.22	≤12.44
电源	220V,50Hz		220V,50Hz	
工作温度/℃	0~40		0~40	

4.4.2.3　移动式制冷剂回收装置

移动式制冷回收机采用有油活塞压缩机、风冷或水冷冷凝器，内置油分离器、干燥过滤器、视液镜等部件，适用于中高压制冷剂（如 R22、R134a、R410A 等）。

移动式制冷回收机功率为 1.5~7.5 匹，配置大容量的滤芯和油分离器，对制冷剂净化、润滑油分离效果较好，适合在充注量 100kg 以上的制冷机组生产现场、维修过程中应用。表 4-9 所示为 FS2 型回收机的规格参数。回收机实际回收速度受使用场所的温度、海拔、管路阻力、储罐容量等条件的影响，表中回收速度仅作参考。

表 4-9　FS2 型回收机规格参数

制冷剂种类	R502、R22、R134a、R410A
允许压力/kPa	2413(350psi)
电机功率/kW	1.5
电源	380V,3PH,50Hz
重量/kg	75(含飞轮)
尺寸/mm	750×400×465
R134a 回收速度/(kg/h)	气态回收状态下≤200(表压为 0.7MPa 时)
冷却水管接口尺寸	G1/2 英寸
制冷剂接口尺寸	SAE 1/2 英寸
工作温度范围/℃	0~40

4.4.3 制冷剂回收系统

4.4.3.1 系统构成

制冷剂回收机需要与制冷机组、表组、软管、回收钢瓶、电子秤、检漏仪等连接组成回收系统进行制冷剂回收（图4-33）。

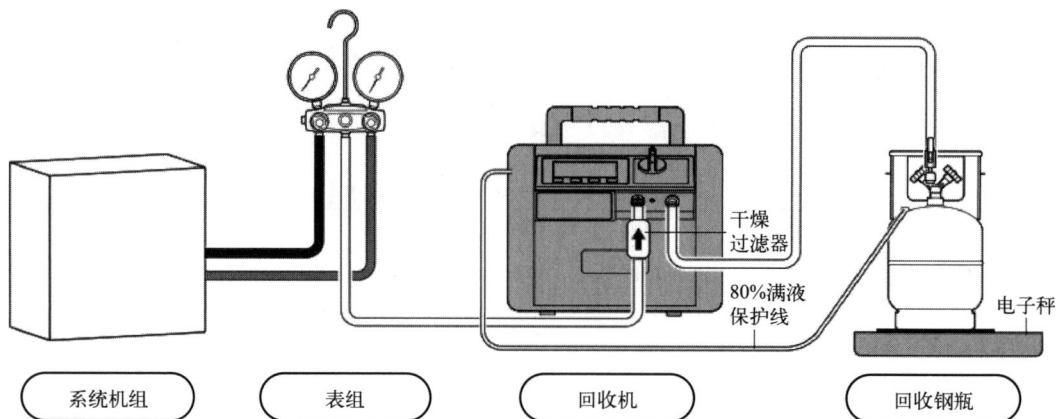

图 4-33 制冷剂回收系统

（1）表组

表组由带截止阀功能的三通阀、压力表及三个接头构成，如图4-34所示。表组连接在管路中，通过两个阀门可以控制机组系统中气、液口的开启和关闭，两个压力表可以监控系统中气态端、液态端的压力。

（2）制冷剂软管

制冷剂软管用于制冷机组、回收机、表组和回收钢瓶之间的连接。选用软管时应注意其耐压值及适用的制冷剂，最好配有截止阀以便于操作。建议采用内有尼龙层的4层软管，如图4-35所示。在气态回收时，制冷剂回收装置的进气软管对回收速度有显著影响，软管内径越大且长度越短，回收速度越快。

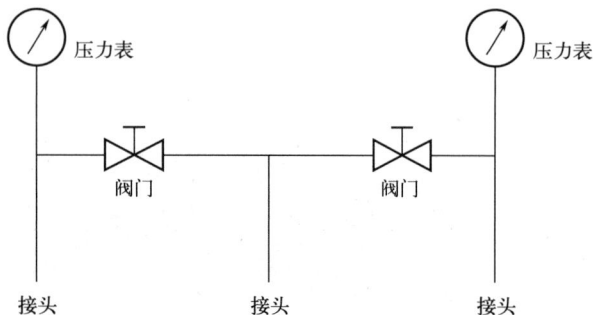

图 4-34 表组管路

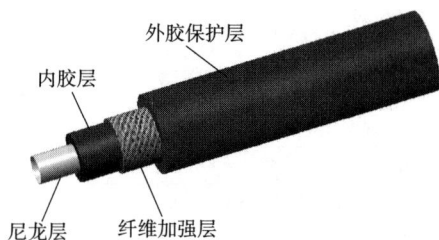

图 4-35 制冷剂软管

（3）回收钢瓶

回收钢瓶用于容纳回收的制冷剂，必须与制冷剂回收装置配套使用，其泄压阀动作值要求高于制冷剂回收装置的高压开关动作值。此外，回收用钢瓶都有液态口和气态口，有些还配有 80% 液位报警装置和易熔塞，如图 4-36 所示。

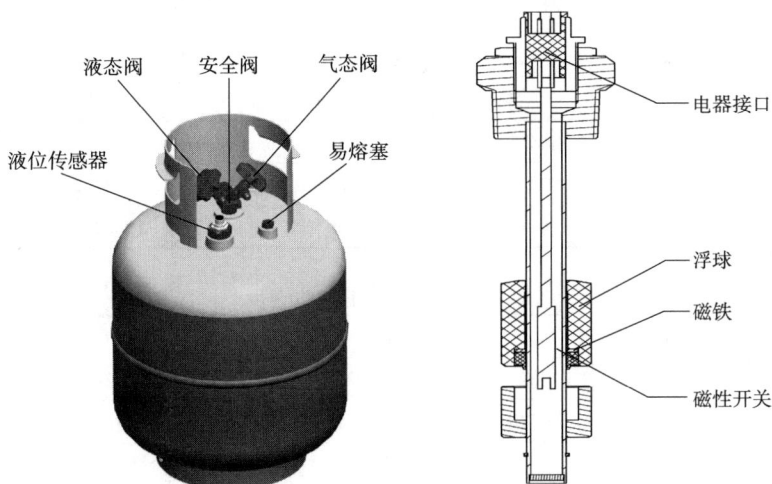

图 4-36　回收钢瓶

液位报警装置主要由装在浮球上的磁钢和一个磁性开关组成。当液位比较低时，磁铁贴近磁性开关，开关接通；当液位升高，浮球上升，磁铁离开磁性开关，开关断开。

钢瓶回收时一定要做好标识，标明内部的制冷剂型号，不可混装、混用。在向空瓶回收制冷剂前，必须将空瓶抽真空以清除各种不凝性气体。空回收容器出厂前已充注了干燥的氮气，在第一次使用前也需要将其抽空。

（4）电子秤

即使回收容器内有液位开关，考虑其可靠性，一般还是要用电子秤来监控钢瓶的回收量，避免过度充注。目前市面上销售的带电磁阀功能的电子秤（图 4-37）可根据钢瓶容量设定回收制冷剂量，实现自动切断管路，停止灌注。

图 4-37　电子秤

（5）检漏仪

制冷剂检漏仪用于在管路连接完毕后对各管路连接处进行制冷剂泄漏检测，以防止出现制冷剂泄漏造成的人身伤害、环境污染等问题。注意在回收可燃性及毒性制冷剂时，相关工作人员应使用检漏仪实时监测周围环境中的制冷剂浓度并一直开启通风设备。

4.4.3.2　回收速度

使用回收机进行制冷剂回收时，回收速度取决于以下多种因素，如制冷剂品种、环境温度、制冷机组形式、回收机规格、回收方式等。

（1）制冷剂品种

每种制冷剂的比容不同，在压力温度相同时，比容小的制冷剂质量大，相对的回收速度将显得更快。以上述 FS2 型回收机为例（压缩机转速 925r/min，压缩机理论排气量 9.4m³/h，回收机整机效率 68%时），表 4-10 和表 4-11 为其回收不同制冷剂时的回收速度。

表 4-10 R22 的回收速度

机组表压/MPa	0.1	0.2	0.3	0.4	0.5	0.6	0.7	0.8
比容/（m³/kg）	0.1119	0.0750	0.0580	0.0460	0.0390	0.0337	0.0295	0.0263
回收速度/（kg/h）	57.32	85.50	110.60	139.40	164.420	190.28	217.37	243.80

表 4-11 R134a 的回收速度

机组表压/MPa	0.1	0.2	0.3	0.4	0.5	0.6	0.7	0.8
比容/（m³/kg）	0.0990	0.0670	0.0500	0.0400	0.0337	0.0290	0.0252	0.0220
回收速度/（kg/h）	64.78	95.70	128.25	160.31	190.28	221.10	254.46	291.47

（2）环境温度

当制冷机组所处的环境温度越高时，制冷机组内制冷剂的压力越高，制冷剂回收速度也将越快。随着温度和压力的降低，制冷剂的比容将增大，回收速度将急剧下降。

（3）制冷机组形式

风冷、热泵型制冷机组因为管路长、阀件多、高低压之间平衡慢，回收速度较慢。水冷螺杆或离心机组管路简单、阀门少、回收速度较快。但是螺杆或离心机组因为压缩机容量较大，混合在润滑油中的制冷剂较多，回收至末期时，压力会有反复变化。

（4）回收机功率和效率

大功率回收机相对回收速度更快。使用水冷冷凝的回收机效率要高于使用风冷冷凝的回收机，特别是在闷热的机房内使用时，风冷冷凝的回收机出口冷凝效果降低，导致出口压力增大，进而使制冷剂贮存罐发热和压力增大。

（5）回收方式

不同的回收方式也会产生不同的回收速度，其中液态推拉回收速度最快，气态回收速度最慢。

（6）接口和接管

制冷剂回收时，接口和接管越大，制冷剂流动阻力越小，从而对回收速度影响小。当接口为 1/4 英寸针阀时，将极大地影响回收速度。

4.4.4 制冷剂回收操作

4.4.4.1 液态回收（推拉回收）

液态回收适用于制冷剂充注量在 50kg 以上，配有气态、液态工艺口的制冷机组，同时制冷剂储存钢瓶需要有气液双阀。

①将制冷剂回收机压缩机中的润滑油换成与需要回收的制冷机组相同的润滑油。

②制冷机组不需开启蒸发器、冷凝器的循环水。制冷剂回收机不需开启风冷或水冷冷凝器。

③按图 4-38 所示，连接回收机、制冷剂储存钢瓶和需回收的制冷机组。

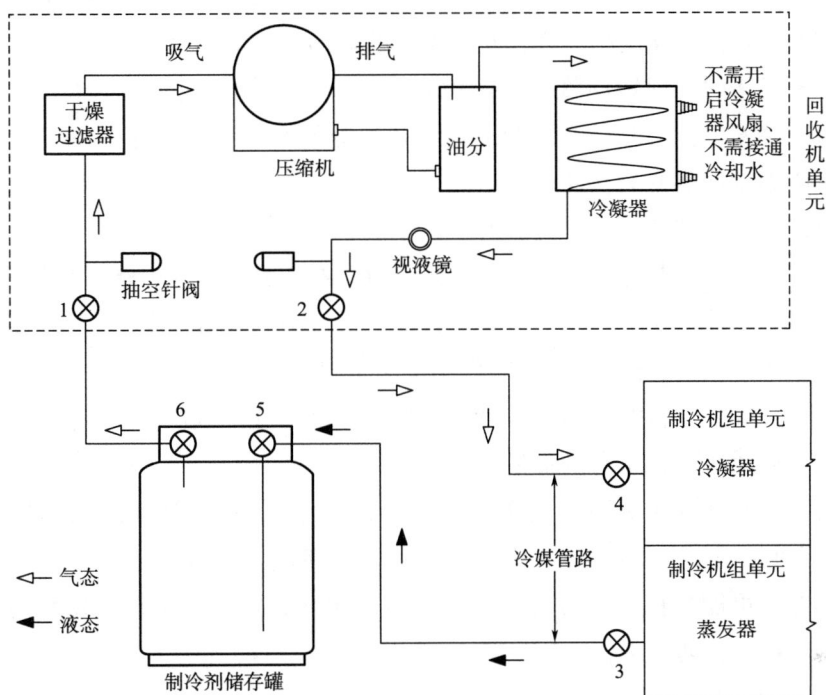

图 4-38　液态推拉回收时回收机、制冷剂钢瓶和机组连接图
1—回收机入口阀门　2—回收机出口阀门　3—制冷机组蒸发器液态阀门
4—制冷机组气态阀门　5—储罐液态口阀门　6—储罐气态口阀门

④打开回收机上所有阀门。如果制冷剂储存钢瓶为空瓶，需要对制冷剂储存钢瓶进行抽真空处理，以排除瓶内空气。

⑤从回收机的抽空阀对新连接管路、制冷剂回收机一起进行抽真空处理，备用制冷剂钢瓶可单独进行抽真空。

⑥调整好制冷剂回收机回收气态制冷剂的阀门的开关。

注：在制冷机组底部的加液阀处与蒸发器桶体较高的位置选一个合适的阀门，装一根较细的透明制冷剂管，这样可以观察制冷机组的蒸发器实际液态制冷剂的高度。

⑦开启制冷机上气态工艺阀、制冷剂回收机的进/出口阀和制冷剂钢瓶的气态阀。

⑧开启回收机，在此过程中定期查看制冷机组内压力、回收机出口压力、回收机电流、制冷剂储存钢瓶重量，并做好记录。

⑨当制冷机组内压力（从制冷机组压力表观察）大于制冷剂储存钢瓶内压力（从

回收机入口处观察）0.05MPa时，说明制冷机组和制冷剂储存钢瓶之间的压力差已经建立，此时依次打开制冷剂储存钢瓶液态阀、制冷机组液态阀。制冷剂将靠压力自动从制冷机组流向制冷剂储存钢瓶。

⑩当制冷剂钢瓶灌注量接近80%时需更换钢瓶。

⑪在制冷机组与钢瓶之间的连接管路中安装视液镜，以便于观察液态制冷剂的流速及状态。制冷剂在视镜中的表现为：开始输送时，制冷剂从视镜底部逐渐漫上，当流量满管时，视镜内将全部充满制冷剂，此时视镜的玻璃环圈消失。当制冷机组内的液态制冷剂即将输送完毕时，视镜内将会出现大量气泡，随着输送的继续进行，气泡越来越少，直至液位降至最低，此时已经看不到液态制冷剂的流动。等待1min左右，再次检查以确保无液态制冷剂流动。

⑫此时液态回收结束，进入关机操作。

⑬关机。首先关闭制冷机组的液态工艺阀门，然后关闭制冷剂储存钢瓶的液态、气态工艺口。保持回收机继续运转，直至回收机入口压力为0MPa或更低时关闭回收机入口阀，然后关闭回收机、回收机出口阀、制冷机组气态工艺阀门。

注：保持回收机运转的目的是让回收管路及回收机内的制冷剂尽量压入制冷机组内，可以减少回收机及管路内残余制冷剂。

⑭拆管。将所有阀门关闭后，依次拆下所有连接管路。拆卸时需要注意管内残余制冷剂，尽可能地使用小型回收机对回收机及管路内的制冷剂进行回收，以免造成污染及浪费。

注：拆管时可能会有残余的高压制冷剂泄漏出来，此时需逐渐并缓慢拧松连接接头，让压力释放，以防止冻伤。

4.4.4.2 气态回收

制冷剂气态回收适用于所有各种制冷机组，对制冷剂储存钢瓶有无气液双阀没有要求。

①将制冷剂回收机压缩机中的润滑油换成与需要回收的制冷机组相同的润滑油。

②制冷机组必须开启蒸发器、冷凝器的循环水。制冷剂回收机需要开启风冷或水冷冷凝器，将回收的制冷剂气体冷却液化为液态制冷剂，从而输送到制冷剂储存钢瓶。

③按图4-39所示，连接回收机、制冷剂储存钢瓶和需回收制冷剂的制冷机组。

④打开回收机及回收钢瓶上所有阀门。

⑤从回收机的抽空阀对新连接管路、制冷剂回收瓶、制冷剂回收机一起进行抽真空处理，其他备用制冷剂钢瓶可单独进行抽真空。

⑥调整好制冷剂回收机回收气态制冷剂的阀门的开关。

注：在制冷机组底部的加液阀处与蒸发器桶体较高的位置选一个合适的阀门，装一根较细的透明制冷剂管，这样可以观察制冷机组的蒸发器实际液态制冷剂的高度。

⑦开启制冷机组上气态工艺阀、制冷剂回收机的进、出口阀及制冷剂钢瓶的气态阀。

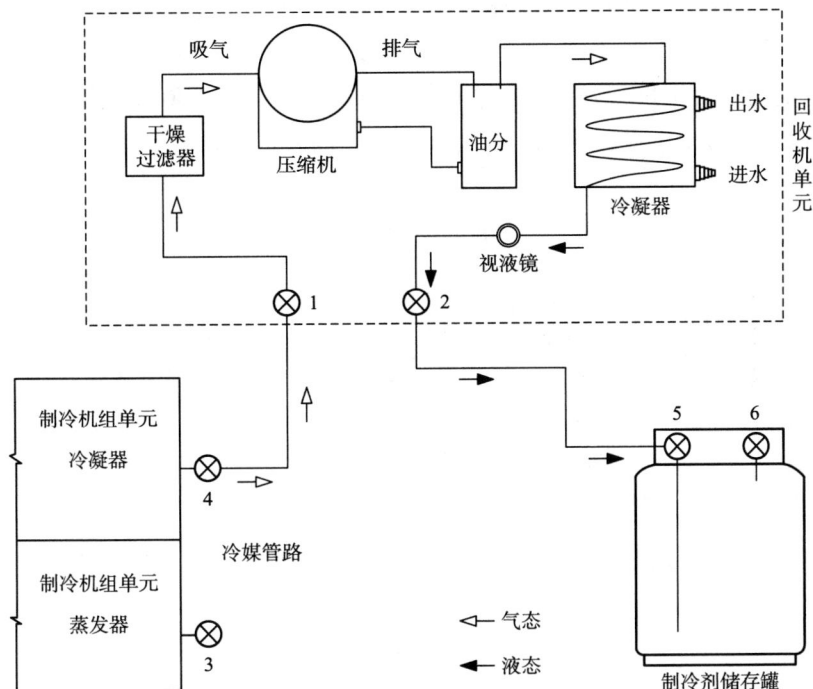

图 4-39 气态回收时回收机与制冷剂储存钢瓶和需回收制冷剂的机组连接图

1—回收机入口阀门 2—回收机出口阀门 3—制冷机组蒸发器液态阀门

4—制冷机组气态阀门 5—储罐液态口阀门 6—储罐气态口阀门

⑧开启回收机进行回收，在此过程中定期查看制冷机组内压力、回收机出口压力、回收机电流、制冷剂储存钢瓶重量，并做好记录。

⑨当制冷剂钢瓶灌注量接近 80% 时需更换钢瓶。

⑩制冷机组的压力降至 GB/T 9237—2017 规定的回收压力时停止回收机，等待 10min，观察制冷机组内的压力是否有回升。如有回升，开启回收机组再次回收，直至压力不再回升，回收工作结束。

⑪关机。首先关闭制冷机组的工艺阀门，然后关闭回收机冷却水，让回收机继续运转，直至回收机入口压力为 0MPa 或更低时关闭回收机入口阀，随后关闭制冷剂储存钢瓶阀门。最后关闭回收机和回收机出口阀。

注：关闭回收机冷却水的目的是让回收管路及回收机内的制冷剂不再气化，同时将液管内的制冷剂压入制冷剂储存钢瓶内，这样可以减少回收机及管路内残余制冷剂。

⑫拆管。将所有阀门关闭后，依次拆下所有连接管路。在拆卸时需要注意管内残余制冷剂，尽可能地使用小型回收机对回收机及管路内的制冷剂进行回收，以免造成污染及浪费。

注：拆管时可能会有残余的高压制冷剂泄漏出来，此时需逐渐并缓慢拧松连接接头，让压力释放，以防止冻伤。

4.4.4.3 将制冷剂回收到机组冷凝器桶体

在短期维修时，利用机组冷凝器桶体为容器回收制冷剂（将制冷剂储存在机组内部）的方式适用于自带排气阀门与供液阀门，并能可靠关闭的制冷机组。

①按图4-40所示，连接回收机与需回收制冷剂的制冷机组。

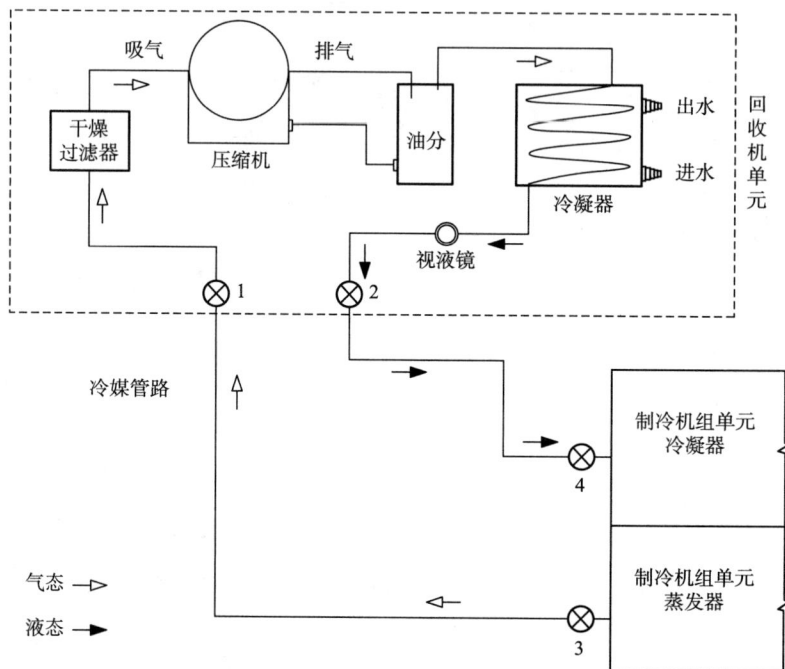

图4-40　利用机组冷凝器桶体为容器回收制冷剂时管路连接图

1—回收机入口阀门　2—回收机出口阀门　3—制冷机组蒸发器气态阀门

4—制冷机组冷凝器气态阀门

②从回收机的抽空阀对连接管路进行抽真空处理。

③关闭制冷机组的排气阀、冷凝器通往蒸发器的供液截止阀。

④调整好制冷剂回收机回收气态制冷剂的阀门的开关。

⑤开启机组蒸发器的循环水。

⑥开启制冷剂回收机、回收机的风冷或水冷冷凝器进行冷凝。

⑦注意回收机工作电流电压变化情况、回收机压缩机的油位变化情况和回收机与制冷机组的各项压力、温度变化情况。

⑧观察机组蒸发器和压缩机低压端的压力表，当压力降至 GB/T 9237—2017 规定的回收压力时停止回收机。等待 10min，观察制冷机组内的压力是否有回升。如有回升，开启回收机再次回收，直至压力不再回升，判定回收完成。

⑨关机。首先关闭制冷机组蒸发器上的工艺阀门，然后关闭回收机冷却水，让回收机继续运转，直至回收机入口压力为 0MPa 或更低时，关闭回收机入口阀，随后关闭冷凝器工艺阀门。最后关闭回收机和回收机出口阀。

注：关闭回收机冷却水的目的是让回收管路及回收机内的制冷剂不再气化，同时将液管内的制冷剂压入制冷剂储存钢瓶内，这样可以减少回收机及管路内残余制冷剂。

⑩拆管。将所有阀门关闭后，依次拆下所有连接管路。在拆卸时需要注意管内残余制冷剂，尽可能地使用小型回收机对回收机及管路内的制冷剂进行回收，以免造成污染及浪费。

注：拆管时可能会有残余的高压制冷剂泄漏出来，此时需逐渐并缓慢拧松连接接头，让压力释放，以防止冻伤。

4.4.5 安全操作注意事项

对于制冷剂回收，需要注意以下事项：

螺杆式、离心式机组属于大型制冷装置，制冷剂充灌量大。一般多采用复合式回收装置，分别进行液体和气体回收，以增加回收速度、缩短回收时间，甚至可以连接多台回收装置，分别与系统的高低压部分连接进行回收。

由于系统中制冷剂大量溶于润滑油中，制冷剂系统或分系统的回收压力降至 GB/T 9237—2017 规定的回收压力时，需反复进行多次回收运行操作直至系统中的压力不再升高，此时回收才完成。根据 GB/T 9237—2017，对于容积 $\leq 0.2m^3$ 的制冷空调系统或分系统，回收压力降到绝对压力 0.06MPa；对于容积大于 $0.2m^3$ 的制冷空调系统或分系统，回收压力降到绝对压力 0.03MPa。上述压力适用于环境温度为 20℃ 的情况。对于其他温度，回收压力需要相应改变。

由于液体回收时，系统中的润滑油也一同被回收到回收容器中，严重地影响润滑油的再利用。可在被回收系统和回收装置间加装一个油分离器，起到分离并收集润滑油的效果。即使是要销毁的制冷剂，加装油分离器也可以提高销毁装置的工作安全性。在安全方面，需要注意：

（1）人员

①回收过程存在一定安全风险（高压、电气、可燃制冷剂），操作人员必须经过培训，具备相应资质方可进行操作。

②操作人员必须熟悉所使用回收装置的各项性能、制冷机组、所使用的制冷剂回收容器和回收制冷剂的性能。

③操作人员必须熟悉制冷剂回收现场的情况。

（2）环境

①作业现场与周围无明火、无易燃易爆物品。禁止在有易燃、易爆物质或易燃设备附近进行制冷剂回收。

②制冷剂回收前必须清除回收作业区的杂物。作业现场要有良好的照明与应急照明、良好的通风和排风条件。

③办理好相应的操作手续，疏散与制冷剂回收作业无关的人员，并有相应的应急机制。

④用安全警示带圈好安全作业区，挂好相应的工作标识。

⑤回收现场需要配备灭火设备及安全用具等。

（3）防护

制冷剂回收工作直接操作人员必须穿戴好相应的防护用品，如在通风不良场所进行回收作业时，现场应配备应急用呼吸器。

（4）操作

①制冷剂回收装置及制冷剂回收容器应符合国家相应安全使用要求。

②当使用和维护回收机时，必须遵守回收机说明书中的注意事项。遵守所有的安全规则。

③在执行回收和保养前，关闭回收机主电源开关和电源连接开关。防止电击造成人身伤害。

④使用符合压力容器规范的储存钢瓶。

⑤所有连接管路和接头必须使用符合要求或指定的产品，否则可能导致人员伤害，并导致制冷剂进入大气中。

⑥避免使用过长的电源连接线，因为过长的电源连接线会使线阻增加，线缆容易过热。如果必须使用延长线（长度小于10m），线的规格不得小于$5mm^2$。

⑦回收操作时，连接制冷剂储存罐的管路和阀门必须处于开启状态（在压力过高时关闭或未完全打开将会导致电动机过载和更大的危害）。

⑧回收操作时，根据电流来控制入口阀开度，过高的负荷将导致电动机过载。

⑨在任何情况下，都要避免液态制冷剂进入回收机的压缩机。

⑩在制冷剂回收过程中随时监测相应的压力及温度参数的变化情况。

⑪制冷剂回收后，制冷剂回收容器应放置在阴凉、干燥、通风处，要避免日晒雨淋，要远离热源，并在制冷剂回收容器上做好标识。

⑫报废的制冷剂应运送到专门的制冷剂销毁机构。

对整个回收过程予以记录，并整理归档。

4.5 制冷剂充注设备

制冷剂充注所需工具一般包括制冷剂充注机、充注表具、制冷剂充注管、制冷剂储液器加热带、阀门棘轮扳手等（图4-41、图4-42）。在选取工具时一定要检查工具和需充注的制冷剂是否匹配，特别是在充注高压制冷剂（如R410A）时，一定要选用匹配的专用表具和充注管。

图 4-41 阀门棘轮扳手、制冷剂充注管及表具

图 4-42 制冷剂充注机

冷库一般使用大型的制冷剂瓶或者槽车充注制冷剂，充注量较大时，一般都是液态充注。先利用系统的真空度向系统的贮液器充注。当压力平衡后，关闭储液器的出液阀，利用压缩机降低低压系统的压力，从而使制冷剂瓶或槽车里的制冷剂液体向系统的低压系统供液充注制冷剂。

冷链物流汽车空调制冷剂充注常用仪器及设备主要有歧管压力表（图 4-43）、制冷剂罐注入阀（图 4-44）、真空泵、充注回收机和各种检漏仪（图 4-45）。

4.5.1 歧管压力表

歧管压力表如图 4-43 所示。

作用：充注制冷剂，抽真空，添加润滑油。

组成：高压表；低压表，测低压端压力；高压阀，打开高压通路；低压阀，打开低压通路；三个通道分别接高压阀、低压阀、检修阀（气门阀）与维修通道。

4.5.2 制冷剂罐注入阀

制冷剂罐注入阀如图 4-44 所示。

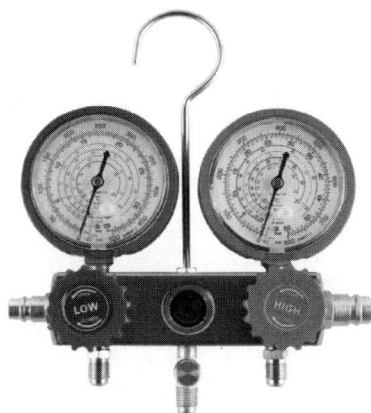

图 4-43 歧管压力表

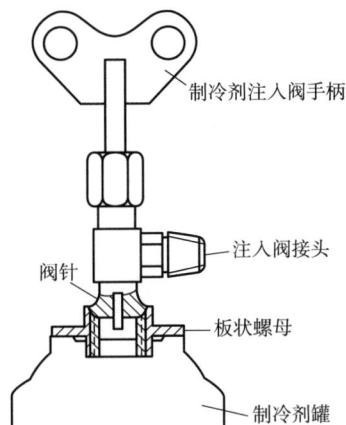

图 4-44 制冷剂罐注入阀

191

①按逆时针方向旋转制冷剂注入阀手柄，直到阀针退回为止。

②将注入阀装到制冷剂罐上，逆时针方向旋转板状螺母直到最高位置，然后将制冷剂注入阀顺时针拧动，直到注入阀嵌入制冷剂密封塞。

③将板状螺母按顺时针方向旋转到底，再将歧管压力计上的中间软管固定到注入阀的接头上。

④拧紧板状螺母。

⑤按顺时针方向旋转手柄，使阀针刺穿密封塞。

⑥若要加注制冷剂，则逆时针方向旋转手柄，使阀针抬起，同时打开歧管压力计上的手动阀。

⑦若要停止加注制冷剂，则顺时针方向旋转手柄，使阀针再次进入密封塞，起到密封作用，并同时关闭歧管压力计上的手动阀。

制冷剂充注过程中用到的真空泵、充注回收机、检漏仪如图4-45所示。

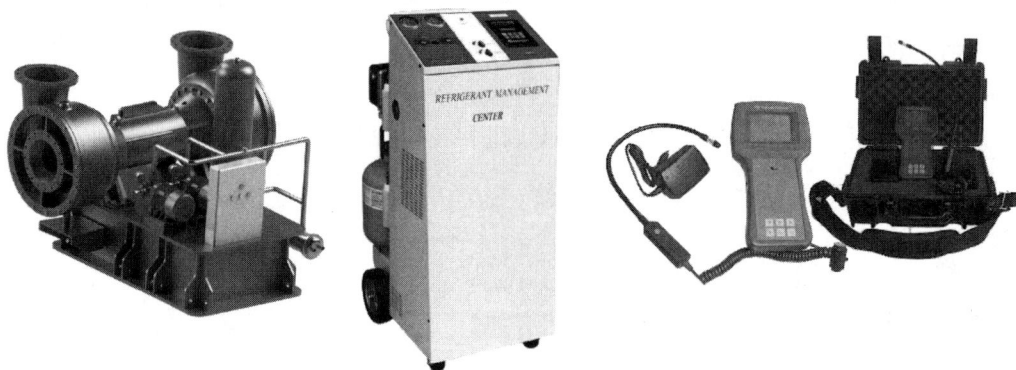

图 4-45　真空泵、充注回收机、检漏仪

第5章

冷链设备的制冷剂检漏、充注、回收

5.1 冷链设备制冷剂检漏

冷链设备中使用的制冷剂多种多样，GB/T 7778—2017《制冷剂编号方法和安全性分类》基于可燃性和毒性对制冷剂进行了安全性分类，GB/T 9237—2017《制冷系统及热泵 安全与环境要求》规定了不同安全分类制冷剂的安全要求，并明确要求在使用制冷剂的设备铭牌上标注制冷剂的编号（名称）[32]。在本章介绍不同安全分类制冷剂的检漏、充注和回收的基本要求和操作。

5.1.1 最常见的泄漏

冷库制冷系统常见的泄漏有铝排管的泄漏、压缩机组的泄漏和系统管道阀门的泄漏。

铝排管的泄漏主要是由于铝排管厚度不达标以及铝排管制造过程中产生的砂眼等焊接工艺点问题造成的。

压缩机组的泄漏主要是开启压缩机轴封的泄漏、连接法兰面和螺纹接头的泄漏。轴封是一个动密封，是压缩机组最容易出现泄漏的位置。

系统管道阀门的泄漏分为阀门的内泄漏（简称"内漏"）和外泄漏。阀门的内泄漏主要是阀门关闭不严，制冷剂由高压部分向低压部分泄漏的过程；阀门的外泄漏主要是阀门的法兰面和阀杆的密封填料引起的，制冷剂由管道内部向环境中泄漏，类似热力管道泄漏（图5-1）。

图5-1 热力管道泄漏

轴封是一种摩擦密封或填料函，用以防止压缩机或其他流体输送设备轴与轴承之间的液体泄漏，也是防止泵轴与壳体处泄漏而设置的密封装置。常用的轴封型式有填料密封、机械密封和动力封。轴封的主要作用是防止高压液体从泵中漏出和防止空气进入泵内。尽管轴封在泵中所占的位置并不大，但泵能否正常运转却和轴封密切相关。如果轴封选用不当，不仅在运转中需要经常维修，漏损很多被输送的液体，而且可能由于漏出

图 5-2　常见轴封

的易燃、易爆和有毒液体引起火灾、爆炸和中毒事故，后果不堪设想。因此，必须合理选用轴封结构才能保证泵的安全运行。常见轴封如图 5-2 所示。

轴封供油不足造成密封环损伤；油有杂质磨损密封面；装配不良，弹簧弹力不足；"O"型圈变形或损伤；动静环接触不严密；油中制冷剂液体过多等是造成轴封部位的泄漏的几大主要原因。

对阀门内漏问题进行检查的第一步便是对开关进行检查，看阀门开关是否全关到位。当管道中的阀门在全关时，阀门的阀球与阀体之间仅需相差 2°~3°，便会导致介质泄漏产生。而由于一般的旋塞阀阀门都有缩径，因此关闭键与阀体间需要相差 10°~15° 才会出现内漏现象，且一般导致阀门开关限位不到位的主要情况有以下几种：

第一，阀门在生产工厂内安装或者是在运输、装卸环节，导致阀门的链接附件与阀门驱动装置配角出现错位，从而导致限位偏差，进而在使用时出现内漏情况。

第二，对于装配有阀门限位块的球阀、埋地阀门，由于有加长阀杆，阀门会随着使用时间的延长，导致阀门内氧化铁锈以及其他杂物落入阀门下，便容易在阀杆与限位块间堆积灰尘等物体，当堆积物达到一定的体积，便会导致阀门无法全关到位，进而形成阀门内漏。

第三，由于阀门长时期未得到有效的保养维护，从而产生阀门齿轮箱内的润滑胶变硬、齿轮氧化导致铁锈堆积及限位螺栓松动等诸多情况，导致阀门限位出现偏差，进而出现阀门内漏现象。

对于阀门内漏来说，其最主要的一个原因就是内部的杂质较多，这些杂质可以是石头、铁锈、焊渣等。

第一，阀门在制造初期，试验阶段时没有把内部的水分完全排干，或排干后没有采取干燥、防腐、涂抹润滑脂等保护措施，造成阀门内部腐蚀和内部泄漏。

第二，阀门在施工前，安装的时候没有很好地保护好两边的阀门，使得多余的雨水、石块、泥浆等浸入阀门内部，导致阀体与密封圈之间由于存在杂质而变得不够紧凑，致使阀门底座出现弹簧槽或者是发生"O"形变化，进而出现内漏现象。

第三，施工环节中安全系数不够，施工细节做得不够到位，使得施工现场出现的杂物、器具等进入内部，造成阀门由于密封性不够好而发生内漏现象。

第四，阀门相关的动作频率大，使得多余的杂质与污泥堆积在阀门的密封层，最终导致堆积、硬垫等现象的发生，这种现象一旦产生，阀门就会无法正常关闭，使得内部发生泄漏等。

对于法兰连接处，需要着重检查法兰的连接处螺栓的预紧力，若出现松动，用扳手对称拧紧螺母使其受力均匀，但不宜过紧。如果螺栓变形或锈蚀严重，则应该及时更换新的螺栓。若发现连接处的石棉垫片腐蚀或烧坏，为避免其失去密封能力而造成严重损失及危害，应该更新垫片，在更新垫片前，应该把原有的垫片刮去并检查有无清洗干净，检查法兰密封线是否被腐蚀或受到严重损伤。若无损坏，换上新垫片对角均匀地拧紧法兰螺栓即可；若法兰片密封面受到严重侵蚀或密封线遭到严重破坏，可更换新法兰，或者修理至合格后再装上新垫片，以防使用时泄漏。

冷库铝排管的常见厚度包括 1.6mm、1.8mm、2mm 不等。一般不能低于这些厚度，通过专业实验和工程案例实践证明，2mm 厚的铝排管具有很好的密封性、安全系数高、承压性强，能够很好地保证制冷系统的正常运行。而铝排管厚度在 1.6mm、1.8mm，甚至 1.6mm 以下时，其潜在隐患无法通过氮气打压检漏的方法检测出来。在热氟化霜的过程中，冷热气体交换会导致膨胀系数增大，产生的压力比平常要大 10 倍，如果铝排管的厚度太薄则会因为压力太大而产生"爆管"现象。爆管则必然会出现制冷剂的泄漏。制冷剂泄漏会带来压缩机损坏、制冷系统瘫痪、冷库中存放的物品受到污染等隐患。

焊接金属的工艺有很多种，比如熔焊、电阻焊、气焊、钎焊、等离子弧焊、电子束焊、真空扩散焊、脉冲钨极氩弧熔焊等。而适合用在铝（铝合金）材质上的焊接工艺主要有气焊和脉冲钨极氩弧熔焊。气焊是指利用可燃气体与助燃气体混合燃烧生成的火焰为热源，熔化焊件和焊接材料使之达到原子间结合的一种焊接方法。主要用于薄钢板、低熔点材料（有色金属及其合金）等材料的焊接，其中包括铝排管。采用气焊工艺焊接铝排时，由于助燃气体主要为氧气，可燃气体主要为乙炔、液化石油气等，因此其火焰的热功率低，受热面积大，热量相对分散，焊件容易变形。焊接过程中高温会导致焊后的焊缝金属晶体分散、组织松散，还会让焊接口处的铝发生化学反应使分子改变，产生氧化铝的夹杂物，这样会产生气孔、裂缝等缺陷，从而带来铝排密封性问题，铝排产品的密封性不佳会直接造成冷库中制冷剂泄漏。

5.1.2 压力和泄漏相关试验

5.1.2.1 检漏和压力测试的一般问题

（1）影响泄漏量的要素

在介绍检漏仪器使用方法之前，要先了解影响泄漏的几个要素，以便在实际操作中根据科学原理实施检测。

①压强差。只有容器内外存在压差，容器内气体或液体才会由内向外泄漏（负压制冷剂向内渗入空气）。且压强差越大，泄漏越快。

②时间。同等条件下，泄漏发生时间越久，泄漏量越大。

③浓度。同等条件下，发生泄漏气体浓度越高，泄漏量越大。比如一台空调，纯制冷剂充注与氮气和制冷剂混合充注两种情况，同等压强和时间，一定是纯制冷剂泄漏量大。

④泄漏孔径。同等条件，漏孔孔径越大，泄漏越快。

⑤进出口水温。制冷系统发生泄漏会导致进出口水温差减小，制冷系统运行条件不变时，泄漏量越大，进出口水温差越小。

除此以外，气液体的黏度系数、泄漏发生金属材质、孔径路径等因素也会影响设备泄漏量。

（2）制冷系统压力（吸气压力、排气压力、冷凝压力）

①吸气压力和排气压力。制冷系统在运行时可分高、低压两部分。排气压力是指压缩机出口处排气管内制冷剂气体的压力。压缩机的吸气口压力称为吸气压力，吸气压力接近蒸发压力。两者之差就是管路的流动阻力。压力损失一般限制在0.018MPa以下。

方便起见，制冷系统的蒸发压力与冷凝压力都在压缩机的吸、排气口检测。即通常称为压缩机的吸、排气压力。检测制冷系统的吸、排气压力的目的，是要得到制冷系统的蒸发温度与冷凝温度，以此判断制冷系统的运行状况。

②冷凝压力。冷凝压力就是制冷剂在冷凝器内气体冷凝成液体的压力。由于制冷系统中冷凝器内部的压力无法测量，而实际上，制冷剂在排气管以及冷凝器内的压力降相对较小，所以不管在设计调试还是检修中，一般认为排气压力近似等于冷凝压力。

a. 冷凝温度与制冷量的关系。冷凝温度与冷凝压力是成正比变化的，冷凝压力与冷凝温度两者是对应的；冷凝压力（高压）越低，冷凝温度也就越低；冷凝压力（高压）越高，冷凝温度也就越高。知道冷凝压力，相关工作人员就能查表得出冷凝温度的数值。

b. 热负荷与冷凝压力的关系。简单来说就是冷凝侧的负荷与冷凝压力的关系。在一恒定的工况条件下（制冷剂流量），热负荷越大，冷凝压力越高，反之亦然。可以想象，若设计的冷凝器小了（热负荷就相对变大），制冷系统容易高压报警。

（3）制冷系统压力的影响因素

①吸气压力。

a. 吸气压力低的因素。吸气压力低于正常值，其因素有制冷量不足、冷负荷量小、膨胀阀开启度小、冷凝压力低（毛细管系统），以及过滤器不畅通等。

b. 吸气压力高的因素。吸气压力高于正常值，其因素有制冷剂过多、制冷负荷大、膨胀阀开启度大、冷凝压力高（毛细管系统）以及压缩机效率差等。

②排气压力。

a. 排气压力高的因素。当排气压力高于正常值时，其影响因素一般有冷却介质的流量小或冷却介质温度高、制冷剂充注量过多、冷负荷大及膨胀阀开启度大等。

这些引起系统的循环流量增加，冷凝热负荷也相应增加。由于热量不能及时全部散出，引起冷凝温度上升，而所能检测到的是排气（冷凝）压力上升。

在冷却介质流量低或冷却介质温度高的情况下，冷凝器的散热效率降低而使冷凝温度上升。对于制冷剂充注量过多的原因，是多余的制冷剂液体占据了一部分冷凝管，使冷凝面积减少，引起冷凝温度上升。

b. 排气压力低的因素。排气压力低于正常值，其因素有压缩机效率低、制冷剂量不足、冷负荷小、膨胀阀开度小、过滤器不畅通（包括膨胀阀过滤网以及冷却介质温度低）等。

从上述的吸气压力与排气压力变化情况看，两者有密切的关系。在一般情况下，吸气压力升高，排气压力也相应上升；吸气压力下降，排气压力也相应下降。相关工作人员也可从吸气压力表的变化推测排气压力的大致情况。

5.1.2.2　压力和泄漏相关试验标准和规范[33-34]

制冷空调用压力容器、机组和系统都需要根据各自的标准和规范进行压力和泄漏相关试验，以减少制冷空调系统中制冷剂的泄漏和排放，保持制冷空调系统长期高效和稳定运行。本节以制冷空调用压力容器为例进行介绍。

制冷空调用压力容器涉及的相关产品包括冷凝器、蒸发器、储液器等。制冷空调用压力容器相关的法规和标准主要有：TSG 21—2016《固定式压力容器安全技术监察规程》、GB/T 150.1~150.4—2011《压力容器》、NB/T 47012—2020《制冷装置用压力容器》、NB/T 47036—2013《制冷装置用小型压力容器》等。

从试验的目的来说，压力容器的压力和泄漏相关试验可以分为三类试验：耐压试验、密封性试验和验证性强度试验。耐压试验是考核压力容器的整体强度，使得容器能够满足正常工作时的压力强度要求，保证压力容器的安全性。密封性试验是考核压力容器的密封性能，也可称为泄漏类试验，分为两类试验：一类是考核容器中盛装的介质是否存在向环境的不允许泄漏，通常叫作泄漏试验，也可形象称之为外漏试验；另一类是考核环境中的空气是否存在向容器内部的不允许泄漏，通常叫作真空试验，也可称之为内漏试验。验证性强度试验目的是对采用的材料、元件、设计方法、制造工艺等不满足GB/T 150.1—2011 标准的要求时进行的验证性试验，通常包括爆破试验和极限强度试验。

5.1.2.2.1　耐压试验

按照 GB/T 150.1—2011 的规定，耐压试验包括三类试验：液压试验、气压试验和气液组合试验。耐压试验一般采用液压试验，对于不适宜进行液压试验的容器，可采用气压试验或气液组合试验。液压试验的试验液体一般为水，液压试验压力为设计压力的 1.25 倍；气压试验的气体应为干燥洁净的空气、氮气或其他惰性气体，气压试验的压力为设计压力的 1.10 倍。

5.1.2.2.2　密封性试验

密封性试验包括泄漏试验和真空试验。

TSG 21—2016 和 GB/T150.1~150.4—2011 中规定，盛装介质毒性程度为极度、高度危害或者不允许有微量泄漏的容器，对所有接头和连接处，应在耐压试验合格后进行泄漏试验。GB/T 150.1~150.4—2011 规定，泄漏试验包括气密性试验、氨检漏试验、卤素检漏试验和氦检漏试验等。气密性试验所用介质与耐压试验的气压试验的介质相同，为干燥洁净的空气、氮气或其他惰性气体，气密性试验的压力为设计压力。

NB/T 47012—2020 规定，当容器需做真空试验时，真空试验应在泄漏试验合格后进行，试验压力一般为绝对压力 8kPa，保压 4h 以上。合格标准为试验时容器各部分应无异常变形，且压力上升值在 0.68kPa 以下。需要注意的是，制冷空调系统充注制冷剂前的抽真空并不是真空试验，两者目的不一样。真空试验是考核环境中的空气是否存在向容器内部的不允许泄漏，制冷空调系统充注制冷剂前的抽真空是为了去除系统中的空气、水分和杂质等。

5.1.2.2.3 验证性强度试验

验证性强度试验包括爆破试验和极限强度试验。NB/T 47036—2013 规定，对容器的设计和制造过程进行确认，容器应能承受爆破试验（亦可根据图样要求的压力，但最小不应低于 4.0 倍设计压力）或极限强度试验（亦可根据图样要求的压力，但最小不应低于 3.0 倍设计压力）两种试验方法中任选一种方法的试验，试验介质为水。

5.1.2.2.4 小结

耐压试验是考核压力容器的整体强度，密封性试验是考核压力容器的密封性能，两者的试验目的并不相同。当压力容器的密封性能不满足要求时，进行耐压试验时也可能产生泄漏，因此耐压试验也有一定的检漏功能。需要开展压力与泄漏相关试验时，应该按照耐压试验、泄漏试验、真空试验顺序进行。

气压试验属于耐压试验的一种，气密性试验属于泄漏试验的一种。气压试验与气密性试验相比，介质要求相同，耐压试验中的气压试验压力约为泄漏试验中的气密性试验压力的 1.1 倍，耐压试验中的气压试验要求包含了泄漏试验中的气密性试验的相关要求，因此做了耐压试验中的气压试验，可以不再做泄漏试验。

对于制冷系统进行的爆破试验或极限强度试验，可以看作是压力容器的验证性强度试验的延伸。把制冷空调系统整体上看作一个容器，这个容器与 NB/T 47036—2013 适用的制冷装置用小型压力容器类似，制冷空调系统在选用的材料、制造工艺和焊接方法上没有完全遵守 GB/T 150 和 NB/T 47012—2020 的规定，因此按照 GB/T 150 和 NB/T 47012—2020 的规定，制冷空调系统需要进行验证性强度试验。GB/T 9237—2017 和 GB 4706.32—2012 规定了相应的验证性强度试验要求。

5.1.3 冷库制冷系统检漏的标准及方法

5.1.3.1 检漏的操作

检漏分为系统初次安装后或系统释放工质检修后密封性检查和充注制冷剂后的制冷剂泄漏检查。泄漏巡检要求见表 5-1。

从小型商用冰箱到商超冷柜再到大型冷库，制冷系统种类繁多，形式多样。可根据其制冷剂的充注量将系统简单分为三个级别，不同级别要求不同。

表 5-1　泄漏巡检要求

系统制冷剂充注量/ （CO_2 当量吨）	检漏频率 （未安装泄漏检测仪）	检漏频率 （已安装泄漏检测仪）
5~50	至少每 12 个月一次	至少每 24 个月一次
50~500	至少每 6 个月一次	至少每 12 个月一次
≥500	至少每 3 个月一次	至少每 6 个月一次

　　制冷系统的安装人员/运维人员有责任防止制冷剂排放，并对泄漏进行维修，在泄漏发生后一个月内进行维修跟进，并确认泄漏已修复。每个操作员/安装人员/运营/服务公司都必须记录，并保存其对系统或制冷剂所做的操作信息。进行服务/维护/安装的技术人员及检漏设备都需要具备资质和认证，并接受客户监督[35-37]。

5.1.3.2　冷库制冷系统的密封性检查

　　制冷系统是一个密封的系统，维修后的制冷系统必须严格地检查密封性，才能保证维修质量，提高运行的可靠性，减少制冷剂的损耗，提高运行的经济性，制冷剂的渗透性极强，所以对制冷系统的密封性的检查必不可少。

　　制冷系统在初次安装完毕后和检修后须对系统进行泄漏试验，制冷系统一般要求用工业氮气做泄漏试验，如没有条件时也可以用干燥的空气来代替，但任何时候都绝对不允许使用氧气或制冷剂（图 5-3）。需要注意的是，不同制冷系统的试验压力不同，下述方法中的数值仅为示例。

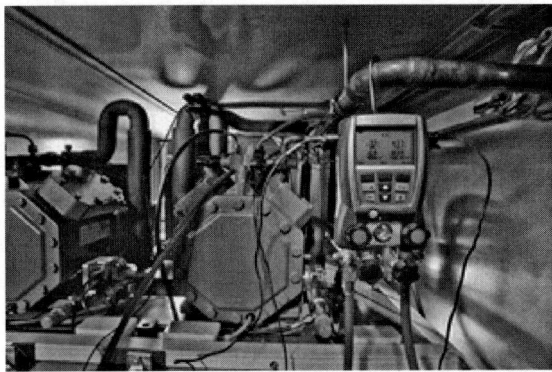

图 5-3　密封性检查

5.1.3.2.1　用氮气做泄漏试验

　　用氮气做泄漏试验时按如下流程操作：

　　①关闭压缩机吸、排气阀。

　　②关闭所有通向大气的阀门。

　　③打开系统内其他所有阀门。

　　④通过充填阀向整个系统灌注氮气，压力升到 0.5MPa 时停止灌注，用肥皂水涂于各焊缝、法兰和阀门等处，检查有无渗漏。如发现渗漏，应放掉氮气后进行补焊，重复

这一过程直至无泄漏。

⑤继续升压至 1.2MPa，用肥皂水检漏。如发现渗漏，应放掉氮气后进行补焊，重复这一过程直至无泄漏。

⑥通过阀门将高、低压系统分开。

⑦向系统高压部分继续充氮至 1.8MPa，再用肥皂水检漏。如发现渗漏，应放掉氮气后进行补焊，重复这一过程直至无泄漏。

⑧记录此时的压力、温度，放置 24h 后，再检查温度和压力的下降情况。其压力降应按式（5-1）计算，并确保不大于试验压力的 1%；当压力降超过该数值时，应查明原因消除泄漏，并应重新试验，直至合格。

$$\Delta P = P_1 - \frac{273 + t_1}{273 + t_2}P_2 \tag{5-1}$$

式中：ΔP——压力降，MPa；

$\qquad P_1$——开始时系统中的绝对压力，MPa；

$\qquad P_2$——结束时系统中的绝对压力，MPa；

$\qquad t_1$——开始时系统中气体的温度，℃；

$\qquad t_2$——结束时系统中气体的温度，℃。

5.1.3.2.2 用干燥空气做泄漏试验

当有干燥空气源时，使用干燥空气做泄漏试验的操作方法与使用氮气做泄漏试验的方法与要求相同。

5.1.3.2.3 启动压缩机做泄漏试验

系统抽真空：

①关闭排出阀，打开排出阀上的多用通道或排空阀，以便排放空气。

②关闭系统中通向大气的阀门（如充注阀、放空气阀等），打开系统中其他所有阀门。

③放尽冷凝器中的冷却水，否则会因冷却水温低而使系统内的水分不易蒸发，难以被排尽。

④将油压继电器的接点强迫常通，然后启动一下压缩机并立即停车，查看一下旋转方向是否正确、排空孔道中有否排气，若无问题最后才正式启动压缩机抽真空。

抽真空时压缩机的吸气阀不能开大，尤其是大型压缩机，否则排气口来不及排气，有打坏阀片的可能。抽真空应分几次间断地进行，否则因为抽吸过快，积聚在系统内的水分和空气不易被抽尽。

⑤抽好真空后，先关闭排空孔道，再停机，以防止停机后因阀片的不密合而出现空气倒流现象。在使用压缩机抽真空的过程中，如果压缩机自身带滑油泵，随着系统内真空度的提高会使滑油泵工作条件恶化，可能导致机器运动部件的损坏。所以当油压（指压差）小于 26.7kPa 时，应立即停车。

为了检查是否已将系统内的水分、空气等抽尽，相关工作人员可在压缩机排出阀的多用孔道上接临时管子，待系统中的大量空气排出后，将管子的另一端放入一只盛有冷冻油的容器内。若系统内还有水分、空气等，油里就会出现气泡，需要持续抽真空直到在较长的一段时间里不出现气泡，说明系统内的水分、空气等已抽尽。

　　用真空泵抽真空时，应首先开启系统阀门，关闭与大气相通的阀门，将真空泵与系统制冷剂充注口相连。真空泵抽吸至系统内空气绝对压力达 97.3kPa（真空度达 730mmHg）时，关闭系统与真空泵的连接阀并停止真空泵的工作，然后进行查漏。图 5-4 为高压部分泄漏试验系统。

图 5-4　高压部分泄漏试验系统

5.1.3.3　现场检漏操作要点

5.1.3.3.1　移动速度

　　探头的移动速率以 2.5~5cm/s 为宜，如移动过快，将导致漏检；如过慢，甚至将探头停留在某一漏孔处不动，仪器会将这个漏孔视为本底，内部自动抑零程序自动将该浓度调整为零（即仪器开启自动抑零功能）。正确的方法是，当检漏仪报警探测到漏孔后，立即移开探头至清洁空气或浓度小区域，等待 2s 后再次检测刚刚报警漏孔，确定有无泄漏。

5.1.3.3.2　探测距离

　　探头与被检测件距离宜保持在 6~18mm。距离太近，容易将附着在被检测件上的灰尘，油脂等污物吸入仪器；距离太远，会影响检测精度及效果（图 5-5）。

图 5-5　探测过程

5.1.3.3.3 掩盖现象

由于液体（油或水）的黏滞性，当其覆盖漏孔时产生油膜或水膜并抑制气体扩散，即掩盖现象。所以在试漏过程中应尽量保证测试件的清洁与干燥。因为水分进入检漏仪将对传感器形成热冲击，类似于向热灯泡中注水，导致传感器也将如灯泡一样破裂损坏。

5.1.3.3.4 强通风

检漏区域应避免强通风，不要将风扇对着试件吹。这样会将漏孔漏出来的制冷剂气体吹走导致漏检，误以为不漏。因此检漏区域应尽量保持平稳气流。

5.1.3.3.5 蔓延现象

当一个存在泄漏的物件（制冷系统或没拧紧的制冷剂钢瓶）发生泄漏后，制冷剂会扩散到整个机房或机组附近。造成检漏仪在检测过程中到处报警，其实是制冷剂扩散后形成制冷剂云雾造成的结果。遇到此类情况，若检漏仪具备制冷剂浓度 ppm 显示模式可开启此功能进行浓度寻源，以定位漏点。若检漏仪无此功能，建议通风进行本底吹扫，降低蔓延造成的干扰，同时启动检漏仪自动抑零功能，以寻找高浓度泄漏点（图 5-6）。

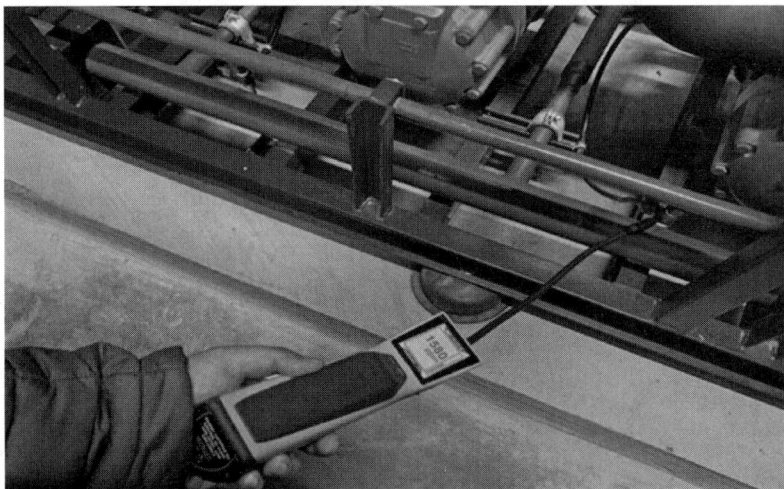

图 5-6　寻找泄漏点

5.1.3.3.6 污染

在实际检漏操作过程中，偶尔会遇到污染造成检漏仪不稳定的情况。比如除锈剂、油漆、发泡剂等含有卤素的化学品飘入检测区域，可造成检漏仪不稳定。制冷设备和管路上常见的污染是油，油可以吸附一定量的制冷剂，遇高温会释放出来，大量集中释放会形成"制冷剂云"，这也可以造成检漏仪不稳定。操作过程中，相关工作人员需要甄别有无此类污染物，并多次反复测量尽力去营造相对无污染的空间，降低污染源对检测带来的不利影响。

5.1.4　制冷系统充工质检查

抽真空是为了排除制冷系统内的空气和水汽，是系统维修中一项极为重要的程序。因为对制冷系统进行维修或更换元件时，空气会进入系统，且空气中含有一定量的水蒸气（湿空气）。

系统抽真空所用时间越长，系统内残余的水分就越少。为最大限度地将系统内的空气及湿气抽出，必须采用重复抽真空法，即第一次抽真空完毕后，再连续抽 30min 以上。

抽真空后，可以进行充注制冷剂，并进一步检查系统的密封性。对氨制冷系统，应利用系统的真空度向系统充灌少量的氨。当系统内的压力升至 0.1~0.2MPa（表压）时，应停止充氨。除用嗅觉判断外，还可以利用酚酞试纸对系统进行检查。当发现有泄漏需要补焊修复时，必须将修复段的氨气放净，通入大气后方可进行。

对于含氟制冷剂系统，充注 0.3~0.4MPa 的压力后，用肥皂水或卤素检漏仪等设备进行检漏。

系统充工质后正常运行时也按上述方法对系统进行检查。

系统内有关阀门及设备处于应有的状态。压缩机吸、排气阀，油分离器，进出口阀，冷凝器，储液器的进、出口阀等均呈正确开启位置，风机及电动机运转平稳。水循环系统的水泵运转正常，无异常响声，水循环管路及其连接处无严重漏水情况。

有冷却排管和冷风机的冷库中，排管或冷风机盘管均匀地结霜。含氟制冷剂制冷系统各接头不应渗油，渗油则说明制冷剂泄漏。氨系统各阀门及连接处不应有明显的泄漏情况。冷凝压力与冷凝温度，蒸发压力与蒸发温度呈对应关系。

蒸发温度和压力随要求的制冷温度而定。运行中蒸发压力与压缩机的吸气压力近似。冷凝温度和压力随冷却介质的温度及其流动情况而定。一般情况下，对于国家标准系列的压缩机，R22 和 R717 的冷凝压力最高不超过 1.8MPa（表压力）。运行中冷凝压力与压缩机的排气压力、储液器压力相近。

储液器内制冷剂的液位符合要求，正常工作时储液器液面应在液面指示器的 1/3~2/3 位置。

节流阀阀体结霜或结露均匀，进出口处不能出现厚重结霜，制冷剂液体经过节流阀时只能听到沉闷而微小的声响。

设备上的保护装置，如安全阀，应启闭灵活。而各控制装置，如压力控制器、压差控制器、温度控制器等，调定值应正确且动作正常。压力表指针应相对稳定，指针灵活，温度计指示正确。

由上述操作判定制冷设备运行正常。

5.1.5　制冷良好操作对制冷系统泄漏巡检的要求

需要做运行记录的设备由运行值班人员结合抄表时间要求进行巡回检查。其他设备一个班次巡回检查一次，对连续运行的设备，在运行中检查不了的内容则要定期停机检查。主要检查方式为看、听、摸、涂，一般不做拆卸检查。

（1）看

①看压力表和温度计的指示值、冷冻油的油位、储液设备的液位、自控元件的设定值指示等。这些数值都应符合正常运行工况的参数。

②看吸气管至压缩机吸入端的结霜情况，以判断供液量及吸气过热度的大小。

③看曲轴箱和气缸外壁是否结霜或结露。以判断压缩机是否发生湿冲程。

④看高压管、液体过滤器和热力膨胀阀及过滤网是否结霜，以判断是否产生堵塞。

（2）听

①听压缩机的运转声响。压缩机正常运转时发出有规律的机器运转声，压缩机内的阀片发出轻微并均匀的跳动声。可借助长柄螺丝刀等工具听压缩机内部的声音。

如果压缩机的运转声沉闷，可能是压缩机发生了湿冲程。如果听到气缸内有敲击声，可能是气阀组件螺钉松动、阀片破裂、密封环或油环断裂或发生敲缸等。

如果听到曲轴箱内有撞击声则可能是运动部件间隙过大或松动的原因，如有较重的摩擦声可能是由于润滑不好或断油造成需润滑的部位产生干摩擦。

②听膨胀阀中制冷剂的流动声音。正常情况下可听到膨胀阀内连续而微小的液体流动声。若听到阀内声音加大或间歇出现断续的流动声，说明制冷剂量减少。

制冷系统中的运转部件（如氨泵、水泵、风机等）润滑不好时都会发出干摩擦声。有敲击声时可能是因为机件松动。另外，氨泵有啸叫声时可能是因为发生了汽蚀。风机发出连续碰撞声则可能是因为风扇扇叶碰撞外壳和风罩。

（3）摸

在全面观察各运行参数的基础上，进一步检验制冷系统各部分的温度情况，用手触摸制冷机组的设备及管路（包括气管、液管、水管、油管等），感受压缩机工作温度及振动、蒸发器与冷凝器的进出口温度、管道接口处的油迹及分布情况等。

正常情况下，压缩机运转平稳，吸、排气温差大，机体温升不高；蒸发温度低，冷冻水进出口温差大；冷凝温度高，冷却水进出口温差大；各管道接头处无制冷剂泄漏且无油迹等。任何与上述情况相反的表现，都意味着相应的部位存在着故障因素。

对于冷库设备初期运转机组，要经常观察压缩机的油面、回油情况及油的清洁度，发现油脏或油面下降要及时解决，以免造成润滑不良。检查油压表，其正常值应为比低压值高 $0.1 \sim 0.4 MPa$，油压过低要更换机油，或者清洁油过滤器，或者检查系统低压是否正常。

（4）涂

要想确定细微漏点，使用肥皂水是比较有效的方法。有些漏点局部凹陷，试漏灯或电子检测器械很难进入，要想确定泄漏的准确位置，可采用肥皂水检漏。将有一定浓度的肥皂水（可把肥皂切碎，也可用肥皂粉）涂布在受检处。若零件表面有油迹，要事先擦净。对于接头处，要整圈均匀涂上。通过仔细全面观察，若发现气泡或鼓泡，则可判为存在泄漏。在制冷系统低压侧管道检漏时，必须确保压缩机不工作；在高压侧检漏时，就不受限制。关键是要掌握好肥皂水的浓度，避免太稀或太浓。这种方法比较经济、实用，适用于暴露在外表、人眼能看得到的部位，但精度较差，不能检查微漏。该法对找出针眼大小的泄漏最有效。

对于冷库设备的风冷机组，要经常清扫风冷器使其保持良好的换热状态。

由于风冷器大多放在室外，在春夏交接期间，大量的柳絮、灰尘等杂物会黏附在风冷器表面阻塞风冷器，这将导致风冷器无法正常工作，使冷库的风冷机组效率降低，严重时会导致风冷机组瘫痪。这时需要安排人员定期对风冷器进行清理以保证风冷器正常运行。

对于冷库水冷机组，要经常检查冷却水的浑浊程度，如冷却水太脏，要进行更换。检查供水系统有无跑、冒、滴、漏问题，水泵工作是否正常，阀门开关是否有效，冷却塔、风机是否正常。

对于冷库冷风机组，经常检查冷凝器是否出现结垢问题，若有，要及时清除水垢。

对于冷库设备的风冷机式的冷风机，要经常检查蒸发器除霜情况，为确保除霜及时有效，应根据使用频率调整自动控制箱除霜时间和周期。出现冷却风扇电机烧毁或者卡阻时，要及时维修更换。

经常观察冷库设备的制冷压缩机运行状态，检查其排气温度，吸气温度。在换季时，要特别注意系统的运行状态，及时调整系统供液量。仔细倾听压缩机、冷却塔、水泵或冷凝器风机运转声音，发现异常及时处理，同时检查压缩机、排气管及地脚的振动情况。

对压缩机的维护。经过改造或长期不用的制冷系统，由于内部清洁度较差，一般在运行 30 天后要更换一次冷冻油和干燥过滤器，运行半年之后再更换一次（要根据实际情况而定）。对于清洁度较高的系统，运行一年以后也要更换一次冷冻油和干燥过滤器，以后视情况考虑更换周期。

每天定期巡检冷库温度，如发现不正常要及时检修。常见故障为压力保护作用造成系统停机，一般低压压力出现问题会导致制冷慢，压缩机不定期间歇停机、开机。常见高压问题为压力过高造成压差控制器保护，需要复位才可正常运行。复位后要检测压力是否正常。

定期检查供电电压是否正常，一般冷冻设备的电压要求为 $380\pm38V$，超过此范围冷冻设备将无法正常运行。每隔 1 个月检查控制箱内空开、交流接触器、保护模块是否正常运转，如出现交流接触器接触不良或者触点烧蚀现象要及时更换，以免造成压缩机、冷凝器、冷风机运转缺相或者电压不足造成设备早期损坏。

定期检查各个设备接口、焊口、管道、阀门处有无泄漏，做到早期发现，早期维修，以减少损失。

5.2 冷链设备制冷剂充注

5.2.1 制冷剂的充注程序

制冷剂充注根据情况可分为整机充注和部分添加（补充）。其原理是利用或制造制冷剂储液器与机组之间的压力差，使制冷剂从储液器流入机组。

整机充注一般在机组调试前或大修后进行，此时机组内部已完全抽真空，应严格根据机组铭牌标注的制冷剂种类和质量称重充注。

部分添加一般在机组运行过程中，当机组运行参数偏离正常值时，怀疑或已发现机组泄漏，并经确认和维修后，添加已泄漏掉的制冷剂使机组的最终制冷剂量符合或接近机组铭牌标示的制冷剂量。

5.2.1.1 充注制冷剂的方式

制冷剂充注根据制冷剂的形态可分为气态充注和液态充注。气态充注安全但速度慢、效率低，当机组存在潜在冻结危险时应使用气态充注，如冷水机组在真空或饱和压力状态下充注制冷剂。液体充注高效快速，特别是对于非共沸制冷剂的充注（如R407C的充注），仅可采用液态充注，但一定要注意防止冻结风险，避免在充注过程中由于液态制冷剂气化时吸热造成水式热交换器中冷却水冻结膨胀，胀破换热管导致机组系统泄漏乃至进水的严重故障。

采用何种方式取决于制冷剂种类和防冻安全需求。对只有气体阀的制冷剂储液器（如一次性制冷剂储液器），竖直正放充注为气态充注，倒置充注为液态充注；对具有气液双阀的制冷剂储液器，连接气阀充注为气态充注，连接液阀充注为液态充注。

①对机组整体进行抽真空操作。在机组真空状态下，应尽量使用气态充注，如必须使用液态充注，应注意防止冻结，如运行机组的冷冻水泵和冷却水泵是确保水式热交换器内载冷剂的正常流量的关键。此方法适合于整机充注，一般只能完成10%~20%的整机充注量，尚须结合其他方法才能完成充注，充注口应选机组热交换器上的充注口或机组供液阀上的充注口。

②对仍可运行的机组，可采用边运行边充注的方法。从机组的低压侧一般为蒸发器上的充注口进行充注，勿直接从压缩机吸气口处充注，特别是使用液态充注，否则会造成压缩机的损坏。此方法一般用于制冷剂的部分添加，但如果机组已无法运行或机组低压侧没有合适的制冷剂充注口，应考虑使用其他方法。

③对制冷剂储液器进行适度加热。如制冷剂储液器加热带，用以提高储液器压力。在加热充注时，必须保持整个充注回路处于畅通状态。禁止在未开始充注时加热制冷剂储液器。严禁在任何情况下使用明火加热制冷剂储液器。此方法适用于制冷剂的整机充

注或部分添加，一般选择从机组热交换器上的充注口充注，当充注量达到机组可运行要求时，可结合机组运行充注方法一起使用。

④如需充注机组无法运行，可利用现成资源降低机组内部压力，如使用并联在同冷冻水系统中的机组制冷，并使冷冻水流经需充注机组。此方法适用于制冷剂的整机充注或部分添加，一般选择从机组蒸发器上的充注口充注，可结合制冷剂储液器加热充注方法一起使用。

⑤在机组制造商容许的情况下，操作压缩机和制冷管路上相关的阀门，利用压缩机直接抽排制冷剂到机组冷凝侧，从而降低机组充注侧的压力。此方法适用于制冷剂的整机充注或部分添加，一般选择从机组供液服务阀上的充注口充注。

⑥使用制冷剂回收装置，直接从制冷剂储液器抽排或推压制冷剂到机组，其中抽排为气态充注，推压为液态充注。此方法适用于制冷剂的整机充注或部分添加，一般选择从机组热交换器上的充注口或机组供液服务阀上的充注口充注。一般用于对大型或超大型机组充注或使用大型制冷剂储液器对机组进行充注。

5.2.1.2　制冷剂充注注意事项

任何情况下严禁使用制冷剂进行排空操作，严禁使用氧气吹扫制冷设备、制冷剂回收装置或制冷剂储液器等。

在开始进行制冷剂充注工作前，首先要了解所要操作的制冷剂的情况，包括热物理性质、安全事项等，并确定适合的操作流程及准备必要的防护设备、操作工具。

操作人员应持相应证件上岗，如制冷工操作证，并应正确穿戴护目镜/面具、防冻手套、挂牌上锁等个人防护装备。在进行制冷剂充注时，需对现场环境、照明、通风等情况进行检查，以满足基本安全条件。现场严禁使用明火。具体来讲，制冷剂充注注意事项如下：

①混合制冷剂。混合制冷剂由两种或两种以上的成分组成。由于多数情况下各组分的沸点不同，发生泄漏时会导致系统中组分的比例变化，因此原则上不允许进行补充制冷剂。对于近共沸混合制冷剂或者泄漏量较少的非共沸混合制冷剂，允许通过补充制冷剂液体来保证系统的正常制冷性能，但补充制冷剂操作在一个系统中最多不能超过3次。

除共沸混合制冷剂外，其他混合制冷剂必须采用液态充注。以 R410A（R32 和 R125 质量各占 50%）为例，当 R410A 制冷剂以液态进行加注时，其组分始终保持不变；而当以气态加注时，其组分就会产生变化。这是因为组成 R410A 的是两种沸点不同的制冷剂，容器中液体的组分比例不容易变化，但由于在相同温度条件下两种成分的气化量不同，所以容器中气体部分两种成分的组成比例就会出现变化。开始加注时，注入的气体中 R32 的比例增大而 R125 的比例减小，加注量达到 80%以后，R125 的比例逐渐增大，最终超过正常比例。R32 的比例同时减少至低于正常比例。

②在充入制冷剂前必须确认制冷剂的类型，根据机组铭牌标明的制冷剂种类与制冷

剂充注量进行充注。对于正压系统，在真空试验合格后，对机组充注制冷剂。充注制冷剂时使用充灌装置，在充灌前排除设备内空气。启动水泵，使蒸发器、冷凝器通水，以防止制冷剂充入后迅速蒸发冻裂传热管。

③如制冷剂管线长度超过了标准管线长度，应额外充注制冷剂，额外充注制冷剂的量依液体管线的长度及型号的不同而不同。根据安装或技术手册的说明来计算额外的充注量。

④检查磅秤的刻度，确保指针处于"0"位置。如未处于"0"位，需将其调整到"0"位置，再称取制冷剂钢瓶的重量。

⑤制冷机组抽真空必须严格按相关标准来操作。

⑥确认机组相关阀门已经开启。

⑦当充注制冷剂总量达到机组额定充注量的90%以上时需放慢充注速度，同时要注意机组各项运行参数，以防制冷剂加注过多。

5.2.1.3　制冷剂不足的判断标准

由于造成机组运行参数偏离的原因有很多，而制冷剂不足仅是其中一个，因此不能简单地从机组运行压力或压缩机运行电流值等来简单断定，可考虑以下因素：

①载冷剂出口温度和蒸发器饱和温度之间的温差（蒸发器换热温差）及其变化过程。当发现蒸发器换热温差大于正常值（机组制造商设计值）并有逐渐扩大的趋势，有可能是制冷剂不足。

②冷却水或冷冻水的进出口温差及其变化过程。当发现冷却水或冷冻水进出口温差低于正常值（操作人员可自行判断）或逐渐减小，有可能是制冷剂泄漏导致制冷机组换热能力下降。

③膨胀阀开度和吸气过热度之间的关系及其变化过程。当发现吸气过热度大于正常值（机组制造商设计值）或吸气过热度尚正常但对应的膨胀阀开度明显偏大，并均有逐渐扩大的趋势，有可能是制冷剂不足。

④在比较以上参数时应尽量选用机组在相同或相近工况下运行的参数。

⑤如仅能参考一些简单参数（如机组吸排气压力、压缩机电流），应结合检查制冷剂管路阀门、载冷剂流量、节流机构工作情况、蒸发器的污垢情况等进行判断。

⑥在确定制冷剂缺少需进行部分添加时，一定要对机组进行泄漏检查，发现并修补泄漏点。部分添加应采用多次少量、不断观察的方式。如添加后无效果，建议采用制冷剂回收称重的方式对机组内制冷剂量进行彻底确认。

5.2.2　冷库制冷系统制冷剂的充注

新建制冷系统制冷剂充注前应进行泄漏试验、真空试验等，氨制冷系统甚至需要进行充氨试漏试验。以上试验合格后，方可进行制冷剂的充注工作。在阀门侧面操作时操作人员应戴橡胶手套，并准备好防毒面具、防毒衣。

氨系统制冷剂的充注操作危险性高，充注操作应注意以下方面：

①制冷剂瓶与系统应采用耐压 3.0MPa 以上的连接件，与其相接的管头须有防滑沟槽。充注或抽出制冷剂完成后，制冷剂瓶应立即与系统分离。

②开始加氨时，先开系统有关阀门，再开加氨站的加氨阀，最后开氨罐（瓶）出液阀；加氨完毕，先关闭氨罐（瓶）出液阀，稍后关闭加氨站的加氨阀。

③加氨站应设在机房外并设安全标识，加氨时严禁加热。

④当系统压力与钢瓶压力平衡时，关闭高压贮液器出液阀，启动压缩机，将制冷剂加入。加氨过程中，应密切注意系统压力和压缩机运行状态的变化，防止压缩机湿冲程。

⑤制冷剂的充注总量应符合设计或设备技术文件的规定。制冷系统制冷剂充注量按下式计算：

制冷剂充注量 = $\sum$（设备容积×充注量的容积百分比×制冷剂比重）

在计算中，氨的密度取 $0.65t/m^3$，R22 取 $1.3t/m^3$。

各设备的充注量的容积百分比见表 5-2。

表 5-2　各设备的充注量的容积百分比

设备名称	充注量 （容积百分比）/%	设备名称	充注量 （容积百分比）/%
冷凝器	15	液氨管	100
贮液器	70	回气管	60
再冷却器	100	"上进下出"排管（氨泵供液）	25
中间冷却器	50	"上进下出"冷风机（氨泵供液）	40～50
立式低压循环桶	30～35	"下进上出"排管（氨泵供液）	50～60
卧式低压循环桶	25	"下进上出"冷风机（氨泵供液）	60～70
气液分离器	20	排管（重力供液）	50～60
壳管式蒸发器	80	冷风机	70
平板冻结器	50	洗涤式油分离器	20
搁架式排管	50		

充注制冷剂时要注意，一次加氨量不要太多，一般先加到系统需氨量的 60%～70%，待蒸发压力下降后再补充至足量制冷剂。

5.2.3　冷藏展示柜制冷剂的充注

目前，对冷藏展示柜制冷系统加注制冷剂常用的方法有定量充注法、称量充注法、经验充注法和压力充注法。其中，定量充注法、称量充注法一般用于上门维修，经验充注法、压力充注法应用于固定维修场所。就实用性来讲，各维修点因受条件限制，多采用经验充注法和压力充注法。其充注过程如图 5-7 所示。

图 5-7　充注过程

5. 2. 3. 1　定量充注法

定量充注法是采用定量充注器（又称制冷剂充注器），根据冷藏展示柜铭牌标注的制冷剂量对冷藏展示柜进行定量充注，其实际步骤如下：

①将加液管的一端与定量充注器连接好，另一端与压力真空表连接好，但不要拧紧。

②通过冷藏展示柜铭牌上标示的制冷剂量确定制冷剂充注量，并记住定量充注器上制冷剂原始刻度及充注完后的刻度。将定量充注器倒置，打开定量充注器上的阀门 1～2s，待制冷剂排空加液管中的空气后，随即将加液管与压力真空表的连接口拧紧。

③打开压力真空表阀门，并将定量充注器改为正置，对冷藏展示柜充注制冷剂。通过观察定量充注器上的刻度确认制冷剂加注合适时，依次关闭压力真空表和定量充注器上的阀门，随后撤下加液管。

5. 2. 3. 2　称量充注法

称量充注法是采用计量单位最小值为 1g 的高精度电子秤，根据冷藏展示柜铭牌上标注的制冷剂量对冷藏展示柜充注制冷剂。这种方法多用于要求充注制冷剂量准确度高的冷藏展示柜（如采用 R134a、R600a 制冷剂的冷藏展示柜），所充注的制冷剂量不能超过冷藏展示柜标注值误差的 ±5g。

"称量充注法"与"定量充注法"有两点不同：一是前者的制冷剂瓶始终正置；二是前者制冷剂充注量的确定方法是通过观察电子秤进行的。

5. 2. 3. 3　经验充注法

经验充注法是在冷藏展示柜处于运行状态下对制冷系统充注制冷剂，它是有经验的维修人员采用最多的一种制冷剂加注方法。

这种方法适用于各种冷藏展示柜，包括一些因改动制冷系统而无法确定制冷剂合适量的冷藏展示柜，其操作步骤如下：

①将加液管的一端与制冷剂瓶连接好（制冷瓶正置），另一端与压缩机工艺管口处

的压力真空表连接，但不要拧紧。

②打开制冷剂瓶上的阀门，在听到"咝"的气体流动声 1~2s 后，再将加液管与压力真空表连接口快速拧紧。

③打开压力真空表阀门对冷藏展示柜制冷管路加注制冷剂，与此同时，用手触摸压缩机的排气管（高压管），当感觉到管口发烫时（从加注制冷剂到排气管发烫需 1~4min），再依次关闭压力真空表和制冷剂瓶上的阀门，停止首次制冷剂充注。

④在冷藏展示柜运行 30~60min 后，查看蒸发器部位结霜情况。如果蒸发器结满霜且均匀，则说明所充注制冷剂合适；如果蒸发器结霜面积少或不均匀，则说明所充注的制冷剂少，应再次充注制冷剂；如果蒸发器结满霜，且回气管结霜，则说明制冷剂过量，此时应对制冷管路放气（在压力真空表呈现正压的情况下进行）。

⑤试机观察制冷效果，以进一步确定制冷剂的充注量。如果试机结果制冷剂充注量合适，至此整个制冷剂充注过程完成。

5.2.3.4　压力充注法

压力充注法适用于各种冷藏展示柜，它通过观察充注制冷剂过程中压力真空表的读数，确定充注制冷剂是否合适。实际操作时，压力充注法有加电运行充注法和断电停机充注法两种。

（1）加电运行充注法

首先，充注少量制冷剂，具体操作方法与上面介绍的"经验充注法"的前 3 步相同。然后看冷藏展示柜制冷管路是否畅通，主要通过听有无制冷剂流动声进行判断，如果有制冷剂的流动声，则说明制冷管路通畅；如果无制冷剂流动声，则说明制冷管路焊堵。判断制冷管路通畅后，再次打开制冷剂瓶上的阀门充注制冷剂，同时观察压力真空表的读数，根据铭牌标注的充注量及当时的季节确定制冷剂充注量是否合适，在充注量大致合适时，依次关闭压力真空表和制冷剂瓶上的阀门，观察冷藏展示柜制冷情况，以进一步确认所加的制冷剂是否合适，并采取相应的措施。

（2）断电停机充注法

在充注制冷剂过程中，观察到压力真空表读数静止，即可关闭压力真空表，当读数达到 0.196MPa 时，大致说明所充注的制冷剂合适，关闭制冷剂瓶上的阀门，停止首次制冷剂充注。试机 30min 后，通过触摸冷凝器，了解其发热情况和冷藏室的结霜情况后，判断所充的制冷剂是否合适，具体的方法同"经验充注法"实际操作的④⑤两步，操作可参照图 5-8。

5.2.4　冷链汽车空调制冷剂的充注

5.2.4.1　高压端充注

压缩机排气阀（高压阀）的旁通孔（多用通道）充注，充入的是制冷剂液体。其特点是安全、快速，适用于制冷系统的第一次充注，即经检漏、抽真空后的系统充注。

但用该方法时必须注意，充注时不可开启压缩机（发动机停转），且制冷剂罐要求倒立（图5-9）。

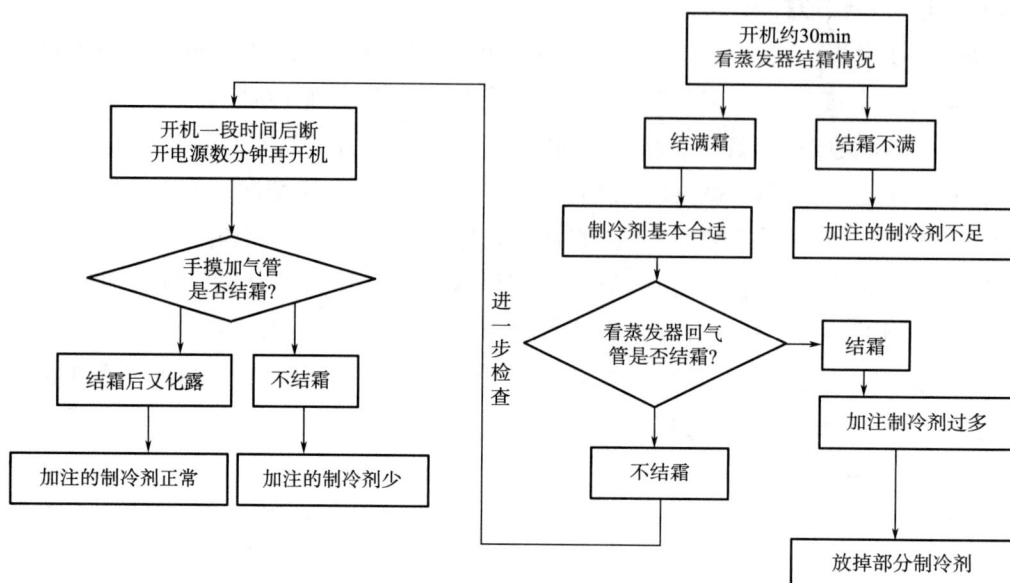

图5-8 充注流程图

从高压侧充注制冷剂

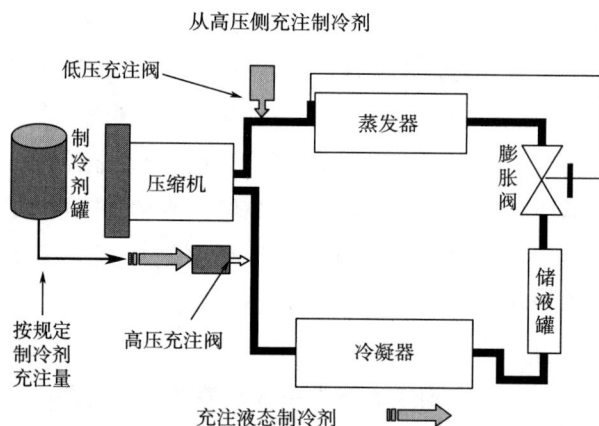

图5-9 充注制冷剂过程

操作步骤：

步骤一，当系统抽真空后，关闭歧管压力计上的高、低压手动阀。

步骤二，将中间软管的一端与制冷剂罐注入阀的接头连接，打开制冷剂罐开启阀，再拧开歧管压力计软管一端的螺母，让气体溢出几分钟，然后拧紧螺母。

步骤三，拧开高压侧手动阀至全开位置，将制冷剂罐倒立。

步骤四，从高压侧注入规定量的液态制冷剂。关闭制冷剂罐注入阀及歧管压力计上的高压手动阀，然后将仪表卸下。从高压侧向系统充注制冷剂时，发动机处于不启动状态（压缩机停转），不要拧开歧管压力计上的低压手动阀，以防产生液压冲击。

5.2.4.2　低压端加注

从压缩机吸气阀（低压阀）的旁通孔（多用通道）充注，充入的是制冷剂气体，其特点是充注速度慢，可在系统补充制冷剂的情况下使用。

操作步骤：

通过歧管压力计上的低压手动阀，可向制冷系统的低压侧充注气态制冷剂。

步骤一，将歧管压力计与压缩机和制冷罐连接好。

步骤二，打开制冷剂罐，拧松连接在歧管压力计上的中间注入软管的螺母，直到听见有制冷剂蒸气流动声，从而排出注入软管中的空气，然后拧紧螺母。

步骤三，关闭手动高压阀，将制冷剂钢瓶直立，启动发动机，使空调压缩机运转，打开低压手动阀，让气态制冷剂从低压侧进入压缩机，当系统的压力值达到 0.4MPa 时，关闭低压手动阀和制冷剂罐开关阀。

步骤四，启动发动机，将空调开关接通，并将鼓风机开关和温控开关都调至最大。

步骤五，再打开歧管压力计上的手动阀，让制冷剂继续进入制冷系统，直至充注量达到规定值。

5.3　冷链设备制冷剂回收及循环再利用

制冷机组内的制冷剂通过回收装置回收、净化后进入回收容器，称为制冷剂的回收。在回收的同时往往对制冷剂进行一定的净化处理，如干燥、过滤、分油等，有利于制冷剂的重复利用。回收后的制冷剂如不能重复使用时，需做报废处理，由回收单位运送至有资质的单位处理。

在制冷设备维修时，使用制冷剂回收设备对系统内的制冷剂进行回收和循环再利用，不仅减少了制冷剂向大气的排放，有助于减少了大气中臭氧层的损耗，还可降低温室效应，从而保护人类共同生活的环境。同时制冷剂的再利用也降低了用户的运行费用，特别是随着 HCFCs 制冷剂的限制生产和消费，新生产的制冷剂量大幅度减少，而正在运行的制冷设备还在寿命期内，更显出回收再利用的意义[38]。

5.3.1　制冷剂回收前的准备

5.3.1.1　回收机在回收前的准备

以某企业 FS2 型回收机为例说明回收机在回收前的准备工作。

（1）设置压力安全控制

高低压力控制是与电动控制回路连接的，压力控制器是可调节的，压力上限必须符合制冷剂回收时的冷凝器和压缩机运行要求。压力控制器的设定在出厂前已经按照

表 5-3 中 R22 制冷剂压力设定，并经过检验合格。任何调整都必须符合安全的原则，高压不得高于表中数值，低压不得低于表中数值。FS2 型回收机出厂高压已设定为 2000kPa，低压跳停已设定为 50kPa，复位压差 100kPa。FS2 型回收机采用高压手动复位、低压自动复位型压力控制器。

表 5-3　表压力控制设置

制冷剂	切断				接通			
	高压		低压		高压		低压	
	psig	kPa	英寸汞柱	kPa	psig	kPa	英寸汞柱	kPa
R134a	150	1034	14	50	手动复位		44	150
R404A/R502	250	1724	14	50	手动复位		44	150
R22	290	2000	14	50	手动复位		44	150
R410A	440	3800	14	50	手动复位		44	150

（2）检查油位

通过观察压缩机曲轴箱上的视镜来查看油位。缺油将导致压缩机损坏。压缩机停机时，油位应该保持在视镜的 1/2~3/4 处。

参照压缩机制造商的意见，所有的回收机出厂前已经充注 POE32 型润滑油，此类润滑油可用于 R134a、R410A 制冷系统。同时须确认回收机和制冷机组的油相同，否则有可能导致制冷机组压缩机损坏和制冷剂污染。

关于添加和更换压缩机和油分离器润滑油，请查看回收机说明书的《回收机维护保养》部分。

（3）检查干燥过滤器

FS2 型回收循环处理设备配备干燥过滤器用以去除制冷剂中的湿气和固体杂质（如需除酸需选用活性铝滤芯）。此外，干燥过滤器采用可换芯的设计。

干燥过滤芯在以下条件时必须更换：回收其他类型制冷剂时；当制冷剂视镜的指示显示系统有过多水分时；回收一个电机烧毁的制冷机组后；FS2 型回收机运行工作满 50h。

在回收电机烧毁或水分过多的系统时，需要在制冷机组和储存罐之间的液态连接管路上再加装一个干燥过滤器（此时使用推拉方式回收液态制冷剂）。安装时，当液态制冷剂从制冷机组流到储存罐时，干燥过滤器要指向储存罐方向；在制冷剂重新充注前，更换滤芯，并重新安装，使之指向制冷机组。

关于更换压滤芯，请查看回收机说明书的《回收机维护保养》部分。

（4）连接软管

随 FS2 型回收机提供的软管是用来连接蒸发器和冷凝器。其中连接 FS2 型回收机的软管用来连接制冷剂储存罐的阀门和 FS2 型回收机的水冷冷凝器制冷剂出口。

需要注意的是：①只有专用的制冷剂储存罐和管路才能被用来连接。使用未经指定或不合格的装备，将有可能造成人身伤害和制冷剂排放到大气中的情况。

②当使用 FS2 型回收机时，制冷剂储存罐必须是具有压力容器等级生产资质的合格产品。包括正确的泄压阀、液位控制开关和匹配的安全阀。

5.3.1.2　回收前的其他准备工作

（1）接管、接电、接水，及对制冷机组进行制冷剂回收相应的设置

①选择合适的制冷剂软管。回收机配备的制冷剂软管，要求长度合适，工作压力 6.0MPa，爆破压力 120MPa 以上，内有四氟衬层，防腐防折。

②制冷机组的维修工艺口可能与回收机接口不符，需要准备配套转接头。

③回收机的接线需要专业的电工人员来操作，按照电工操作规范及回收机说明书要求进行。如果回收机有相序要求，需要根据回收机的提示进行操作，以保证相序正确。接线后对电压、电流等数据进行记录。

④当回收机需要接水时，根据回收机的要求进行。水质要求洁净、常温 25℃ 以下，流量以回收机要求为准。

⑤为防止回收时冻伤机组（当气态回收时，制冷机组内冷凝器、蒸发器内的液态制冷剂因外部吸力会蒸发为气态，此时制冷剂会吸收冷凝器、蒸发器、换热器中冷却水和冷冻水的热量，使冷却水和冷冻水结冰，导致两器内铜管开裂，制冷机组进水），当机组进行推拉回收时，两器的循环水可以不开泵。当机组进行气态回收时，两器的循环水必须开泵，如果循环水泵无法开启，打开两器最底部的排水口，将两器内的水排放完全。

⑥对制冷剂储存钢瓶进行称重并做记录。制冷剂储存钢瓶的允许容重为名义容重的 80%，剩余 20% 为保证安全预留，以防止因温度过高导致压力超限。

（2）回收管路排空

①按照回收方式进行接管，使用制冷剂软管连接制冷机组、回收机、制冷剂储存钢瓶。

②将所有的接口用工具拧紧。

③使用真空泵连接回收机上的抽空针阀，分别对回收机、制冷机组之间的管路和回收机、制冷剂储存钢瓶之间的管路进行抽空。如果制冷剂储存钢瓶为空罐，也需将制冷剂储存钢瓶进行抽空。

④抽空后，等待 5min，观察回收机上高、低压力表的变化，压力如有变化，说明管路连接有泄漏，检查接口位置，排除问题，重新抽空检测，直至压力不再变化。

⑤管路排空合格后，方可开启制冷机组的接口阀门、制冷剂储存钢瓶的接口阀门。

（3）钢瓶中不凝性气体排除

当制冷剂回收后存储在制冷剂储存罐中且制冷剂与外界环境温度相同时，可以检测钢瓶中是否含有不凝性气体。如果制冷剂储存罐的压力，即压缩机排气口压力表显示值，超出了制冷剂相同温度对应的饱和压力值一定数值，参照表 5-4，则需要通过制冷

剂储存罐顶部的针阀或气态阀排放不凝性气体。排放时间为 5~15min。这个过程将被重复直至制冷剂储存罐中的压力接近制冷剂饱和性质表中给出的制冷剂压力。

当制冷剂储存罐中的制冷剂温度与环境温度相同时，制冷剂储存罐中的压力（从压缩机排气口压力表读出）将与相同温度的饱和压力相同。如果读数高于饱和值，则制冷剂储存罐含有不凝性气体，需要清除。

表 5-4　压力表读数与饱和压力差值

制冷剂	压力表读数与饱和压力差值	
	psig	kPa
R12	6	41.4
R134a	6	41.4
R22	10	69.0
R502	10	69.0
R410A	10	69.0

只有在确保安全工作和回收机、管路、机组相关的操作符合上述要求时，方可进行回收工作。

制冷剂回收就是把制冷剂从制冷系统中转移到专用的钢瓶里。由于制冷剂的特性，钢瓶里制冷剂的增加会导致钢瓶的温度和制冷剂压力的上升，因此需要经培训的专业人员用专门的设备来进行回收。一般要使被回收系统的压力降至表压为 0。从未损坏的小型系统回收到钢瓶的制冷剂可用回到原系统。回收的制冷剂经净化或再生后，按照相关标准规定进行利用。

5.3.2　制冷剂回收工艺操作及具体实例

5.3.2.1　便携式回收装置操作流程

便携式回收装置的选用要考虑其回收特点。有些回收装置不适用于液态回收，有些回收装置装有膨胀阀使液态回收速度缓慢。便携式回收装置一般适用于中压制冷剂，若回收低压制冷剂如低于 0.1MPa 的制冷剂，则气体抽速会很慢。在 25℃室温下饱和压力超过 2.5MPa 的高压制冷剂不适用于一般的便携式回收装置。

图 5-10 是便携式回收装置的一般接管方式，也可以省掉表组，把系统的气态或液态管直接接到回收装置。

（1）一般回收模式

①使用前应检查机器的功能是否正常。启动回收装置，开启进气口、关闭排气口，观察压力上升是否正常、压力达到高压动作值时是否自动停机。同时观察风扇是否正常工作，同样也需要测试其他保护功能是否正常。

②排除管路中的空气。连接好管路，如图 5-11 所示，先不要打开被回收系统的出气阀，将真空泵连接到制冷剂回收装置排气管的截止阀处，把回收装置调至回收状态，

开启真空泵排除管道及回收装置内的空气。真空度到"0"左右时可关闭回收装置排气管的截止阀，排除空气完成。此时应观察回收装置压力表有无上升，如有上升，表明有泄漏，需检查堵漏后重新排除空气。该操作对于回收易燃易爆制冷剂尤为重要，管路和机器中空气不排除干净，存在燃烧甚至爆炸的风险。

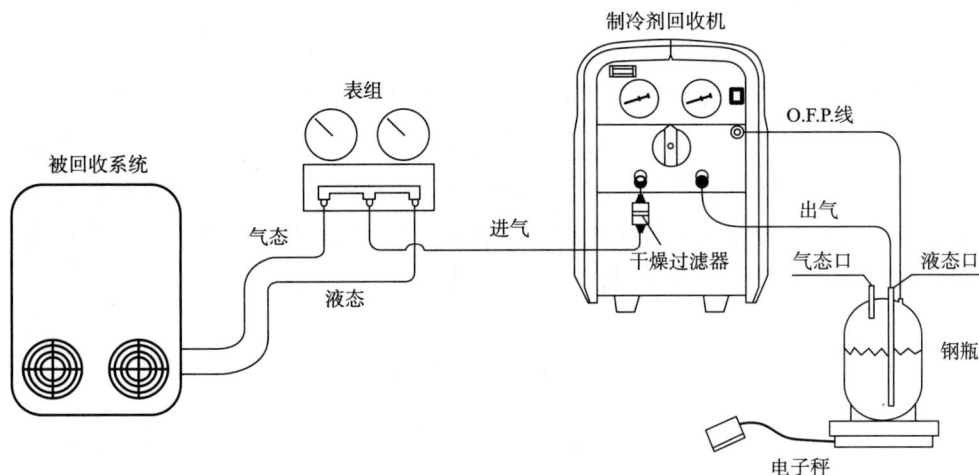

图 5-10　便捷式回收装置接管图

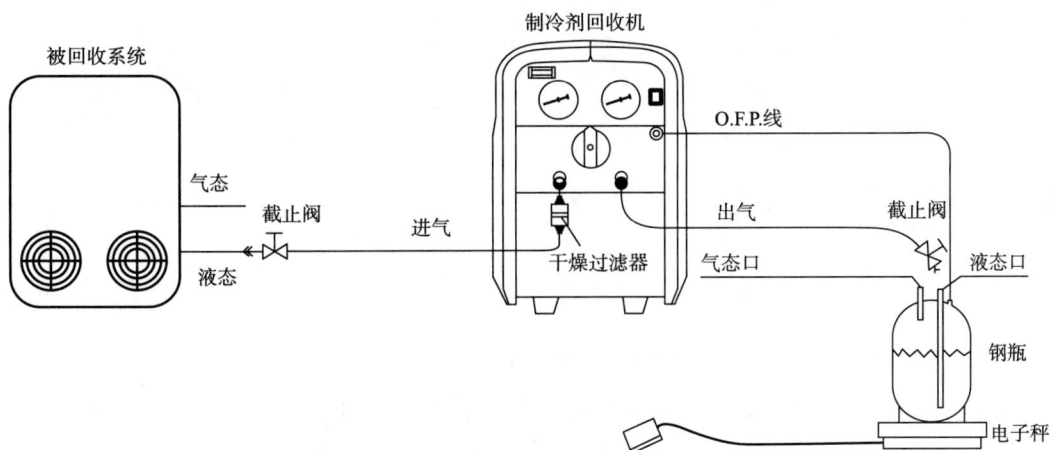

图 5-11　排除空气

③把回收装置的排气管截止阀接到回收容器，打开回收容器阀门、截止阀，打开被回收系统的阀门，把回收装置调到回收状态即可开始回收制冷剂。液态回收过程中应观察回收装置有无液击，如有液击，应适当调小进气口使进气压力下降，直到液击声消除，但进气压力过小会影响制冷剂回收速度。回收过程中还应随时注意回收容器的压力、温度及重量，容量达钢瓶总容量80%后更换钢瓶。在条件允许的情况下，还可以使用制冷剂检漏仪对回收钢瓶的接头进行检漏，避免因为隐蔽的漏点造成制冷剂泄漏。

④当回收至所需真空度后，再调整到自清状态排出回收装置内的制冷剂。自清完成后就可关机、关闭阀门、拆除连接。需注意，回收装置的排气管可能存在压力较高的制冷剂，此时可把制冷剂排放到一空钢瓶中，或接到一个钢瓶的气态口，以排掉排气管中的液态制冷剂，不可轻易排放到空气中，以免造成污染，如果是易燃易爆制冷剂，还有燃烧甚至爆炸的风险。

（2）推拉模式

当回收较多制冷剂时可采用推拉模式，如图 5-12 所示。即抽取钢瓶内的气态制冷剂压入制冷系统的气态口，使液态制冷剂从液态口排出到回收容器。这种模式下有较快的回收速度，但要求回收容器和制冷系统都要有气、液两个接口。当监控回收容器的电子秤显示的数值缓慢变化甚至无变化时，说明系统内部的液体制冷剂已经回收完毕，只剩下气体制冷剂。这时采用一般回收模式进气体回收工作。

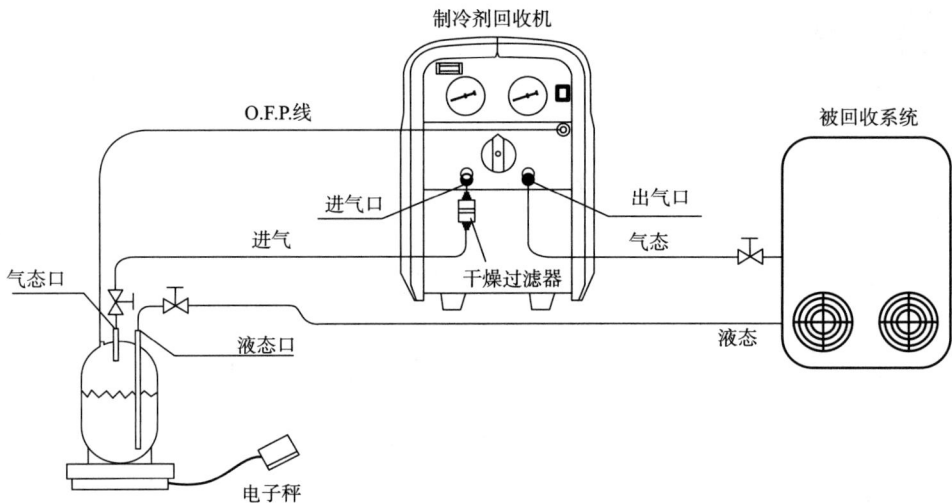

图 5-12　推拉模式

（3）使用便携式回收装置的操作注意事项

①在使用制冷剂回收装置之前仔细阅读设备的使用说明书。

②必须由熟悉空调及制冷系统、具有资质的操作人员来操作设备。

③在操作过程中需穿戴保护手套和护目镜，防止制冷剂气体或液体接触到皮肤和眼睛。

④勿将设备暴露在阳光下或淋雨。

⑤在通风良好的环境下使用。

⑥启动设备前，必须保证设备可靠有效接地。使用电缆时，电缆必须有接地线且可靠连接。

⑦异常停机后，进行任何操作前一定先关闭电源开关。

⑧在设备的输入口处必须正确地连接干燥过滤器，并要求经常更换，如有杂质进

入，将会损坏压缩机气缸。

（4）制冷剂回收装置的选择

①系统制冷剂量在 100kg 以内。如果对速度没有太大要求，可以选择小型的制冷剂回收机，只需回收、充注。如果回收 100kg 的制冷剂系统，水冷机型需要 2~3h 即回收完毕，风冷机型则时间会长些。这里主要需要考虑的是系统里液体制冷剂的量，因为小型制冷剂回收机回收液体速度很快，能达到 100kg/h，而气体回收速度只有 15kg/h 左右，所以回收气体的时间长短就决定了回收时间的长短。

②系统制冷剂量在 100~800kg。在这个范围内可以作一个小的划分，100~200kg，对速度没有什么特别要求的同样可以用小型制冷剂回收机。对于 200~800kg 的系统如果用小型回收机所需时间长，因为系统越大，回收后期的气体量就越大。此时需要采用中央空调制冷剂回收机，其功率一般在 2~3 马力❶，2~5h 回收完毕，一般模式液体回收速度在 200~300kg/h，推拉模式液体回收速度大概在 1300kg/h，气体回收速度在 50~70kg/h。

③系统制冷剂量在 800~3000kg。对于制冷剂量大的冷库，中型设备的回收速度无法满足，要用到大型制冷剂回收机，设备的功率在 5~7 马力，气体回收速度在 100~160kg/h，推拉液体回收速度在 5000~8000kg/h。回收 800~1000kg 制冷剂大概需 2h。制冷剂为 3000kg 的系统可以在 5h 内完成全部回收工作。

5.3.2.2　冷库和商超制冷设备制冷剂回收案例

冷库机组的制冷剂回收采用上文的一般回收模式，现场连接如图 5-13 所示。

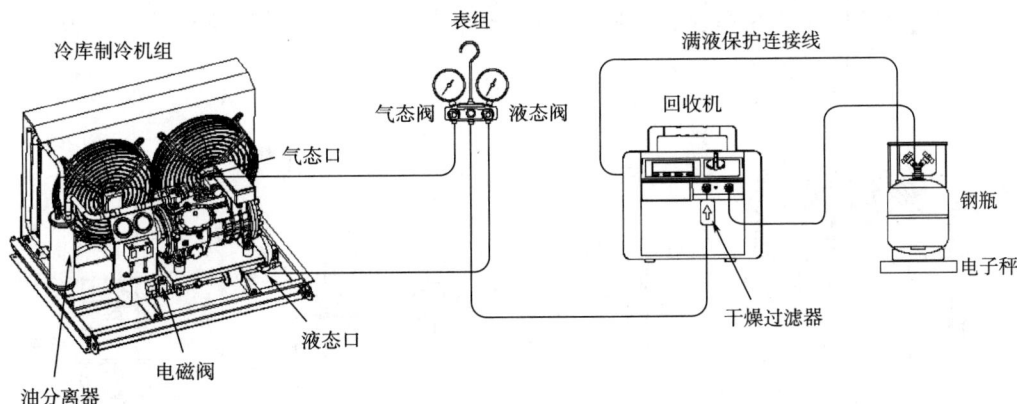

图 5-13　冷库机组一般回收模式连接图

因为机组压缩机的排气阀一般都是正向导通，反向截止，所以制冷剂回收时建议软管连接在机组液态口。或者如图 5-13 中所示，气、液态口同时连接制冷剂管，通过这种方式增大进气通路来达到加快回收速度的目的。

由于机组内部管路普遍较长且错综复杂，所以回收速度有时会变得缓慢，这是一种

---

❶　1 马力 = 0.735kW。

正常的现象。机组维修大多集中在夏季，由于环境温度高，导致回收时钢瓶压力上升迅速，有条件的可以采用水冷等方式给钢瓶降温。

如遇到大的冷库机组，制冷剂充注量在几十千克或者以上时，一般模式的回收方法就会显得效率低下，建议采用推拉模式进行回收，现场连接如图 5-14 所示。

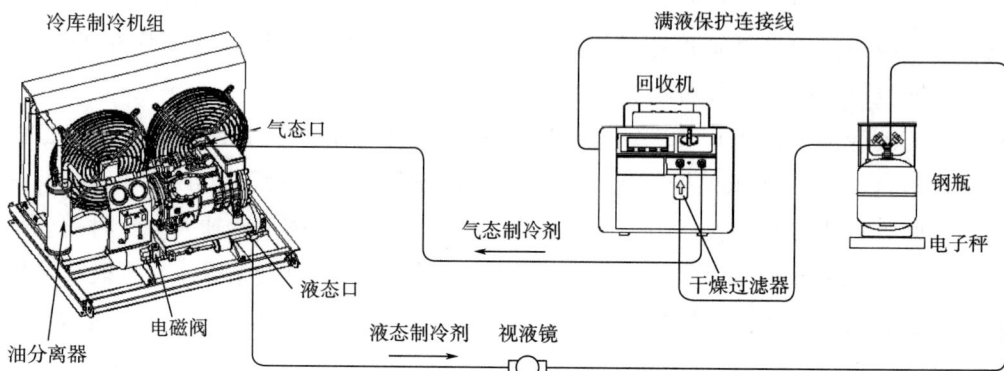

图 5-14　大型冷库机组推拉模式连接图

推拉模式原理是利用制冷剂从机组的气态口给机组加压，使机组中液态的制冷剂从液态口排出到回收钢瓶。此方法一般速度较快，钢瓶压力也基本不会上升，回收时必须连接满液保护线来控制钢瓶制冷剂的回收量。但因国内钢瓶有些并没有满液保护接口，回收时必须要用电子秤来监测钢瓶的重量，以确保安全，且操作人员不能离开现场。以普通的 22L 钢瓶为例，制冷剂最大安全存贮量一般在 18kg 左右。

商超制冷机组这类小型设备，回收采用一般回收模式，现场连接如图 5-15 所示。

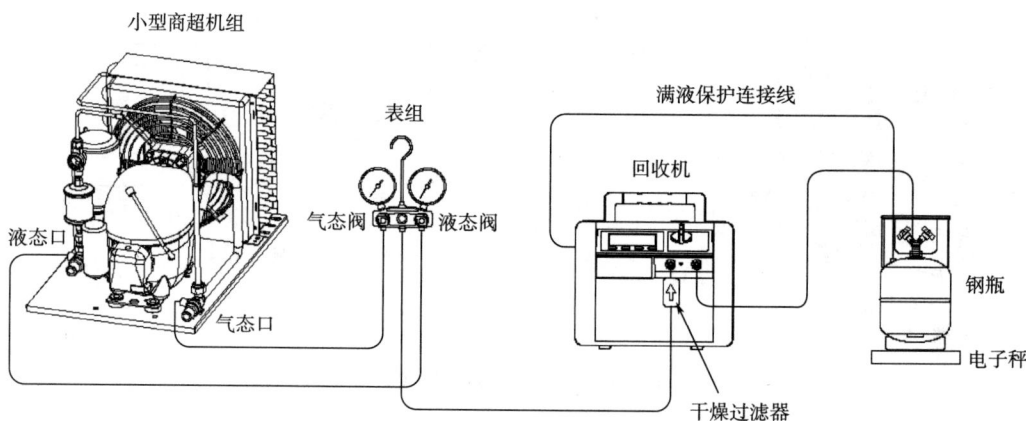

图 5-15　商超制冷机组一般回收模式连接图

商超制冷机组一般制冷剂充注量比较少，回收时可气、液态同时接制冷剂管，碰到只有一个单接口的空调外机时，也可只接一个接口进行回收，如图 5-16 所示。

现场操作人员回收制冷剂前，必须熟悉回收设备操作、注意事项及安全规范，明确回收的制冷剂的种类，确保回收钢瓶不能混装。

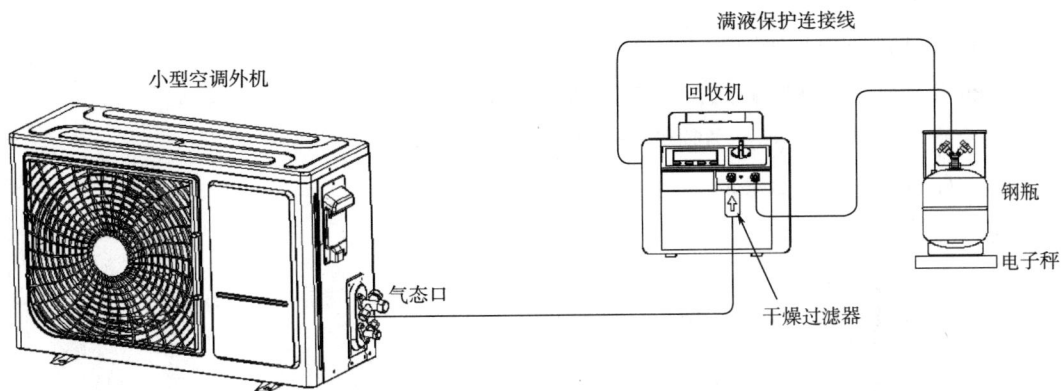

图 5-16　单接口空调外机连接图

5.3.2.3　拖车半挂冷藏机组操作流程

5.3.2.3.1　安装歧管压力表及软管抽真空

图 5-17 为拖车半挂冷藏机组软管连接抽真空示例。

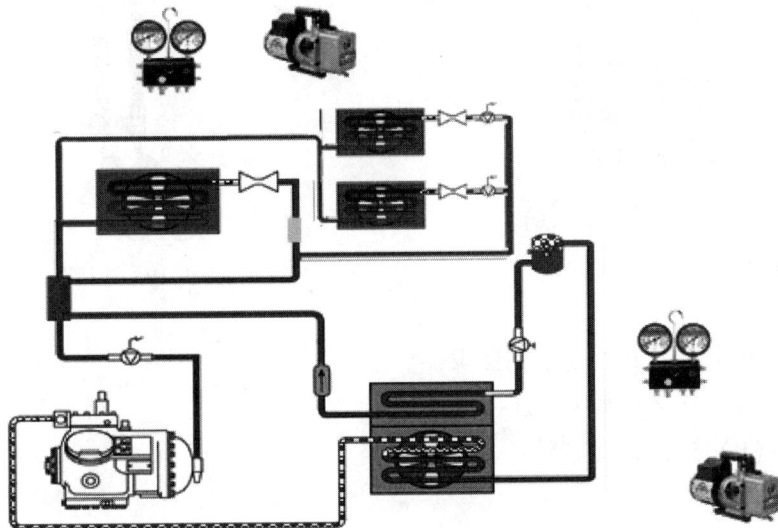

图 5-17　拖车半挂冷藏机组软管连接抽真空示例

歧管压力表安装前，确保压缩机服务阀处于后座位置，储液器主阀处于后座位置，歧管压力表阀和软管服务阀关闭。

（1）连接机组（图 5-18）

①将歧管压力表（Ⅰ）连接制冷机组。

a. 软管（A）连接到压缩机低压服务阀。

b. 软管（B）连接到真空泵。

c. 软管（C）连接到压缩机高压服务阀。

d. 软管（D）连接到储液器高压主阀。

②启动真空泵。

③打开歧管压力表阀（1，2，3，4）。

④打开软管（B）服务阀，软管抽真空，等待 1min。

⑤检查歧管压力表值，必须处于最低值且稳定。

⑥关闭软管（B）服务阀。

⑦停止真空泵。

⑧断开真空泵。

（2）连接蒸发器（图 5-19）

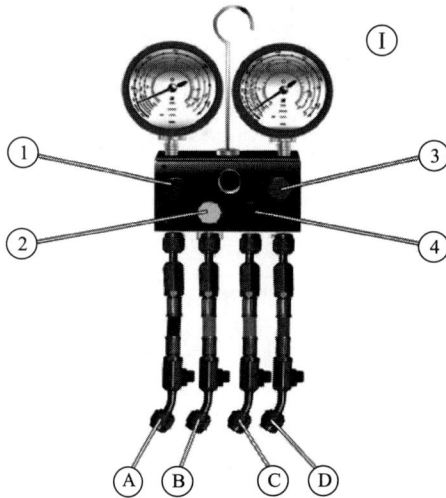

图 5-18　连接机组

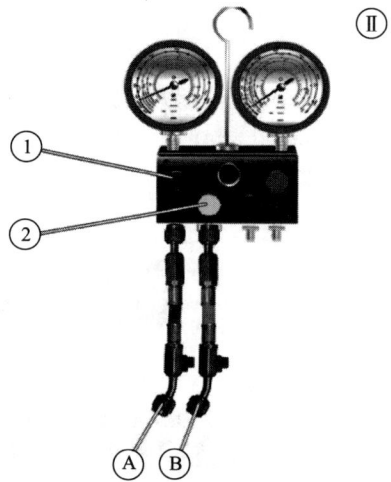

图 5-19　连接蒸发器

①将歧管压力表（Ⅱ）连接到蒸发器。

a. 软管（A）连接到蒸发器连接口。

b. 软管（B）连接到真空泵。

②启动真空泵。

③打开歧管压力表阀（1，2）。

④打开软管服务阀（B），软管抽真空，等待 1min。

⑤检查歧管压力表低压值，必须处于最低值且稳定。

⑥关闭软管（B）维修阀。

⑦停止真空泵。

⑧断开真空泵。

5.3.2.3.2　含氟制冷剂回收

（1）含氟制冷剂液体回收

图 5-20 为拖车半挂冷藏机组制冷剂回收连接示例。

在继续下一步之前，确保歧管安装流程正确完成。对于拖车半挂冷藏机组，将机组

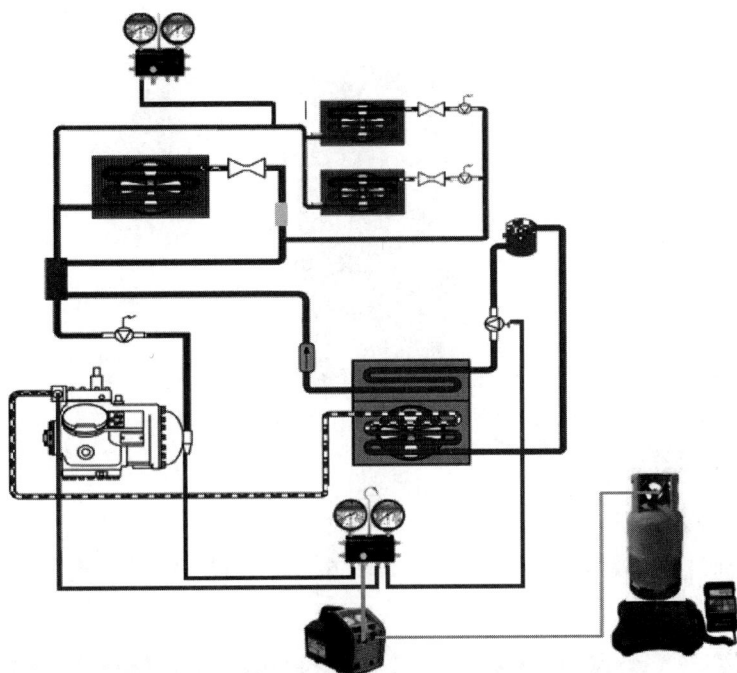

图 5-20　拖车半挂冷藏机组制冷剂回收连接示例

调至服务模式，确保微处理器显示"回收/检漏/抽空模式"。

①制冷剂回收系统安装（图 5-18，图 5-21）。

a. 软管（B）连接到回收机。

b. 将含氟制冷剂回收瓶放在秤上。

c. 检查含氟制冷剂回收瓶上标识的允许充注量。

d. 含氟制冷剂回收瓶阀门（E）连接到制冷剂回收机。

e. 调节压缩机高压和低压服务阀至中间位置。

f. 调节储液器主阀至中间位置。

g. 打开软管（A，C，D）服务阀。

②含氟制冷剂液体回收（图 5-21）。

a. 打开液体阀（E）。

b. 启动制冷剂回收机。

c. 打开软管（B）服务阀。

d. 打开歧管压力表阀（2，3），含氟制冷剂液体从机组储液器流向含氟制冷剂回收瓶。

e. 检查秤读数，直至含氟制冷剂回收瓶重量稳定。

f. 关闭软管（B）服务阀。

g. 关停制冷剂回收机。

h. 关闭回收瓶液体阀（E）。

i. 将含氟制冷剂回收瓶与制冷剂回收机断开。

图 5-21　含氟制冷剂液体回收

（2）含氟制冷剂气体回收

含氟制冷剂气体回收装置的连接机组如图 5-18 所示。机组与蒸发器的连接仪表如图 5-22 所示。

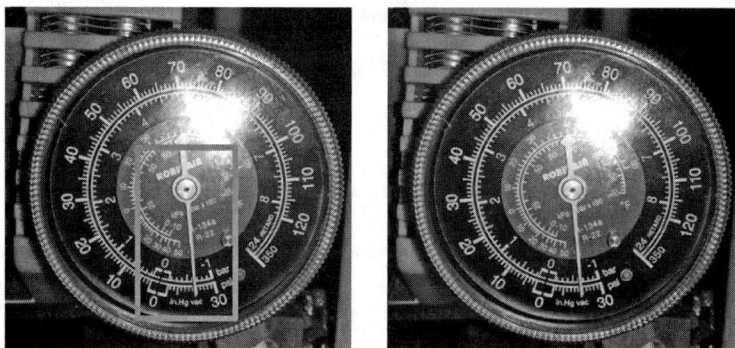

图 5-22　机组与蒸发器连接仪表

①含氟制冷剂气体回收步骤。

a. 将含氟制冷剂回收瓶与制冷剂回收机断开。

b. 将含氟制冷剂回收瓶气体阀连接到制冷剂回收机。

c. 打开回收瓶气体阀（F）。

d. 启动制冷剂回收机。

e. 打开软管（B）服务阀。

f. 打开歧管压力表阀（1，4），含氟制冷剂气体从压缩机流向含氟制冷剂回收瓶。

g. 检查两个歧管压力表上显示的压力值（表压）。等待两个歧管压力表指针指示 -0.067MPa，在达到 -0.067MPa 之前不要进行下一步，以防止残留制冷剂喷出。操作中须考虑高处工作有跌落风险。

②含氟制冷剂气体回收完成。

a. 关闭软管（B）服务阀。

　　b. 关闭歧管仪表服务阀（2）。

　　c. 关停制冷剂回收机。

　　d. 等待 15min 后，若压力升高，从步骤①重复以上回收流程，若保持−0.067MPa，则进行下一步。

　　e. 断开制冷剂回收机。

5.3.3　制冷剂回收后的再利用方式及工艺

　　制冷机组的制冷剂回收后，需要对其进行净化或再生处理，以保证回收后的制冷剂能够再次使用。特别是对使用时间较长的制冷机组进行维护保养时，随着机组使用时间的增长，机组内原有制冷剂水分增多，为保证制冷效率及机组寿命，充注原制冷剂前需要对其进行净化或再生。

　　用于充注的净化或再生制冷剂的质量应符合表 5-5、表 5-6 所列要求或相关标准规定。

表 5-5　单组分制冷剂的质量要求

项目	R22	R32	R125	R134a	R143a	R290	R600a
外观/气味	无色透明无味	无色透明无味	无色透明无味	无色透明无味	无色透明无味	无色透明无味	无色透明无味
组成	R22	R32	R125	R134a	R143a	R290	R600a
纯度 w_t/% ≥	99.8	99.8	99.8	99.8	99.8	99.8	99.5
水分 w_t/ppm ≤	10	10	10	10	10	10	10

表 5-6　混合型制冷剂的质量要求

项目	R404A	R407A	R407C	R407F	R408A	R410A	R507A
外观/气味	无色透明无味	无色透明无味	无色透明无味	无色透明无味	无色透明无味	无色透明无味	无色透明无味
组成	R125/R143a/R134a	R32/R125/R134a	R32/R125/R134a	R32/R125/R134a	R143a/R125/R22	R32/R125	R125/R143a
标准配比 w_t/%	44/52/4	20/40/40	23/25/52	30/30/40	46/7/47	50/50	50/50
允许配比 w_t/%	42~46/51~53/2~6	18~22/38~42/38~42	21~25/23~27/50~54	28~32/28~32/38~42	44~48/5~9/49~51	48.5~50.5/49.5~51.5	49.5~51.5/48.5~50.5
纯度 w_t/% ≥	99.8	99.8	99.8	99.8	99.8	99.8	99.8
水分 w_t/ppm ≤	10	10	10	10	10	10	10

5.3.3.1　循环净化操作

　　净化时，利用回收装置内部的油分离器及外部增设的过滤器，将回收的制冷剂在两个储存钢瓶之间通过回收装置往复转移、循环，有助于除去制冷剂内的油、水分、杂质，从而保证制冷剂的纯度（图 5-23）。

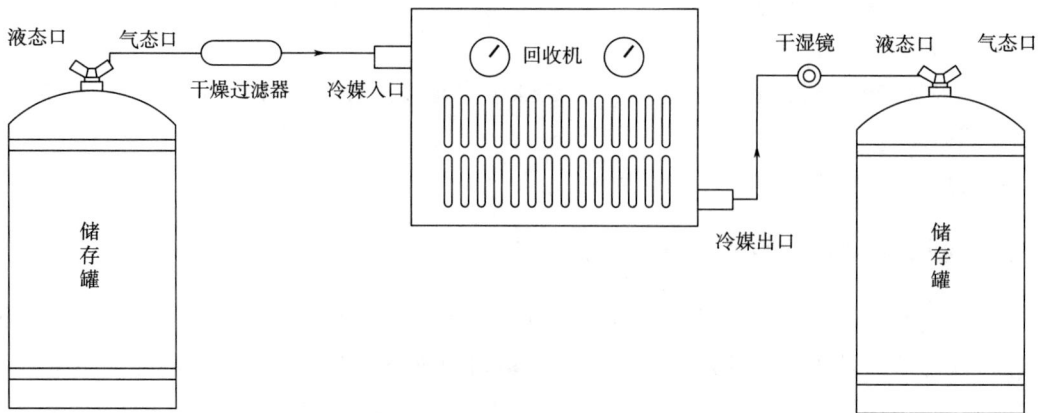

图 5-23　循环净化

在净化过程中，随时观察试液镜中干湿度显示，当试液镜中的颜色显示干燥时，净化过程结束。

5.3.3.2　去除制冷剂中水分的操作

为去除制冷剂中的水分，需注意：

①作业现场要有良好的照明和通风条件。

②操作须由有资质并且非常熟悉该制冷机组的维修工程师来进行。

③将含水制冷剂钢瓶放进冷库中（冷库的实际工作温度要能维持在低于-15℃）。

④制冷剂钢瓶的灌注量不得超过钢瓶总容量的80%（水结冰后体积会膨胀）。

根据单个制冷剂钢瓶的充注量来确定需要冰冻的时间，见表5-7。

表 5-7　含水制冷剂冰冻容量—时间表

钢瓶容量/L	50 以下	50~100	100~200	200~500	500~1000
冰冻时间/h	24 以上	36 以上	48 以上	60 以上	72 以上
钢瓶放置间距/cm	30 以上	50 以上	80 以上	100 以上	150 以上

为防止回收容器液管内的水分冻堵，在冰冻1~2h时（小瓶1h，大瓶2h）将含水制冷剂钢瓶的液管与一个抽过真空的回收容器对接，将少量的制冷剂移至抽过真空的回收容器（稍开即可，防止液管被冰堵。并对该钢瓶做好含有水分的标记）。

在含水制冷剂钢瓶冰冻过程中（如水分含量较多，会在制冷剂钢瓶的液体上表面结成块状冰；如水分含量较少，水分会结成冰珠浮在液体制冷剂表面），按图5-24方式连接。在过滤器之前管道中可加一个视液镜（当制冷剂中水分含量非常少时干燥过滤器能起作用，过滤掉这些冰珠）。

开启B钢瓶和C钢瓶的液态阀和气态阀，用真空泵对B钢瓶、C钢瓶抽真空。抽真空完成后关闭B钢瓶、C钢瓶的气态阀。当A钢瓶完成冷冻后开启A钢瓶的液态阀。这样不含水分的液态制冷剂就会流到干净的B钢瓶中，当制冷剂不再流动时可将B钢瓶的气阀稍微开一点（以破坏其平衡压力），观察过滤器前的视液镜是否有液体流动，

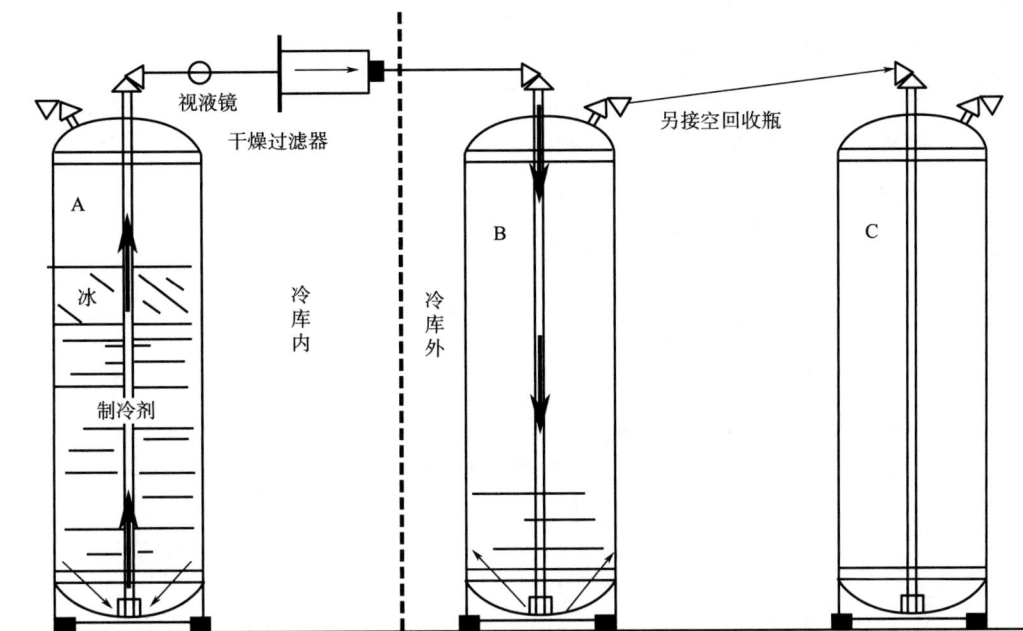

图 5-24　制冷剂冰冻除去水分

如无液体流动，则该回收容器制冷剂中的水分已经基本去除。

A 钢瓶制冷剂回收后剩余的水分可拿到室外常温下，拆去回收容器底部的排污堵头，将融化的水分放掉，对钢瓶进行清洁，抽真空后再灌入制冷剂。

经这样处理后制冷剂加到机组前，还需要更换干燥过滤器和冷冻油，来进一步去除水分，并对制冷剂进行化验，检查制冷剂中水分含量是否在要求的范围内。

对回收制冷剂进行净化或再生时，为保证净化的效果，需遵循以下原则：

①如果条件允许，建议将含水分的制冷剂送至专业的制冷剂厂家进行再生处理。

②只有单成分或组分相同的制冷剂才能进行净化，组分不同的制冷剂使用回收装置净化时只能对水分、油分、杂质进行处理，对成分没有改善效果。如果操作不当，将增加成分的变化。

③净化前、净化后需对制冷剂进行取样，以检验和了解制冷剂净化的效果；如果没有条件取样检测，需要根据管路或回收装置上的干湿度镜进行观察验证。同时对钢瓶进行称重，并确认两个钢瓶内的制冷剂是同种制冷剂。

④净化前，对连接管路和回收装置进行抽真空，以排除空气，并观察试液镜的干湿度显示，验证显示有效性。

⑤净化时，需要使用气态回收法进行净化，如果使用液态法回收，混合在液态制冷剂中的油无法被有效去除。

⑥净化时，如果使用有油回收装置进行净化，必须保证回收装置压缩机用油与制冷机组润滑油牌号一致，以防止油的再次污染。

⑦净化时，为保证干燥、去除杂质，可以尽量多地串联干燥过滤器，也可以增加额

外的油分离器增强分油效果。

5.3.3.3 受污染的制冷剂回收

（1）操作流程

操作流程如图 5-25 所示。

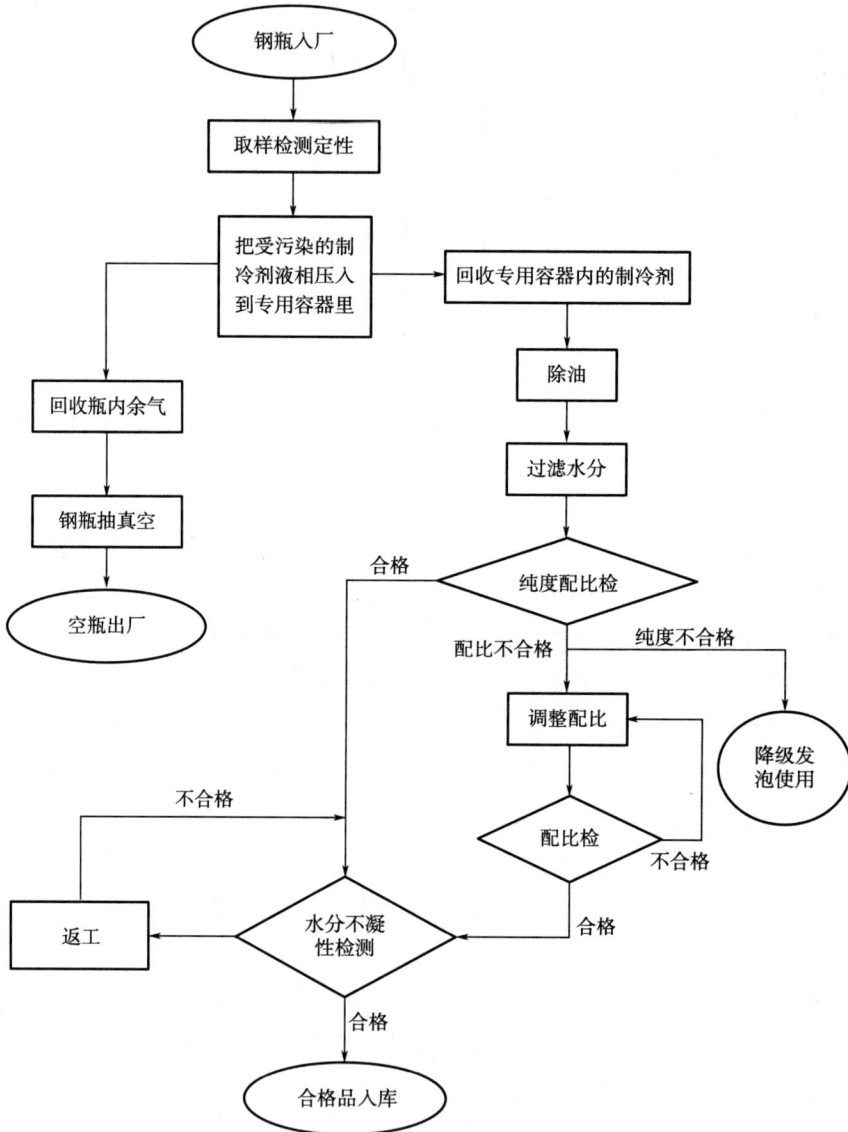

图 5-25 受污染制冷剂回收操作流程

（2）操作说明

①入厂外观检查。

②检查钢瓶外观及钢瓶附件是否完好无损。

③检查钢瓶瓶体标识。

④钢瓶过磅，填写过磅单。

⑤瓶内制冷剂成分检测。

⑥取样分析瓶内制冷剂成分。

⑦受污染的制冷剂灌入专用瓶内。

按图 5-26 所示制冷剂回收工艺流程示意图连接管道。操作步骤如下：

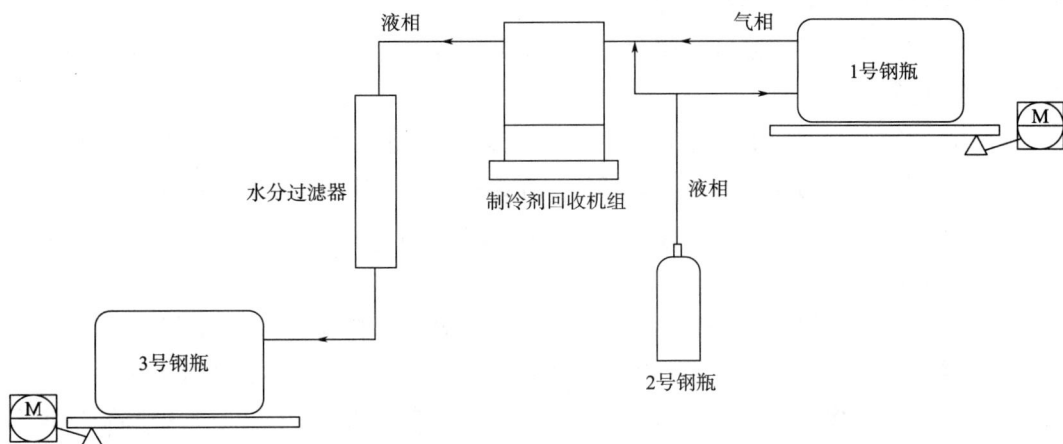

1号钢瓶：收集受污染的制冷剂专用瓶
2号钢瓶：受污染的制冷剂钢瓶
3号钢瓶：收集回收处理后的制冷剂专用瓶

图 5-26　制冷剂回收工艺流程示意图

①打开 2 号钢瓶阀门（液相）和管道阀门。

②打开 1 号钢瓶液相阀门和管道阀门。

③启动制冷剂回收机组，并打开 1 号钢瓶气相阀门和管道阀门。

④打开制冷剂回收机组进出口阀门，并打开过滤器和 3 号钢瓶上的所有阀门。

⑤2 号钢瓶内液相制冷剂进入 1 号钢瓶内，当 2 号钢瓶内无液相制冷剂时，关闭 1 号钢瓶阀门和管道上的阀门，更换钢瓶。

⑥当 1 号钢瓶或 3 号钢瓶内达到规定的充装量后，停止制冷剂回收机组，更换钢瓶。

⑦将更换下来的钢瓶按《钢瓶余气回收操作规程》进一步回收钢瓶内余气。

⑧将余气回收后的钢瓶按《钢瓶抽真空操作规程》进行抽真空。

⑨空瓶出厂时，应检查钢瓶和钢瓶附件是否完好无损，标识是否清楚。

⑩3 号钢瓶内达到规定的充装量后，应取样分析制冷剂的水分、纯度等质量指标。

⑪经检验合格后的制冷剂应复称，并记录，做好标识方可入库。

5.3.4　制冷剂的回收操作注意事项

制冰设备在维修时，难免会从阀门等检修部件中排出少量的制冷剂。但需要保证排出制冷剂量很容易得到控制，并且在必要时能够迅速关闭。只可将少量的、不可避免的 CFC 和 HCFC 制冷剂排入大气中。如果进行大量排放，必须经安全法规或标准认可的制冷剂回收系统进行回收。回收制冷剂过程中应注意以下几点：

①只可使用经过认证并可重复使用的制冷剂回收罐。

②不要在回收罐内过量回收制冷剂，最多不能超过其最大容量的 80%，以保留空间防止压力增加膨胀（可能会引起爆炸）。

③不要把不同种类的制冷剂混杂在同一个回收罐中。因为混合后的制冷剂将不能再进行分离、使用。

④在向空罐进行回收制冷剂前，必须将空罐抽真空，以清除空气及其他不凝性气体。空回收罐出厂前已充注了干燥的氮气，在第一次使用前，也要将其抽空。

⑤使用电缆长度要求不得超过 7.6m（至少是横截面积为 $1.5mm^2$ 的线），否则会使电压下降，损坏压缩机。

⑥当回收罐压力超过 2.07MPa 时，应采用回收罐冷却降温操作以降低压力。

⑦为了达到最大的回收速率，建议使用直径大的软管，长度不宜超过 0.9m。

回收结束后要保证设备内无制冷剂。残余的液态制冷剂可能在冷凝器中膨胀导致部件损坏。回收制冷剂时必须遵循制冷剂供应商和回收设备供应商的建议。

第6章

应用可燃制冷剂和高压制冷剂的制冷设备的操作及安全知识

随着制冷剂替代工作的深入开展，采用的绝大部分新一代替代制冷剂存在着可燃、高压力或容积效率低等缺点。本章将详细介绍应用可燃制冷剂和高压制冷剂的制冷设备的操作及安全知识。制冷空调行业中常用的可燃制冷剂有 R290、R600a、R32、R717 等。按照 GB/T 26205—2010 的定义，高压制冷剂是在环境温度（25℃）下工作压力高于 700kPa（表压）的制冷剂，常见的高压制冷剂有 R22、R404A、R507A、R717、R290、CO_2、R410A 和 R407C 等。在环境温度下，CO_2 的压力远远高于 R22、R404A、R507A 等制冷剂，因此对 CO_2 制冷剂的制冷设备的操作有特殊的安全要求，本章介绍的高压制冷剂仅为 CO_2。

6.1 可燃制冷剂制冷设备的安全要求和操作

6.1.1 制冷剂安全性分类及特性

根据 GB/T 7778—2017《制冷剂编号方法和安全性分类》中制冷剂安全性分类方法，制冷剂安全性分类由两个字母数字符号（如 A1、B2 等）以及一个表示低燃烧速度的字母"L"组成。前面的大写字母为制冷剂的毒性分类，制冷剂根据容许的接触量，毒性分为 A、B 两类，其中 A 类表示低慢性毒性，B 类表示高慢性毒性。后面的数字为可燃性分类，按制冷剂的可燃性危险程度，制冷剂的可燃性根据可燃下限（LFL）、燃烧热（HOC）和燃烧速度（S_u）分为 1、2L、2 和 3 四类。第 1 类表明无火焰传播，第 2L 类为弱可燃，第 2 类为可燃，第 3 类为可燃易爆。根据 GB/T 7778—2017 中制冷剂的毒性和可燃性分类原则，把制冷剂分为 8 个安全分类（A1、A2L、A2、A3、B1、B2、B2L 和 B3），如图 6-1 矩阵图所示，其中 A1 最安全，B3 最危险。

制冷空调行业中常用的可燃制冷剂有 R290、R600a、R32、R717 等，这些制冷剂的安全分类见表 6-1。

项目	低慢性毒性	高慢性毒性
无火焰传播	A1	B1
弱可燃	A2L	B2L
可燃	A2	B2
可燃易爆	A3	B3

图 6-1 基于可燃性和毒性的制冷剂安全性分类

表 6-1 常用可燃制冷剂的安全分类

制冷剂	安全分类	制冷剂	安全分类	制冷剂	安全分类
R290	A3	R152a	A2	R32	A2L
R600	A3	R142b	A2	R717	B2L
R600a	A3			R1234yf	A2L
R1270	A3			R1234ze(E)	A2L
R170	A3				

6.1.2 可燃制冷剂操作的安全要求

6.1.2.1 可燃制冷剂制冷系统机房的安全与环境的一些特殊要求

（1）可燃制冷剂制冷系统机房的要求

因可燃制冷剂具有可燃性，对可燃制冷剂制冷系统机房的一些特殊要求如下：

①机房的防火要求应符合 GB 55037—2022《建筑防火通用规范》中的有关规定。

②机房应保证通风良好，通风换气次数不小于 4 次/h。可采用自然换气方式，不能满足换气要求时，应设机械换气装置。

③机房内严禁明火采暖。

④机房的照明应选用防爆类型的灯具。

⑤机房事故排风机换气量应符合 GB/T 9237—2017《制冷系统及热泵 安全与环境要求》。事故排风机应选用防爆型电动机，控制按钮箱应在机房门外侧的墙内暗装。

⑥各种操作工具应配备齐全，并定点摆放于便于拿取处。

⑦机房门应采用向外开启的手开门，以保持机房内操作通道通畅。

⑧机房应配备个人防护用品和急救药品。个人防护用品包括防护手套、防毒面具、氧气呼吸器、防护服等；急救药品包括柠檬酸、醋酸、硼酸、烫伤膏等。

⑨消防设施、灭火器等消防设备应保持完好、有效。

（2）可燃制冷剂的储存要求

①制冷剂储罐应单独放置在安全、通风良好和避免阳光直射的环境中，并贴警示标志。不同种类的制冷剂应放置在不同区域，并有明确的制冷剂名称标志。储存场所的环

境温度不高于 40℃。

②内装回收制冷剂的储罐应加专门标识，如"R32 回收制冷剂"。

③回收制冷剂的储罐充注量应小于储罐最大充注量的 80%。

④制冷剂储存场地不应有可能产生电火花的电气设备。

⑤一次性制冷剂容器不应重复使用，且不应随意抛弃。

（3）制冷剂泄漏探测及报警

机房内应安装与使用的可燃制冷剂适应的制冷剂探测仪，在制冷剂探测仪触发后应能自动触动报警系统、启动机械通风设备、停止制冷系统。制冷剂探测仪每年应至少校验 1 次。

6.1.2.2　机房运行日常管理

6.1.2.2.1　机房日常管理基本要求

机房的日常维护保养关系到系统运行的安全性和经济性，是企业正常生产的保障，也直接影响企业的生产效率和产品质量。通过日常维护保养可以及时排除故障隐患，提高设备完好率，减少事故发生，降低运行费用，延长设备使用寿命。

设备的维护保养就是通过擦拭、清扫、润滑、调整等一般方法对设备进行护理，以维持和保护设备的性能和技术状况，随时可以投入运行，减少故障停机，提高设备完好率和利用率，延长系统运行寿命，降低系统运行和维修成本，确保安全生产。

制冷系统设备保养必须贯彻"养修并重，预防为主"的原则，以"清洁、润滑、调整、紧固、防腐"为主要内容，做到定期保养、强制进行，正确处理使用、保养和维修的关系，不允许只用不养，只修不养。

（1）设备维护保养的基本要求

①保持设备整洁，密封部位不漏油、不漏气，设备周围无杂物。

②操作工具摆放整齐、方便易取。

③按时加油或换油，保证油路畅通、润滑良好，油质符合要求。

④遵守安全操作规程，不超负荷使用设备，不开带病设备，及时消除不安全因素。

（2）为保证日常维护保养的及时性和有效性，应该注意的问题

①制冷系统操作人员属特种作业人员，应依据《中华人民共和国安全生产法》《特种设备安全监察条例》等相关规定，经过专门的安全教育和培训，并经考核合格、取得操作资格证，方可上岗。

②建立完善的设备安全管理制度、安全操作规程，并在管理、操作中严格执行。

③制冷机房与冷库应设有安全管理员，配备相应的安全装备及防护用品。安全管理人员应定期检查安全管理制度实施情况和安全装备运行状况，发现问题，应及时采取纠正和预防措施，防止事故发生。

④制冷系统的压力容器、压力管道、安全保护装置及压力表等应按当地质量技术监督局的规定定期检验。其中安全阀、压力表、温度表、液位计、电压表、电流表、压力

继电器、温度继电器、压差控制器每年至少应检验一次。

⑤压缩机应定期进行大修、中修、小修和维护保养，水泵、冷风机、电动机和电控设备每年至少应检修一次，并做好记录。

⑥制冷机房、设备间应设置消防设施及消防器材，并定期检查、维护，确保其处于待工作状态。

⑦制冷机与设备内部检修时，应用手电筒或低于 36V 的灯照明，禁止使用明火。

⑧制冷设备与管道的绝热层应完好无损，不应有结露、结霜、滴水、开裂等现象，每年应对制冷系统绝热层检测一次，必要时进行维修。

⑨设备操作平台、栏杆和梯子应完好，通道无障碍物。室外设备应有安全防护设施。

⑩制冷系统的冷却水水质应符合设计要求，并定期检测水质。

6.1.2.2.2 冷库系统的日常检查

冷库系统的日常检查包括压缩机的日常检查、制冷系统的日常检查、电气系统的日常检查。

（1）压缩机的日常检查

压缩机的日常检查包括外观检查、仪表及控制系统检查、油路系统检查和联轴器同轴度检查。

①外观检查的内容。

a. 检查机组系统及电控系统元件等有无破损情况。

b. 检查地脚螺栓及各紧固件是否牢固。

c. 检查电器接头是否紧固、良好。

d. 检查机组低温部分保温是否良好。

②仪表及控制系统检查的内容。

a. 检查机组压力（差）继电器是否正常。

b. 检查机组过载保护继电器是否正常。

c. 检查机组压力传感器（表）是否正常。

d. 检查机组温度传感器是否正常。

e. 检查机组水流继电器是否正常。

f. 检查机组所有设置参数是否恰当。

g. 检查机组运行参数是否正常。

h. 检查机组能量调节是否灵活。

③机组油路系统检查的内容。

a. 检查压缩机内的润滑油油位是否正常。

b. 检查压缩机油泵运行及油压是否正常。

c. 检查机组油管路、接头是否有泄漏。

d. 检查油过滤器是否脏堵及破损。

e. 螺杆压缩机油恒压阀工作是否正常。

f. 螺杆压缩机油分二次回油是否正常。

④联轴器同轴度检查。由于螺杆压缩机的转速较高，对联轴器的安装精度（同轴度）要求也较高。联轴器安装不当，不但会引起机器运转不平稳、噪声增高，而且对转子、主轴承、止推轴承和轴封产生异常损伤。对于新运行的螺杆压缩机组，因为油分离器或机架的应力变化，会使压缩机、电机的同轴度发生改变，所以应定期检查同轴度，直至机组应力消除方可连续运转。

（2）制冷系统的日常检查

①设备运行状态（温度、压力、液位等）、设备安全阀门等附件是否正常。

②蒸发器（冷风机）、中间冷却器、低压循环桶供液控制系统是否正常。

③系统中过滤器是否脏堵及破损。

④电磁阀、手动阀门开关是否灵活并及时对阀杆进行防锈处理。

⑤蒸发器结霜是否均匀、冷风机风扇运转是否正常。

⑥冷凝器冷却水系统运行是否正常，检查机组冷凝器换热管结垢情况，及时进行清洗。

⑦系统是否存在泄漏部位，工质循环量是否正常。系统运行时，应经常检查连接部位是否有渗漏现象，及时采取相应的处理措施。如有水渗漏，连接部位会有锈蚀痕迹；如制冷剂或油渗漏，连接部位则有日渐扩大的油渍（排除人为滴落冷冻机油）。

⑧蒸发器融霜、润滑油和不凝性气体排放是否及时。

⑨设备、管道保温层及外保护层是否完好无损，是否有返潮、结露、结霜的情况。

（3）电气系统的日常检查

①检查各电机运转电流的大小和变化。

②检查控制柜（箱）内接线和螺丝的紧固情况，防止接线和螺丝松脱。

③保持控制柜（箱）内、外清洁干燥，不能有水、油污，定期用小扫风机吹干净箱内各元件及接线柱、排上的灰尘，或用刷子蘸电器清洁剂刷干净，以免影响接触器、继电器的工作或绝缘。

④查看开关、接触器、继电器等组件有无损坏或烧蚀烧焦现象，各元件工作状态及启、停、连锁功能是否正常。

⑤对潮湿环境的电动机要测量其各相对地或相间电阻，防止受潮烧坏电动机。

⑥电线及电气零件有无绝缘老化或过热现象，注意电线、电缆是否有异常破损。

⑦要保持接触器动、静触头吸合、接触良好，避免因触头接触不良引起电动机缺相运行而烧坏。如果触头表面良好，仅是发黑，可用粗布擦一擦，不要轻易打磨掉表面的耐热合金层，否则将缩短触头寿命；若触头表面烧蚀比较严重，可用"0"号砂纸将其磨平。动、静触头需保持线接触或面接触，而不是点接触。接触情况好坏可在动、静触

头之间放张纸条来检查，吸合时如夹不紧，说明触头或弹簧需要调整或换新。

6.1.2.2.3　冷库系统的操作规程

冷库系统的操作规程包括制冷压力容器操作规程、制冷压力管道操作规程和制冷系统操作人员岗位职责。

（1）制冷压力容器操作规程

①凡操作压力容器的人员必须熟知所操作压力容器的性能和有关安全知识，并持证上岗。非本岗人员严禁操作。值班人员应严格按照规定认真做好运行记录和交接班记录，交接班应将设备及运行的安全情况进行交底，并检查容器是否完好。

②压力容器及安全附件应检验合格，并在有效期内。

③压力容器本体上的安全附件应齐全，并且灵敏可靠，计量仪表应经质监部门检验合格且在有效期内。

④需要抽真空的设备应按工作程序进行操作。当抽真空工作完成后，再进行下一步的工作。

⑤压力容器在运行过程中，要时刻观察运行状态，随时做好运行记录。注意液位、压力、温度是否在允许范围内，是否存在介质泄漏现象，设备的本体是否有肉眼可见的变形等，发现异常情况立即采取措施并报告。

⑥压力容器要注意防火、防毒，不得靠近火源。操作人员要穿戴好工作服、防护镜及防腐胶鞋和防护手套。

⑦有下列情况之一时，要进行耐压试验。

a. 新装容器在投入运行前。

b. 大修后重新投入使用前。

c. 更换人孔、手孔、安全阀门及第一道阀门。

d. 未到期检修而提前停止运行检修的。

e. 其他可疑处必须做强度试验的。

试验前的准备工作：

a. 压力容器与其他运行的工艺管线断开加装盲板。

b. 准备好试压泵，检查试压泵是否处在良好的工作状态。

c. 在压力容器上安装好经检验合格并在有效期内的压力表，压力表的最大读数为试验压力的 1.5~2 倍。

耐压试验步骤：

a. 关闭压力容器与系统连接的阀门。

b. 将压力容器内注满氮气或干燥空气。

c. 应有专人观察压力并检查有无泄漏，不要在管口前停留以免被物体击伤。

d. 在试压过程中发现有泄漏现象时，不要紧固，应先泄掉压力容器内压力，方可紧固，并重新试压。严禁带压紧固。

e. 达到试验压力时立即停止加压，关闭试压阀门做好记录，记下停压时间、压力容器压力，由观测人员签字存档。

f. 保持试验压力 30min，如无降压，应缓慢降压至规定试验压力的 80%，保证足够时间进行检查。

⑧压力容器有下列情况时需进行泄漏试验。试验压力等同设计压力。

a. 新压力容器在水压试验合格后且在投产之前。

b. 经过大修水压试验合格后且在投产之前。

c. 其他原因不能置换罐内介质而求助于气压的，在采取安全措施后，可采用氮气或压缩空气及惰性气体。

泄漏试验程序：

a. 将压力容器与其他工艺管线断开并加装同等强度的盲板。

b. 准备好气源如压缩空气、氮气、惰性气体等，检查设备运转状态正常。

c. 连接压力容器与气源的管路不可采用低压胶管，可采用高压胶管或无缝钢管连接。

d. 在压力容器顶部安装好经检验合格后且在有效期内的压力表，压力表的最大读数为试验压力 1.5~2 倍。

e. 准备好肥皂水、毛刷、记录纸，记录当天的气温、试验压力、试验时间及试验结果。

f. 泄漏试验前的检查，检查试压管路阀门是否畅通、压力表的阀门是否打开，检查罐体周围是否有闲杂人员，无关人员应离开。试验后还要检查记录是否齐全。

泄漏试验操作步骤：

a. 启动空压机或打开气源。

b. 应先缓慢升压至规定试验压力的 10% 保压 5~10min，并对所有焊缝和连接部位进行初次检查，若无泄漏可继续升压至规定压力的 50%。没有异常现象出现，按规定试验压力的 10% 逐级升压，直至达到试验压力并保压 30min，然后降压至规定试验压力的 87%，并保压足够的时间进行检查，检查期间压力应该保持不变，不得采用连续加压来维持试验压力不变。

c. 当气压上升至设计压力时，应停止升压，关闭气路，认真观察记录下压力读数。

d. 观察时间不少于 30min，若无降压，无泄漏，则制冷压力容器合格。

（2）制冷压力管道操作规程

①压力管道在使用前做好一切准备工作，落实各项安全措施。

②凡操作压力管道的人员必须熟知所操作压力管道的性能和有关安全知识。非本岗人员严禁操作。值班人员应严格按照规定认真做好运行记录和交接班记录，交接班时应将设备及运行的安全情况进行交底，并检查管道是否完好。

③压力管道本体上的安全附件应齐全，并且灵敏可靠，计量仪表应经质监部门进行

检验合格在有效期内。

④压力管道在运行过程中，相关工作人员要时刻观察运行状态，随时做好运行记录。注意观察压力、温度是否在允许范围内，是否存在介质泄漏现象，设备的本体是否有肉眼可见的变形等，发现异常情况立即采取措施并报告（压力表、安全阀等要定期手动排放一次，并做好记录）。常规检查项目如下：

a. 各项工艺指标参数、运行情况和系统平稳情况。

b. 管道接头、阀门及管件密封情况。

c. 保温层、防腐层是否完好。

d. 管道振动情况。

e. 管道支吊架的紧固、腐蚀和支撑以及基础完好情况。

f. 管道之间以及管道与相邻构件的连接情况。

g. 阀门等操作机构是否灵敏、有效。

h. 安全阀、压力表、爆破片等安全保护装置的运行完好情况。

i. 静电接地、抗腐蚀阴阳极保护装置完好情况。

j. 其他缺陷或异常等。

⑤检修管道时应关闭阀门，泄压后再作业。作业中人员要避开阀门、管口等位置，以免造成人身伤害。

（3）制冷系统操作人员岗位职责

①制冷系统操作工必须持有质监部门颁发的《特种设备作业人员资格证》方可独立上岗，无证不可独立操作。

②熟悉所操作制冷系统的技术性能，并熟练掌握操作方法，做到正确操作、及时维修、正确保养。

③切实执行各项操作规程和各项规章制度，确保制冷系统安全、经济地运行，发现问题及时处理。

④发现有异常现象危及安全运行时，有权采取紧急停车措施，并及时报告有关部门领导；对任何危害压力容器安全运行的违章指挥，应予以拒绝执行。

⑤认真检查系统的压力表、安全阀门等设备附件的状态，检查压力容器外表面涂层是否损坏脱落，带保温层设备需检查保温层是否完好、有效。

⑥严格遵守劳动纪律，坚守岗位，集中思想，按规程操作；当班时，不看书，不看报，不打瞌睡，不准随意离开工作岗位。非当班人员，未经带班班长许可不许对系统进行操作。

⑦做好系统的巡回检查，密切监视并合理调整运行参数，认真填写各项记录，确保数据准确，字迹清楚。

⑧保持机器设备的清洁、无渗漏、无腐蚀，保持机器设备场所范围内的清洁卫生，搞好文明生产。

⑨努力学习制冷专业技术和安全技术知识，精通业务。钻研技术，不断提高操作技术水平，确保制冷系统安全经济运行。

6.1.2.2.4　设备档案的建立与管理

（1）设备档案资料管理制度

①建立设备档案管理制度的作用。设备档案资料是设备制造、使用、管理、维修的重要依据，是保证设备维修工作质量、使设备处于良好的技术状态，提高使用、维修水平的保证。有关设备资料是指从设备规划、设计、制造（购置）、安装、使用、维修改造、更新，直至报废等全过程中形成并经整理应当归档保存的图纸、图表、文字说明、计算资料、照片、录像、录音带等技术文件资料。

②设备档案资料的内容。

a. 制造厂的技术检验文件、合格证、技术说明书、装箱单。

b. 设备安装验收移交书。

c. 设备附件及工具清单。

d. 设备大、中修理施工记录，竣工验收单，修理检测记录。

e. 精度校验及检验记录。

f. 设备改装、更新技术。

g. 设备缺陷记录及事故报告单（原因分析处理结果）。

h. 设备技术状况鉴定表。

i. 安装基础图及土建图。

j. 设备结构及易损件、主要配件图纸。

k. 设备操作规程（包括岗位职责、主要技术条件、操作程序、维护保养项目等）。

l. 设备检修规程（包括检修周期、工期、项目、质量标准及验收规范等）。

m. 其他资料。

（2）特种设备安全技术档案

制冷系统中属于压力容器的设备，根据《特种设备安全监察条例》（2003 年 3 月 11 日中华人民共和国国务院令第 373 号公布，2009 年修订）和 TSG 08—2017《特种设备使用管理规则》要求，使用单位应当逐台建立特种设备安全与节能技术档案。安全技术档案内容至少包括以下内容：

①使用登记证。

②《特种设备使用登记表》。

③特种设备设计、制造技术资料和文件，包括设计文件、产品质量合格证明（含合格证及其数据表、质量证明书）、安装及使用维护保养说明、监督检验证书、型式试验证书等。

④特种设备安装、改造和修理的方案、图样，材料质量证明书和施工质量证明文件，安装改造修理监督检验报告、验收报告等技术资料。

⑤特种设备定期自行检查记录（报告）和定期检验报告。

⑥特种设备日常使用状况记录。

⑦特种设备及其附属仪器仪表维护保养记录。

⑧特种设备安全附件和安全保护装置校验、检修、更换记录和有关报告。

⑨特种设备运行故障和事故记录及事故处理报告。

6.1.2.3 应急管理

制冷机房应制订有应急管理预案并定期进行应急演练。在小型冷链装置中，如出现可燃制冷剂泄漏，应开启紧急通风设备、切断制冷设备及其他设备供电，组织人员疏散。如已发生明火，用就近的干粉或 CO_2 灭火器进行灭火。大型制冷系统中目前使用的可燃制冷剂仅有氨，针对氨系统的应急管理在后续章节中将详细叙述。

6.1.3 可燃制冷剂操作的程序要求和禁忌

6.1.3.1 维护、检修的程序要求

6.1.3.1.1 维修场所要求

①维修场所应通风良好，必要时应增加具有足够排量的通风设备。场所附近要避免灰尘、潮湿或有易燃性物质的堆积。

②维修场所应配备有效的防爆型通风设备、报警设备。

③维修场所总电源开关应设在场地之外，并有防护装置，易于切断。

④维修场地内要备有足够数量和能力的灭火器并放置在触手可及的地方（可参照消防法规的规定）。

⑤维修场所内所使用的制冷剂、酒精、喷漆等易燃、易爆品应隔离存放在干燥通风良好，无太阳直晒处，并保持道路畅通。

⑥机器设备附近和车间内禁止堆放无关用品，确保各通道畅通。

⑦操作人员操作位置上应有绝缘垫，厚度>5mm。

⑧所有插座应可靠接地并完好无损。

⑨电线电缆应绝缘良好。

⑩所有管路无破损。

6.1.3.1.2 维护、检修设备要求

①必须使用专用的抽空灌注设备。

②乙炔气、氧气应分隔 5m 以上放置，并应与明火工作区间隔 10m 以上，乙炔气源应装有回火阀，乙炔气管、氧气管要按照国家标准要求颜色装配。严禁在制冷系统管道内有压力或制冷剂未清理干净的情况下进行焊接作业。

③工具设备按使用说明书进行操作并定期进行保养。

6.1.3.1.3 操作的统一要求

①维修人员进行维修工作前，应检查场地是否符合安全操作条件，确保场地附近无

危险火源、通风良好，打开通风系统后方可进行制冷维修工作并做好相应的安全防护措施。

②制冷系统中的易燃易爆制冷剂的排放应符合国家有关法律法规要求，排气后低压端需用真空泵抽空 10min 并在抽空完毕后向系统里充入氮气。

③焊接作业时需严格执行有关安全规程和规定。

④制冷剂灌注前确保系统的密封性、真空度达到灌注要求，严禁使用氧气或制冷剂试压、检漏。

⑤检修过程中应按照安全操作的技术规范和使用要求使用仪器仪表。

⑥对易燃易爆的工质，在焊接之前必须对系统内的制冷剂进行回收以后，才能点火进行焊接。

⑦检查设备故障原因之前，首先拔下电源插头，仔细检查电线的绝缘情况，绝缘层是否破损、电器件是否潮湿、是否有接地保护装置、接地是否良好，应确认接地正常后再进行修理。通电试机时禁止用手接触电器。需要移动设备时，应先切断电源。

⑧维修过程中要可靠地进行布线连接。当设备出现异常气味、异常噪声及温度过高时，应立即停止维修并查明原因。拔下电源插头后，应过 3~5min 再插入电源插座。

⑨禁止使用其他金属丝代替熔断丝，并严格按原规定更换。禁止用一般胶布等非绝缘品来代替电工胶布。

⑩所有维修使用的电气仪表设备及用电器具，应经常检查，一旦发现安全隐患，应及时排除。维修过程中，暂时离开现场或不使用器具时应切断电源。

⑪维修中经常接触清洗用化学药品，维修人员在使用化学药品时，要明确化学药品的性质并安全使用。

⑫化学药品如酒精、无水氯化钙、甲醇及汽油等，要存放在干燥、通风的地方，并且要远离热源。使用时要避免碰撞，使用后要及时盖上塞盖，放置在安全地点。

⑬浸润化学药品或汽油的棉纱、纸屑应合理处置。

⑭修理中拆下的废料、废损零件应收集到指定废物收集点。

6.1.3.1.4　维护、检修程序

（1）可燃制冷剂的回收与排放

机组维修或发现系统有泄漏时，应先将系统中的制冷剂回收，回收后的制冷剂应妥善处理，不得随意排放。回收时应小心谨慎、防止积聚。

（2）抽真空

将真空泵连接管路连接到制冷系统抽真空工艺接口，抽真空泵排除制冷系统内的空气和水分，保证制冷系统的安全运行。在抽真空时需要注意：

①真空泵排出的尾气应直接排到室外空旷通风处。

②制冷系统绝对压力应小于 133Pa。

③抽真空完毕后应进行保压测试。

④真空泵上的电源开关应处于常闭状态，电源线长度至少 2m，电源插座应设在工作区域外，且在距工作区域 2m 外对真空泵开停进行控制。

需要特别强调是，由于制冷剂易燃易爆性，绝对不允许用制冷剂对系统进行清洗和排空气。

（3）制冷剂的充注

检修完毕后，充注制冷剂。充注制冷剂应在安全、通风的环境中小心并缓慢进行，充注管不应过长。充注前确认系统已进行抽真空，确保彻底排除了系统中的不凝性气体。

（4）封口

因制冷剂具有可燃性，传统的火焰封口已不再适用。需要利用洛克环封口技术，通过机械挤压的方式对管路及充注管进行连接和封口，达到密封的目的。

（5）检漏

制冷剂具有可燃性，系统的密封性至关重要。微漏是制冷系统中经常遇到的问题。除了因系统制冷剂泄漏导致制冷剂不足、制冷效果差外，泄漏还可能造成压缩机损坏，甚至会引起火灾、爆炸等安全事故。因此，制冷剂充注后需要使用与该制冷剂适应的电子检漏仪对系统的各个接口、阀门进行严格的检漏。

（6）工作状态运转

维修工作结束后，需要检查机组运行状态是否正常。

需要强调的是，在整个维修操作过程中，维修人员需随身携带便携式制冷剂泄漏探测仪。

6.1.3.2　维护、检修过程中的禁忌

在维修、检修过程中应遵守以下注意事项，以免造成安全事故。

①制冷剂在添加时必须选用相同型号的制冷剂，避免混用。

②在维修作业和添加制冷剂时，禁止一定范围内的明火及电工作业。

③制冷维修作业人员必须持有制冷设备运行、安装、修理操作作业证。

④机房人员应持有低压电工作业证。

⑤操作人员应穿戴必要的安全防护装置，如防护眼镜、防护手套、安全鞋等。

⑥如出现泄漏情况需根据现场具体情况穿戴轻重装防化服及佩戴呼吸器。

6.1.4　可燃制冷剂的检漏、充注与处置

6.1.4.1　日常维护过程中的检漏流程

（1）目测检漏

发现系统某处有油迹时，此处可能为渗漏点。目测检漏简便易行，没有成本，但这种方法存在大的缺陷，除非系统突然断裂的大漏点，并且系统泄漏的是液态有色介质，否则目测检漏无法定位。

（2）电子检漏仪

用电子检漏仪对制冷系统中法兰连接、焊缝、阀门等容易泄漏的重点部位进行检漏，电子检漏仪要与所用制冷剂型号适应，且检漏仪精度设定至少为10g/y。

6.1.4.2 检修过程中的检漏流程

（1）肥皂水检漏

对维修管路段充入表压为2MPa的氮气（对氨系统可以充干燥空气），用肥皂水对维修部位检漏。

（2）氮氢混合气体检漏

对维修管路段充入表压为2MPa的氮氢混合气体，用氢气电子检漏仪对维修部位检漏。

6.1.4.3 日常维护过程中的充注流程

对小型制冷设备，日常维护过程中不建议采用直接补充制冷剂的方式，建议排放后再定量充注，按本章6.1.3.1中的充注方法充注制冷剂。大型氨制冷系统充注将在后续章节中叙述。

6.1.4.4 检修过程中的充注流程

对于氨制冷系统，将在后续章节中叙述。对于其他可燃制冷剂，按本章6.1.3.1的充注方法。

6.1.4.5 可燃制冷剂处置

对于氨制冷系统制冷剂处置，将在后续章节中叙述。除氨以外的其他可燃制冷剂目前仅用于小型制冷系统中，可采用如下几种方法：

①通过制冷系统运行方式将制冷剂回收到冷凝器或高压储液器中。

②在压缩机处于停机状态时，通过制冷系统制冷剂充注口回收到钢瓶中。

③制冷剂回收机回收。

④R290、R600a等低GWP碳氢类可燃制冷剂可在空旷处直接排放。

6.2 氨制冷剂制冷设备的安全要求和操作

6.2.1 氨制冷剂的特性

氨作为一种天然制冷剂，具有良好的热力性能和优越的环境友好性，广泛应用在大型冷链设备中。氨制冷剂的安全类别为B2L，具有高慢性毒性和弱可燃性，因此氨制冷剂的使用具有一定的危险性。

①挥发性大，蒸气无色，具有强烈的刺激性臭味。

②在空气中爆炸极限浓度为15%~28%。

③毒性程度属中度危害介质。

④对上呼吸道和皮肤具有刺激和腐蚀作用。

⑤发生事故造成人员伤亡和财产损失。

6.2.2　氨制冷系统操作的安全要求

氨制冷系统应用历史悠久，相关政府和监管部门制定了比较完备的规范，包括 GB 50072—2021《冷库设计规范》、GB 51440—2021《冷库施工及验收标准》、GB 55037—2022《建筑防火通用规范》、GB 18218—2018《危险化学品重大危险源辨识》、GB 28009—2011《冷库安全规程》、《涉氨制冷企业液氨使用专项治理技术指导书》等。本节结合这些规范和氨制冷剂在行业中的使用，总结了氨制冷系统操作的安全要求。

6.2.2.1　氨制冷系统机房的安全与环境的一些特殊要求

6.2.2.1.1　氨制冷系统机房的要求

因氨具有弱可燃性和高慢性毒性，除应遵守本章 6.1.2.1 对可燃制冷剂的相关规定外，还应遵守下面一些特殊要求：

①GB 18218—2018《危险化学品重大危险源辨识》中明确规定氨的临界量为 10t。制冷系统氨充注量超过 10t 即被列入"重大危险源"管控范畴。

②使用氨制冷系统的房间、安装在室外的氨制冷设备和管道与厂区外民用建筑的最小间距应满足 GB 50072—2021《冷库设计标准》的规定。

③机房事故排风机通风量不应小于 $183m^3/（m^2·h）$，且最小排风量不小于 $3400m^3/h$。

④应提供方便使用的洗眼水和洗浴设施，设在机房安全出口位置。应提供自动冲淋器，水温保持在 $25\sim30℃$，流量至少有 $1.5L/s$。

6.2.2.1.2　氨的储存

（1）场所选址

液氨储存和装卸场所的选择，应全面考虑周边的自然环境和社会环境，使其符合安全生产有关标准规范的要求，并遵守以下规则：

①在进行区域规划时，液氨储存和装卸场所应根据所在企业及相邻工厂或设施的特点和火灾危险性，结合地形、风向等条件，合理布置。

②液氨储存和装卸场所应禁止设置在学校、医院、居民区等人口稠密区附近。

③液氨储存和装卸场所应充分考虑地震、软地基、湿陷性黄土、膨胀土等地质因素以及台风、雷暴、沙暴等气象危害因素，避免建在断层、滑坡、泥石流、地下溶洞、采矿陷落区界内、重要的供水水源卫生保护区、有开采价值的矿藏区等地段和地区。

④液氨储存和装卸场所应位于不受洪水、潮水或者内涝威胁的地带，当不可避免时，必须有可靠的防洪、排涝措施。

⑤液氨储存和装卸场所必须考虑当地风向等因素，一般应位于城镇、工厂居住区全年最小频率风向的上风方向。宜建在地势平坦、通风顺畅的地段。在山区或丘陵地区，应避免布置在窝风地带。GB 50072—2021《冷库设计标准》规定使用氨制冷系统的冷

库库址宜选择在相邻集中居住区全年最大频率风向的下风侧。

⑥液氨储存和装卸场所应具有满足生产、生活及发展规划所必需的水源和供电系统。

⑦罐区内液氨储罐与架空电力线的最近水平距离不应小于电杆（塔）高度的1.5 倍。

⑧液氨储存和装卸场所沿江河岸布置时，宜位于邻近江河的城镇、重要桥梁、大型锚地、船厂等重要建（构）筑物的下游。

⑨液氨罐区邻近江河、海岸布置时，必须采取防止泄漏和含氨废水流入水域的措施。

（2）防火堤设置

①液氨储罐区应设置防火堤。防火堤应在满足耐燃烧性、密封性和抗震要求的前提下，综合考虑安全、占地、投资、地形、地质及气象等条件，还应考虑到罐组容量及所处位置的重要性、周围环境特点及发生事故的危害程度、施工及生产管理、维修工作量及施工、材料来源等因素，因地制宜，合理设置，使其达到坚固耐久、经济合理的效果。

②液氨储罐组或储罐区四周应设置高度不小于1.0m 的不燃烧实体防火堤。防火堤的设置应符合下列规定：防火堤的有效容量不应小于其中最大储罐的容量。低温液氨储罐防火堤内有效容积应为一个最大储罐容积60%。防火堤的设计高度应为 1.0 ~ 2.2m，防火堤设计高度应比计算高度高出 0.2m，隔堤高度应比防火堤低 0.2 ~ 0.3m。

③防火堤内地面，应有不小于3‰的坡度。雨水排除及其他管线穿越应符合下列规定：在堤内较低处设置集水设施，连接集水设施的雨水排除管道应从地面以下通出，堤外应设有可控制开闭的装置与之连接。开闭装置上应设有能显示其开闭状态的明显标志。进出罐组的各类管线、电缆不宜从防火堤堤身穿过，应尽量从堤顶跨越或堤基以下穿过。如必须穿过堤身时则应预埋套管，且应采取有效的密封措施。

④罐组所设防火堤必须是闭合的，隔堤与防火堤也必须是闭合的。

⑤沿无培土的防火堤修建排水沟时，沟壁的外侧与防火堤基础外边缘的间距不应小于 0.5m，且沟内应有防渗漏措施。

⑥每一罐组防火堤上必须设置两个以上人行踏步或坡道，并设置在不同方位上。

⑦球罐罐壁至防火堤和隔堤基脚线的距离不应小于罐壁高度的一半；卧式罐罐壁至防火堤基脚线的距离不应小于3m。

⑧防火堤及隔堤选型宜采用砖砌防火堤、钢筋混凝土防火堤或浆砌毛石防火堤。防火堤及隔堤应能承受所容纳稀释氨水的静压及温度变化的影响，且不渗漏。防火堤内应采用现浇混凝土地面，并宜坡向四周。

⑨防火堤基础埋置深度应根据工程地质、建筑用材、冻土深度等因素确定，且不宜小于 0.5m。

⑩防火堤的构造参照 GB 55037—2022《建筑防火通用规范》相关要求设计、施工。

⑪防火堤内地坪标高不宜高于堤外消防道路路面或地面的标高。

⑫防火堤内的排水应实行清污分流，含有污染物的废水应采取回收处理措施。

⑬液氨储存和装卸场所不应设置在地下或半地下。

6.2.2.1.3 氨制冷剂泄漏探测及报警

为预防机房内设备发生爆炸、火灾和毒性气体泄漏的风险，当机房内氨充注量大于50kg 时，需要根据相关标准在压缩机、大型氨制冷剂容器等的上方安装氨制冷剂探测仪，且不应用氧气传感器。在制冷剂探测仪触发后应能自动触动报警系统、启动机械通风设备、停止制冷系统。制冷剂探测仪每年应至少校验 1 次。

6.2.2.2　机房运行日常管理

氨制冷剂机房日常管理按本章 6.1.2.2 的相关要求。

6.2.2.3　应急管理

6.2.2.3.1　氨泄漏应急处置措施

（1）少量泄漏

撤退区域内所有人员以防止吸入蒸气、接触液体或气体。处置人员应使用呼吸器。禁止进入氨气可能积聚的局限空间，并加强通风。只能在保证安全的情况下进行堵漏操作。泄漏的容器应转移到安全地带，并且仅在确保安全的情况下才能打开阀门泄压。可用砂土、蛭石等惰性吸收材料收集和吸附泄漏物。收集的泄漏物应放在贴有相应标签的密闭容器中，以便废弃处理。

（2）大量泄漏

装卸过程出现脱扣、充装臂断裂、连接法兰龇开等情况造成大量泄漏时，应立即疏散场所内所有未防护人员向上风向区域转移。泄漏处置人员应穿上全封闭重型防化服，佩戴好空气呼吸器，站在上风口，立即关闭储罐和槽车的紧急切断阀。用喷雾水流对泄漏区域进行稀释。在泄漏区处理时应有两人以上进行，禁止接触或跨越泄漏的液氨。防止泄漏物进入阴沟和排水道，增强通风。场所内禁止吸烟和明火。在保证安全的情况下，要堵漏或翻转泄漏的容器以避免液氨漏出。

向当地政府、消防部门、环保部门、公安交警部门报警。报警内容应包括事故单位、事故发生的时间、地点、化学品名称和泄漏量、危险程度、有无人员伤亡以及报警人姓名、电话等。

6.2.2.3.2　火灾应急处置措施

（1）在贮存、运输及使用过程中，如发生火灾应采取的措施

①迅速向当地消防部门、政府报警。报警内容应包括事故单位、事故发生的时间、地点、化学品名称、危险程度、有无人员伤亡以及报警人姓名、电话等。

②隔离、疏散、转移遇险人员到安全区域，建立 500m 左右警戒区，并在通往事故现场的主要干道上实行交通管制，仅允许消防及应急处理人员进入警戒区。

③消防人员进入火场前应穿着防化服、佩戴正压式呼吸器。由于氨气易穿透衣物，且易溶于水，消防人员要注意对人体排汗量大的部位如生殖器官、腋下、肛门等部位的防护。

④小火灾时用干粉或 CO_2 灭火器，大火灾时用水幕、雾状水或常规泡沫。

⑤尽可能远距离灭火或使用遥控水枪或水炮扑救。

⑥切勿直接对泄漏口或安全阀门喷水，防止产生冻结。

⑦安全阀发出声响或变色时应尽快撤离，切勿在储罐两端停留。

（2）紧急处置过程中注意事项

①根据现场情况划分警戒区，处置车辆和人员一般停靠在较高地势和上风（或侧上风）方向。同时，立即进行隔离，严格限制出入，并切断电源、火源。

②处置人员应采取必要的个人防护措施，在处置泄漏或有关设备时，应穿着隔绝式防化服，佩戴空气呼吸器。直接接触液氨时，应穿着防寒服装。紧急时也可穿棉衣棉裤，扎紧裤袖管，并用浸湿口罩捂住口鼻。

③应迅速清除泄漏区的所有火源和易燃物，并加强通风。如是钢瓶泄漏，处置时应用无火花工具，尽量使泄漏口朝上，以防液化气体大量流淌。关阀和堵漏措施无效时，可考虑将钢瓶浸入水或稀酸溶液中，或转移至空旷地带洗消处理。

④对泄漏的液氨应使用雾状水、开花水流驱散。处置时应尽量防止泄漏物进入水流、下水道或一些控制区。

⑤如发生火灾时应用雾状水、开花水流、抗溶性泡沫、砂土或 CO_2 进行扑救，同时使用大量的直射水流来冷却容器壁。若有可能，应尽快将可移动的物品转移出火场。若出现容器通风孔声音变大或容器壁变色等危险征兆，则应立即撤退。

6.2.3　氨制冷剂操作的程序要求和禁忌

6.2.3.1　维护、检修的程序要求

维护、检修的程序参照本章 6.1.3.1 的相关内容。

6.2.3.2　维护、检修过程中的禁忌

维护、检修过程中的禁忌参照本章 6.1.3.2 的相关内容。

6.2.4　氨制冷剂的检漏、充注与处置

6.2.4.1　日常维护过程中的检漏流程

日常维护过程中的检漏流程参照本章 6.1.4.2 的相关内容。

6.2.4.2　日常维护过程中的充注流程

氨系统一般都设置加氨阀，用于氨液补充。加液操作时先关闭总调节站上来自储液器、中间冷却器、排液器的供液阀，启动压缩机，降低蒸发系统的压力，开启氨瓶阀、加氨阀，氨液通过加液管进入蒸发器和循环储液器，然后被压缩机吸入，最后进入储液

器。加液过程中必须遵守设备安全操作规程的规定，加液后的储液器存液量不得超过储液器容积的80%。

6.2.4.3　检修过程中的充注流程

对于氨系统，因局部维修时一般采取先将制冷剂回收到系统高压储液器等容器的做法，在对维修管路段检漏、抽真空后，一般不需要再补充制冷剂，如需补充，参照本章6.2.4.2的充注方法。

6.2.4.4　氨制冷剂处置

（1）泄漏事故时制冷剂的处置

如容器设备漏氨，在容器内氨液较多的情况下，必须将容器内的氨液排放到其他容器内或排放掉。氨液的排放分为向系统内排放和向系统外排放。

向系统内的排放：一般应采取设备的放油管及排液管排放，将漏氨容器的氨液排至其他压力较低的容器内。

向系统外的排放：在特殊情况下，为了减少事故设备的氨液外泄，避免伤亡事故发生，将氨液通过串联设备放油管与耐压胶皮管放入水池中，以确保安全。在向外界排放氨液或氨气时，要注意阀门不要开得过大、过猛，防止胶管连接处脱落，造成意外事故发生。

（2）大修时制冷剂的处置

在对大、中型制冷系统进行设备大修时，应把制冷剂从系统中排入储液钢瓶内。其操作方法是通过制冷系统的加液阀与抽成真空后的空钢瓶连接，利用压差作用，使储液器内的制冷剂液体流入钢瓶。放液过程中要将钢瓶置于磅秤上，密切关注加入钢瓶内的制冷剂质量不得超过允许的充装量。

回收的氨制冷剂经过净化，在满足相关标准要求的情况下可在原制冷系统中直接使用。

6.3　CO_2 制冷剂制冷设备的安全要求和操作

6.3.1　CO_2 制冷剂的特性

CO_2 制冷剂是一种兼具良好环保性、安全性、稳定性的自然制冷剂。但由于 CO_2 的临界压力较高（7.38MPa）、临界温度较低（31℃），这样制冷系统更加复杂——要么是亚临界复叠系统，要么是跨临界高压系统。高的复杂性会影响制冷系统的性能和可靠性，同时高的运行压力和静置压力给制冷系统带来更高危险性，增加了泄漏的可能性。虽然目前对 CO_2 制冷剂的排放没有环保方面的要求，但在机房泄漏 CO_2 浓度达到一定值时也会引发窒息等问题。

6.3.2　CO_2 制冷剂制冷系统操作的安全要求

6.3.2.1　CO_2 制冷剂制冷系统机房的安全与环境的一些特殊要求

（1）压力安全方面

基于安全的原则，CO_2 制冷系统不允许部分系统与整个系统完全隔离开来，如果这部分被隔离系统内部的压力没有释放途径，存在发生爆炸的危险。因此在进行维修工作时候，这部分被隔离系统必须用安全阀保护起来。一旦压力上升，CO_2 系统可以通过安全阀将压力泄掉。角型截止阀能达到此目的，且配有隔离维修接口。

CO_2 直接蒸发制冷循环中包括两大类安全阀：

①主安全阀。主安全阀一直和系统连通，处于随时准备动作的状态，主安全阀可以直接将制冷剂泄到大气中。

②辅助安全阀。只有当系统某一部分被隔离开进行维修服务时，辅助安全阀才会连通。

（2）CO_2 气体探测报警系统

有 CO_2 制冷剂的地方都必须安装制冷剂探测报警系统，相关区域必须安装 CO_2 气体探测传感器。因为 CO_2 比空气重，所以 CO_2 气体探测传感器需要靠近地面（建议距离地面 30~50cm）。此外，CO_2 气体探测报警系统需要独立供电。

CO_2 气体报警系统可发出两种不同的 CO_2 报警信号：

①预先报警。当 CO_2 气体的浓度达到 1.5% 时候，预先报警信号将会启动，包括声音和可视的报警信号。

②主报警。当 CO_2 气体浓度达到 2% 时，系统会发出主报警信号。受影响区域会有声光警告信号。当 CO_2 气体浓度在 3% 以上时，除了有声光报警信号外，机械强制通风开关打开，直到相应的 CO_2 浓度值下降至允许值，所有声光报警信号才会停止。

（3）窒息的风险

在冷库以及没有永久通风的一些制冷系统机房中需要安装制冷剂探测器，以满足制冷剂浓度要求规范。如果制冷剂浓度超过允许值，制冷剂探测器就会通过声音和灯光来发出报警信号。一旦发生这种情况，工作人员必须马上离开房间。当紧急开关动作以后制冷剂探测器也会被关掉。室内可能会存在高浓度的制冷剂。因此，在进入室内之前，工作人员务必确保不存在危险，才可以进入。

（4）人身安全防护

系统向外释放的 CO_2 具有很高的动能，并且释放的 CO_2 气体可能形成干冰，温度很低，容易造成冻伤；另外，压缩机排出的 CO_2 气体温度很高。操作人员必须佩戴安全防护装置，如防护眼镜、防护手套、安全鞋以及长袖上衣等，避免造成人身伤害，诸如烫伤、冻伤和可能出现的由高压导致的危险状况。此外，操作人员应根据具体某项操作要求佩戴必要的安全防护装置。

6.3.2.2 机房运行日常管理

（1）被授权的操作人员须具备的知识和经验

①制冷系统的安装调试。

②制冷系统的暂时停机和重新启动。

③制冷系统常规的维修和维护。

④制冷系统管路的安装和维护。

⑤CO_2 制冷剂基本知识。

（2）制冷系统操作要求

被授权的操作人员在进行电气相关工作时，确保制冷系统的主安全开关关闭，以防止其在工作过程中再次启动，同时，必须遵守所有相关的安全规范。被授权的操作人员必须定期进行以下几个方面的培训：

①职业健康和安全，特别是最基本的安全规范（最重要的安全法则）。

②操作制冷系统以及制冷展示柜的规范和要领。

③安全规范和规定。

④在事故发生时以及操作不当时应该如何处理。

⑤使用灭火设备以及个人保护和防护设备。

⑥环境保护。丢弃和处理所有物料要严格遵守环境保护的要求和规范。

（3）操作人员要求

基于安全考虑，严禁未经授权对机器进行更改。当替换失效的零部件时，必须使用与原配零件类型相同的零件。操作人员应该认真仔细阅读操作手册的每个章节。为了保障操作人员的安全，在对机组进行操作前，需要进行以下几个方面的准备：

①操作人员保护设备佩戴齐全，包括严密的工作服、工作鞋、安全手套和安全防护眼镜。

②确保 CO_2 制冷系统的无泄漏。

③当工作在较低的区域时，将个人用 CO_2 气体报警传感器佩戴在胸部附近。

④在进入房间之前，请注意观察 CO_2 气体探测报警系统的所有信号，因为 CO_2 气体浓度值增加会导致报警系统发出声和光的报警信号。

⑤确保充分和足够的通风，打开机房的强制通风或者把门窗全部打开。特别是在低层区域（如地下室）工作时。

⑥检查救援和逃生通道是否顺畅，确保这些通道不会被装配材料等物品阻塞。

⑦准备开始工作时，通知客户或者顾客。待完成工作后，再次通知他们。

（4）CO_2 气体探测器维护

每 3 个月目视检查一次，以确定气体探测器运行稳定，参考生产制造商提供的操作规范定期进行。

（5）CO_2 系统日常维护

在 CO_2 系统中，如果超过了允许工作压力，压力容器有爆炸的危险，突然喷出的制冷剂以及零部件潜在飞出风险可能会对工作人员身体造成严重的伤害。因此，工作人员需要经常检查系统压力，并且佩戴安全保护设备，注意维护计划。

6.3.2.3 应急管理

（1）爆破风险

传统的 HFC 或者 HCFC 装配接头和管路不能连接到 CO_2 制冷系统中，否则导致系统不稳定，增加爆破风险。

（2）烫伤风险

在运行过程中，某些部件表面温度会超过 125℃，存在热表面对人体伤害的风险，因此操作人员需要佩戴安全保护设备。

（3）火灾

当火灾发生时，迅速离开房间并且通知救火服务人员。在能保证自己安全的前提下，可以通过紧急安全开关关掉整个系统，并用灭火器进行灭火。

（4）泄漏

在 CO_2 泄漏时，迅速远离设备。特别要注意，设备的底部，尤其是地下室，这些地方可能会存在高浓度的 CO_2 气体。对于存在大量 CO_2 气体的区域必须进行彻底的通风处理。在安全区域，把机房里面的强制通风设施打开。如果不能有效通风，只能通过佩戴辅助呼吸装置进入相应的区域。该原则同样适用于操作人员已经在房间里面遭遇事故的情况。在泄漏时，存在形成干冰的风险，可能引起系统中零部件的堵塞，从而导致压力的急剧升高。更严重的是，所形成的干冰在一定条件下会松动，并以非常高的速度飞出，注意受到伤害的风险。

（5）紧急救助措施

如果受伤人员无意识：

①打电话给医生和救护车，确保救护车内配置通风机。

②在救护车赶到之前，如果有可能，请把受伤人员送到有良好通风的房间或者建筑物的外面。

③把受伤人员平放到地上。

④把受伤人员的衣服解开，使胸部和脖子部位放松，从而确保呼吸顺畅。

⑤如果需要，为受伤人员实施嘴对嘴或者嘴对鼻子的人工呼吸。

⑥尽可能快地让受伤人员吸入大量的氧气。另外要注意保持场所的安静。

⑦除医生要求外，不要给予受伤人员水或者其他液体。

⑧眼睛受到伤害时：

a. 不要揉受伤的眼睛。

b. 如果佩戴有隐形眼镜，要去掉隐形眼镜。

c. 用清水冲洗眼睛至少 20min。

d. 直接把受伤人员带到眼科医生或者医院的急诊处。

⑨皮肤受到伤害时：

a. 把受伤的皮肤暴露在大量的流动的水下面进行冲洗，同时脱掉衣服。

b. 不要在受伤的皮肤外面穿衣服以及涂油等。

c. 皮肤冲洗完后，尽快找医生处理。

6.3.3　CO_2制冷剂制冷系统操作的程序要求和禁忌

只有经过授权和培训过的专业人员可以执行 CO_2 制冷剂的充注程序，切勿将液态 CO_2 直接加入真空系统中。在三相点以下液体 CO_2 瞬间蒸发时会形成固态的 CO_2，并产生极低的温度，可能导致钢材的热冲击并使其变脆。

系统充注制冷剂时，需要把曲轴箱加热器开启加热以防液态 CO_2 融入冷冻油当中。系统中充注液态制冷剂会比充注气体制冷剂快一些，当系统中 CO_2 的压力达到 1MPa 后，可以将液态 CO_2 直接加入储液罐中并开机运行和调试。在加注制冷剂时，要对加注制冷剂的量进行称重，并持续跟踪记录系统中加注的制冷剂的量。

6.3.3.1　维护、检修的程序要求

（1）CO_2 系统维护和检修流程

由于 CO_2 系统不同于传统的制冷系统，维护和检修需要专业的人员，按照标准的流程进行，无论在什么情况下，维护保养工作必须按照下面的操作流程来进行：

①要对维修人员进行指导，特别是和其他受过培训的人（例如焊工、电工）一块工作时。必须在被授权人员的指导和监督下进行维护工作。电焊、钎焊的工作应该由专门取得相应资格的人来操作。

②完成风险评估表格，必要时穿戴上所有安全防护设备。

③把需要维护的系统部分进行隔离，以确保安全。

④对这部分系统进行排空和抽真空。

⑤发布维修通知。

⑥进行维护工作。

⑦测试。

⑧抽真空并重新充注制冷剂。

（2）开机调试流程

①进行泄漏测试。

②进行耐压测试。

③确认是否安装了干燥过滤器滤芯。

④对整个检测和维护部分的制冷系统抽真空。

⑤在向系统中充注 CO_2 制冷剂之前，打开曲轴箱加热器 4~6h。

⑥查看蒸发器上传感器的位置以及连接状态，并且检查冷凝器的连接情况。检查电子膨胀阀及制冷系统末端电气连接件的情况。

⑦确保系统中所有的截止阀都处于打开状态，并打开膨胀阀和高压阀。

⑧给压缩机加油。

⑨设置控制器的参数。

⑩检查油温：油温必须高于环境温度和饱和吸气温度 $15 \sim 20K$。

⑪打开压缩机并且通过控制器把压缩机设置在自动运行模式。

⑫确保所有液体和气体管路上的截止阀都处于打开状态。

⑬一组一组逐渐地开启制冷末端设备。如果整个制冷系统的末端展示柜全部同时开启，CO_2 冷凝器负荷会很大，从而导致 CO_2 系统的高压故障以及安全阀启动的风险。

⑭每次改变制冷系统的运行参数后，要检查吸气过热度以及吸气压力。

⑮检查储液器上示液镜的制冷剂液位，如有需要，向系统中充注制冷剂。

⑯检查油位，确认能否满足压缩机正常运行需求。

⑰开机调试。

6.3.3.2　维护、检修过程中的禁忌

传统的 HFC 或者 HCFC 制冷剂装配接头和管路不能连接到 CO_2 制冷系统的任何地方，充注制冷剂时避免向系统中充注过量的制冷剂，CO_2 中不能含有其他制冷剂。

机组排气管路、空气冷却器和油分离器内部可能存在高压，打开容器或者管路时应该排空容器。在充注 CO_2 制冷剂之前，应穿戴适当的个人保护装备。

CO_2 制冷系统与采用传统制冷剂的制冷系统有着非常大的区别，所有有关 CO_2 制冷系统的操作工作只能由被授权的操作人员去执行。被授权的操作人员是指具备安装调试、维修和维护这种制冷系统能力的专业技术人员，操作人员应该认真细致阅读相关的操作手册，严禁无证操作。

6.3.4　CO_2 制冷剂的检漏、充注

6.3.4.1　日常维护过程中的检漏流程

每 3 个月目视检查一次，以确定制冷剂泄漏探测仪运行稳定性，在确定制冷剂泄漏探测仪功能正常后，可以用来寻找泄漏的源头。

（1）目视检查

目视检查系统连接部分（焊点、螺钉接头、压缩接头）。当发现油渍时，很有可能发生泄漏。完成目视检查后，可以使用检漏仪继续进行检查。首先检查检漏仪是否正常工作。在机房外打开检漏仪，使检漏仪的吸气部分慢慢接近系统中需要检测的部分。

（2）检漏仪检漏

①传感器必须与表面呈 90° 才能正确检查。

②传感器与测试表面之间的最佳距离应约为 1mm，不应超过 5mm。

③勿将传感器快速移动到测试表面。确保传感器正常工作的最大速度为 2cm/s。

④在接头或其他连接处，传感器应缓慢检查（不要快速）表面，以判断是否存在

任何泄漏。传感器必须沿着整个连接管路移动。

6.3.4.2 检修过程中的检漏流程

在检修开始前，需要关闭机组开关，切断机组的电力供应，应采取以下的措施：

①制冷剂泄漏时，检查制冷剂的液位，如有需要，及时向系统中补充制冷剂。

②检查所有已经泄压的安全阀，看是否泄漏，并进行相应的更换。

③按照本章6.3.4.1的方法进行目测和检漏仪检漏。

6.3.4.3 日常维护过程中 CO_2 制冷剂的充注流程

①把充注管连接到充注罐的减压阀上，并排空充注管内的空气。

②连接充注管和机组充注口，充注口一般位于压缩机吸气管路或者闪蒸罐管路上。

③打开充注罐开关，调节减压阀让减压阀后的压力高于机组充注口的压力。

④打开机组压缩机开关，让压缩机处于待机状态，防止充注过程中机组压力过高。

⑤打开机组服务阀开关，开始充注制冷剂。

⑥可以适当调低压缩机控制点的压力，强制压缩机启动，加快充注过程。

⑦充注完成后，关闭服务阀的开关和充注罐的开关，然后松开充注管的密封螺丝，排空充注管和减压阀的压力。

⑧关闭减压阀，整理充注管，完成充注。

6.3.4.4 检修过程中 CO_2 制冷剂的充注流程

检修完毕之后，对检修部分单独进行检漏、保压、抽真空和充注制冷剂等操作。在充注 CO_2 制冷剂之前，请穿戴适当的个人防护装备。

系统抽真空结束后，应立即关掉真空泵，然后开始充注 CO_2 气体，将系统中 CO_2 气体压力提升到1MPa，以防止水分进入系统内部。当系统中压力低于0.518MPa时，禁止向系统中充注液态 CO_2 制冷剂，以防止形成干冰的风险。不要使用传统制冷剂加液时候用的软管，这种管子容易变脆并且发生爆炸，只允许使用6mm的铜管或者适合 CO_2 制冷剂使用的软管来进行充注。

当检修部分的压力充注到1MPa以上之后，可以尝试打开检修部分两端的阀门，恢复系统，然后进行调试，做好开机前的准备。

下面以制冷陈列柜更换液体管路上的干燥过滤器滤芯的过程来详细说明检修过程中的充注流程。

①压缩机并联机组处于正常制冷运转模式下并且系统是自动运行模式。制冷系统末端的展示柜处于正常的制冷功能状态。

②关闭储液器上液体管路的截止阀。

③将制冷系统调至一个较低的吸气压力值（1MPa）。

④通过控制器把其中的一台压缩机调整到手动运行模式，并且用这台压缩机对系统进行排空，直到这台压缩机因吸气压力达0.8MPa而停止。

⑤重复进行以上过程确保吸气压力值在很长一段时间之内（至少在10min）不会有

明显的升高。

⑥关掉位于干燥过滤筒以及示液镜之后的截止阀。

⑦包含在干燥过滤器这部分封闭系统的 CO_2 制冷剂可以通过干燥过滤器之后的截止阀直接排放到大气环境中。

⑧打开干燥过滤器前部的针阀直到干燥过滤器内部没有任何的压力。

⑨小心地打开干燥过滤器的盖板。

⑩去除旧的干燥过滤器滤芯，装上新的滤芯，并且换上新的密封垫片（旧的密封垫片已经膨胀，可以事先用压缩机冷冻油来润滑一下新的密封垫片）。

⑪盖上干燥过滤器法兰盖板，在安装之前可以把螺丝在机油里面浸润一下。

⑫对这部分封闭的系统抽真空，去除系统中的空气。

⑬关掉服务阀。

⑭让气态制冷剂进入到干燥过滤器中。从一个垂直的钢瓶中通过铜管或者 CO_2 专用的连接软管连接到吸气侧来加入制冷剂气体。

⑮直到压力降至 0.6MPa 以下，气态制冷剂才可以流入液体管路。这样可以确保在再次开机调试过程中，当压力进入到这部分封闭的系统时没有干冰形成。否则，液态制冷剂进入这部分隔离的低压管路会膨胀到低压为 0.518MPa，从而形成干冰。

⑯慢慢地打开位于干燥过滤器后面管路上的截止阀。

⑰把压缩机调整到自动运行状态。

⑱调到制冷运行模式。监控过热度，如果过热度太小（<5K），再次关掉储液器上面的截止阀。

⑲在 10min 之内慢慢开启主液体回路阀，直到全部打开。

参考文献

［1］ 国家环境保护总局，联合国环境规划署．中国保护臭氧层行动（1）基础知识和政策法规［A/OL］．

［2］ 张朝晖，李红旗，钟志锋．制冷空调设备维修技术与操作［M］．北京：中国纺织出版社，2018.

［3］ World Meteorological Organization（WMO）．Scientific Assessment of Ozone Depletion：2022［R/OL］．GAW Report No. 278，Geneva，2022.

［4］ MOLINA M J，ROWLAND F S. Stratospheric sink for chlorofluoromethanes：Chlorine atom-catalysed destruction of ozone［J］．Nature，1974，249：810-812.

［5］ NASA Goddard Insitute for Space Studies. GISS Surface Temperature Analysis（V4）［OL］．［2024-04-15］．https：//data. giss. nasa. gov/gistemp/graphs_ v4/.

［6］ SOCIETY T R. Climate Change：Evidence and Causes：Update 2020［M］．Washington，D. C.：National Academies Press，2020.

［7］ 中国工商制冷空调行业 2021—2026 年 HCFCs 淘汰管理计划［A/OL］．

［8］ 中国制冷维修行业 2021—2026 年 HCFCs 淘汰管理计划［A/OL］．

［9］ 郭晓林，陈敬良，李雄亚，等．全球主要国家和地区制冷剂替代进展与展望［J］．制冷与空调，2023，23（7）：55-63，69.

［10］ 田长青，邵双全，徐洪波，等．冷链装备与设施［M］．北京：清华大学出版社，2021.

［11］ 中国物流与采购联合会冷链物流专业委员会，等．中国冷链物流发展报告［M］．北京：中国物资出版社，2010.

［12］ 中国制冷空调工业协会，产业在线组．2023 年中国制冷空调产业发展白皮书［M］．北京：中国制冷空调工业协会，2024.

［13］ 中国物流与采购联合会冷链物流专业委员会，等．中国冷链物流发展报告 2023［M］．北京：中国财富出版社有限公司，2023.

［14］ 中华人民共和国国家发展和改革委员会．"十四五"冷链物流发展规划［A/OL］．

［15］ 今年我国主要农产品进口将呈高位趋稳态势［OL］．中国产业经济信息网，［2023-03-11］．

［16］ 2022 年我国水产品进出口情况：累计进口量额齐增，累计出口量减额增［OL］．［2023-01-28］．https：//www. 163. com/dy/article/HS667VK60514EAHV. html.

［17］ 廖燕莲，谷玉红，尚书山．新冠肺炎疫情下跨境冷链物流的新思考：以大连冷链业疫情为例［J］．中国市场．2022（32）：1-3.

［18］ 孟庆国．冷链产业与技术发展报告［M］．北京：中国建筑工业出版社，2022.

［19］ 严家禄．工程热力学［M］．北京：高等教育出版社，2002.

［20］ 全国能源基础与管理标准化技术委员会．GB 26920.2—2015 商用制冷器具能效限定值和能效等级 第 2 部分 自携冷凝机组商用冷柜［S］．

［21］ 国际制冷词典：International Dictionary of Refrigeration［OL］．

［22］ 吴业正．制冷原理及设备［M］．2 版．西安：西安交通大学出版社，1997.

［23］ 王赫．R507A/R744 载冷系统与乙二醇水溶液系统的能效对比［J］．低温与特气，2022，40（4）：19-24.

［24］ 曹德胜，史琳．制冷剂使用手册［M］．北京：冶金工业出版社，2003.

［25］《商用制冷器具能效限定值及能效等级》国家标准征求意见稿［OL］．中国标准化研究院官网，
　　　［2024-03-04］．

［26］全国汽车标准化技术委员会．QC/T 449—2010 保温车、冷藏车技术条件及试验方法［S］．北京：
　　　中国计划出版社，2010.

［27］许玉龙．卧式冷藏陈列柜风幕优化研究［D］．天津：天津商业大学，2017.

［28］王丽君，卢博友，董伟，等．基于 CAN 总线的酒窖温湿度监控系统［J］．农机化研究，2009，
　　　31（2）：172-174.

［29］孙昌波，蒲彪．我国葡萄酒市场的现状与发展［J］．食品与机械，2002，18（2）：39-40.

［30］张冬信，王伟，何明星，等．地下酒窖恒温恒湿空调系统研究［C］．全国冶金自动化信息网年
　　　会，2014.

［31］中国国家标准化研究院．GB/T 23777—2009 葡萄酒储藏柜［S］．北京：中国标准化出版
　　　社，2009.

［32］全国制冷标准化技术委员会冷藏分技术委员会．SB/T 10940—2012 商用制冰机［S］．北京：中国
　　　标准化出版社，2012.

［33］王若楠，宋有强，马金平，等．制冷空调用压力容器的压力和泄漏相关试验的分析［J］．制冷与
　　　空调，2022，22（7）：16-20，66.

［34］陈敬良，马金平，宋有强，等．制冷空调设备压力和泄漏相关试验的探讨［J］．制冷与空调，
　　　2022，22（7）：9-15.

［35］魏龙．冷库安装、运行与维修［M］．北京：化学工业出版社，2010.

［36］李援瑛．小型冷藏库结构、安装与维修技术［M］．北京：机械工业出版社，2013.

［37］肖凤明．新型空调器故障分析与维修技能训练：制冷设备维修工、制冷工级［M］．2 版．北京：
　　　电子工业出版社，2012.

［38］俞炳丰，彭伯彦．CFCs 制冷剂的回收与再利用［M］．北京：机械工业出版社，2007.